国家科学技术学术著作出版基金资助出版

信息科学技术学术著作丛书

云存储安全服务

许 力 黄欣沂 王 峰 著

科学出版社

北 京

内 容 简 介

本书围绕近年来新兴的云存储安全的研究热点和难点，以密码学的应用为主线，重点介绍和分析了公钥密码学在云存储数据隐私和身份隐私、数据完整性审计、身份认证等方面的具体应用。全书分为云存储安全和密码学、隐私保护、数据完整性审计、访问控制服务四个部分。其中，第一部分是对云存储安全和密码学相关知识的综述；第二部分在私有云、公有云及混合云模型下，从用户的数据隐私和身份隐私两个方面分析了密码学在云存储隐私保护方面的应用；第三部分针对不同的云存储应用环境，设计了多种数据完整性审计方案；第四部分描述和分析了如何利用数字签名技术进行有效的身份认证，以保障访问控制服务安全。

本书可供计算机网络与信息安全、密码学、通信与信息系统、计算机科学、信息科学等专业研究人员、高校教师、研究生及高年级本科生参考，也可作为相关领域工程技术人员的参考书。

图书在版编目（CIP）数据

云存储安全服务/许力，黄欣沂，王峰著. —北京：科学出版社，2019.8
（信息科学技术学术著作丛书）
ISBN 978-7-03-060226-8

Ⅰ. ①云…　Ⅱ. ①许…　②黄…　③王…　Ⅲ. ①计算机网络-信息存贮-信息安全-研究　Ⅳ. ①TP393.071

中国版本图书馆 CIP 数据核字（2018）第 292280 号

责任编辑：裴　育　张海娜　纪四稳 / 责任校对：彭珍珍
责任印制：吴兆东 / 封面设计：蓝正设计

科 学 出 版 社 出版
北京东黄城根北街 16 号
邮政编码：100717
http://www.sciencep.com
北京中石油彩色印刷有限责任公司 印刷
科学出版社发行　各地新华书店经销

*

2019 年 8 月第 一 版　开本：720×1000　B5
2024 年 1 月第四次印刷　印张：13 1/4
字数：265 000
定价：108.00 元
（如有印装质量问题，我社负责调换）

《信息科学技术学术著作丛书》序

21 世纪是信息科学技术发生深刻变革的时代，一场以网络科学、高性能计算和仿真、智能科学、计算思维为特征的信息科学革命正在兴起。信息科学技术正在逐步融入各个应用领域并与生物、纳米、认知等交织在一起，悄然改变着我们的生活方式。信息科学技术已经成为人类社会进步过程中发展最快、交叉渗透性最强、应用面最广的关键技术。

如何进一步推动我国信息科学技术的研究与发展；如何将信息技术发展的新理论、新方法与研究成果转化为社会发展的推动力；如何抓住信息技术深刻发展变革的机遇，提升我国自主创新和可持续发展的能力？这些问题的解答都离不开我国科技工作者和工程技术人员的求索和艰辛付出。为这些科技工作者和工程技术人员提供一个良好的出版环境和平台，将这些科技成就迅速转化为智力成果，将对我国信息科学技术的发展起到重要的推动作用。

《信息科学技术学术著作丛书》是科学出版社在广泛征求专家意见的基础上，经过长期考察、反复论证之后组织出版的。这套丛书旨在传播网络科学和未来网络技术，微电子、光电子和量子信息技术、超级计算机、软件和信息存储技术、数据知识化和基于知识处理的未来信息服务业、低成本信息化和用信息技术提升传统产业，智能与认知科学、生物信息学、社会信息学等前沿交叉科学，信息科学基础理论，信息安全等几个未来信息科学技术重点发展领域的优秀科研成果。丛书力争起点高、内容新、导向性强，具有一定的原创性，体现出科学出版社"高层次、高水平、高质量"的特色和"严肃、严密、严格"的优良作风。

希望这套丛书的出版，能为我国信息科学技术的发展、创新和突破带来一些启迪和帮助。同时，欢迎广大读者提出好的建议，以促进和完善丛书的出版工作。

中国工程院院士
原中国科学院计算技术研究所所长

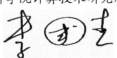

前　言

云计算作为一种新兴的服务模型,自 2006 年提出便受到了工业界、学术界的广泛关注。各大信息技术公司,如国外的谷歌、微软、IBM、亚马逊以及国内的百度、阿里巴巴、腾讯等都纷纷推出各自的云服务平台。然而,随着云计算技术的不断发展,云计算所带来的安全问题也日益突出。用户将数据存储在云服务器上,便失去了对数据的绝对控制权。云环境的开放性,导致用户的隐私容易遭到泄露。为了更好地保护用户数据的安全和隐私,越来越多的研究理论、方法和工具被提出,密码学方法便是其中一种有效而直接的方法,并逐步得到广大研究人员和工程技术人员的认可。

本书围绕近年来新兴的云存储安全研究的热点和难点,以密码学的应用为主线,基于作者在云计算安全、网络与信息安全和数据隐私保护等方面课题的研究成果,并结合国内外相关领域的研究成果展开详细的阐述和分析,全书分为四个部分,共 15 章。

第一部分是对云存储安全和密码学相关知识的综述。其中,第 1 章比较详细地介绍云计算的发展历程和相关云服务平台,以及目前存在的一些安全挑战,并介绍后续章节的安排;第 2 章介绍密码学的基础知识,针对几种关键机制进行深入的分析。

第二部分在私有云、公有云及混合云模型下,从用户的数据隐私和身份隐私两个方面分析密码学在云存储隐私保护方面的应用。其中,第 3 章介绍支持数据隐私和可用性的分布式云存储协议,结合分布式编码方式,设计出使用门限加密的分布式云存储系统,利用公钥加密和同态性实现隐私保护;第 4 章介绍基于属性加密的私有云分布式云存储协议,利用分布式纠删码技术,将分块编码处理后的密文数据存储在若干个云服务器中,提高模型的鲁棒性;第 5 章介绍基于属性加密的混合云分布式云存储协议,去除绝对可信中心的干预,实现各属性服务器完全独立式工作,提高数据的安全性;第 6 章介绍具有身份隐私保护功能的基于属性加密的分布式云存储协议,通过对加密者的身份信息进行预处理以及对访问结构中的属性信息进行隐藏,有效解决数据内容、身份信息、访问结构三方面的隐私问题。

第三部分针对不同的云存储应用环境,设计多种数据完整性审计方案。其中,第 7 章在第 3 章的基础上,设计实现一种分布式云存储环境下的数据完整性审计协议；第 8 章针对以智能手机为代表的移动设备，设计一种基于隐私保护的支持公众审计的数据完整性审计方案；第 9 章基于数据完整性审计模型，为云用户存储数据提出一个安全存储协议；第 10 章构造门限结构的支持群体协作的基于属性加密(GO-ABE)方案，并提出利用 GO-ABE 方案构造的适用于医疗云环境的支持远程数据完整性审计的安全存储协议；第 11 章在假定存在恶意用户的前提下，利用改进的动态云存储的存储结构，构造基于身份的不可否认的动态数据完整性审计方案。

第四部分描述和分析如何利用数字签名技术进行有效的身份认证，以保障访问控制服务安全。其中，第 12 章设计一种安全认证签名，保障在软件即服务(SaaS)模型中的安全性和公平性，防止参与者不诚实行为的发生；第 13 章利用模糊控制，设计安全访问策略，提供可变的访问决策来控制云计算资源的利用；第 14 章基于 M2SDH 困难假设，构造一种高效的无向无状态的传递签名方案；第 15 章提出广义指定验证者传递签名，并以此为基础设计两个能够实现云存储中图状大数据的安全认证方案。

作者在密码理论、云计算安全、网络与信息安全和数据隐私保护等领域展开了多年的研究，书中大部分内容是这些研究的成果，其中许多内容来自相应的原创论文；作者及所在的福建省网络安全与密码技术重点实验室和异构网络安全通信福建省高校科研创新团队在相关领域承担过许多科研项目，相关的研究成果也在本书中得以引用。

本书的撰写得到福建师范大学数学与信息学院、福建省网络安全与密码技术重点实验室的领导和同仁的支持和帮助，在此表示感谢。国家自然科学基金面上项目(61771140、61472083)、国家科学技术学术著作出版基金项目、国家自然科学基金海峡联合基金项目(U1405255)、福建省杰出青年科学基金项目(2016J06013)、福建师范大学创新团队建设计划(IRTL1207)、福建省科技计划高校产学研合作项目(2017H6005)、福建省自然科学基金面上项目(2016J01277)为本书相关的研究工作提供了资助。林昌露、陈兰香、周赵斌、林丽美老师以及曾雅丽、姚川、吴胜艳、曹夕、李梦婷、林超、赵陈斌、赖启超、张欣欣、翟亚飞等研究生协助进行书稿的整理工作，在此一并表示感谢。

由于云存储技术发展迅速，许多安全问题尚无定论，加之作者水平有限，书中难免存在不妥之处，敬请同行及读者批评指正。

作　者

2019 年 1 月

目　　录

第三部分　数据完整性审计

第四部分 访问控制服务

第一部分 云存储安全和密码学

云计算作为一种新兴的服务模型，自 2006 年提出，便受到了工业界、学术界的广泛关注。各大信息技术公司，如国外的谷歌、微软、IBM、亚马逊以及国内的百度、阿里巴巴、腾讯等都纷纷推出各自的云服务平台。然而，随着云计算技术的不断发展，云计算所带来的安全问题也日益突出。为了更好地保护用户数据的安全和隐私，越来越多的研究理论、方法和工具被提出，密码学方法便是其中一种有效而直接的方法。

本部分主要介绍相关的云计算和密码学知识。其中，第 1 章比较详细地介绍云计算的发展历程和相关云服务平台，以及目前存在的一些安全挑战，并介绍后续章节的安排；第 2 章介绍密码学的基础知识，针对几种关键机制进行深入的分析。

第1章 云计算概述

云计算是当前信息技术领域的热门话题之一，是学术界、产业界等各界关注的焦点。本章首先从云计算的定义及发展历程对云计算进行概述；其次通过云安全事件来说明云计算存在的安全挑战。

1.1 云　计　算

"云计算"(cloud computing)一词，自 2006 年提出便在产业界和学术界掀起了波澜[1]，而后，云计算便成为当前信息技术(information technology, IT)行业最热的一个技术名词。云计算的出现并非偶然，早在 20 世纪 60 年代，麦卡锡就提出了把计算能力作为一种像水和电一样的公用事业提供给用户的理念，这成为云计算思想的起源。在 20 世纪 80 年代网格计算、90 年代公用计算，以及 21 世纪初虚拟化技术、面向服务的架构(service-oriented architecture, SOA)、软件即服务(software-as-a-service, SaaS)等应用的支撑下，云计算作为一种新兴的资源使用和交付模式逐渐为学术界和产业界所认知。云计算的诸多优势，如便利性、实用性以及可扩展性等，使企业无须再背负基础设备管理及维护的沉重负担，因此云计算被寄望成为继水、气、电力、电话之后的第五大公共服务[2]。Gartner 公司早在 2011 年 1 月发布的《IT 行业十大战略技术报告》中就将云计算技术列为十大战略技术之首[3]。

然而，云计算发展至今，仍然没有一个统一的定义。李开复认为云和钱庄是同一个意思。以前没有钱庄，人们只能把钱放在枕头底下，后来有了钱庄，大家觉得还很安全，就把钱存进去，不过兑现起来比较麻烦。现在钱庄发展为银行，实现了可以到任何一个网点取钱，或者通过自动取款机(automatic teller machine, ATM)取钱，就像我们日常用电不需要家家装备发电机，直接从电力公司购买一样[4]。Vaquero 等[5]列举了二十几种不同阶段的云计算定义，目前被广泛接受的是美国国家标准与技术研究院(National Institute of Standards and Technology, NIST)提出的关于云计算的定义[6]。该定义认为云计算是一种模型，这个模型可以随时随地地、便利地、按需地从可配置计算资源共享池中获取所需的资源(包括网络、服务器、存储、应用和服务)，这些资源能够以最小的管理工作量或与服务器最少交互的方式快速地获取或释放。这种模式包括 5 个基本特征、3 种服务模型和 4 种部署模型(图 1.1)。3 种服务模型分别为软件即服务(SaaS)、平台即服务(platform-as-a-service, PaaS)和基础设施即服务(infrastructure-as-a-service, IaaS)。4 种部署模型分别为私有云(private cloud)、社区云(community cloud)、公有云(public cloud)和混合云(hybrid cloud)。

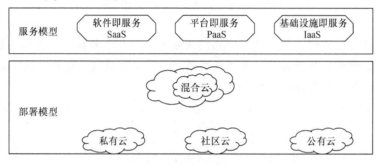

图 1.1　云计算的 3 种服务模型和 4 种部署模型

1.1.1　云计算发展历程

云计算具有无处不在的网络接入、位置独立的资源池、快速的资源部署以及按需付费等诸多特点。正是基于这些特点,云计算从 2006 年首次被提出,就超越了它的先辈——并行计算[7]、网格计算[8]等。云计算发展方兴未艾,许多著名的IT 企业如谷歌、IBM、亚马逊、微软、百度、腾讯、阿里巴巴等都大力推广云计算的相关技术。2006 年 3 月,亚马逊相继推出简易存储服务(simple storage service, S3)和弹性计算云(elastic compute cloud, EC2)服务,首次实现了云计算从理论到实际应用的转变;同年 8 月,谷歌首席执行官埃里克·施密特(Eric Schmidt)在搜索引擎大会首次提出了"云计算"的概念。2007 年 8 月,IBM 推出"蓝云"(Blue Cloud)计划,向用户推出第一套"蓝云"产品。2008 年 1 月,全球首屈一指的在线客户关系管理(customer relationship management, CRM)提供商 Salesforce 推出的随需应变平台 Force.com,是首个平台即服务应用;4 月,谷歌 APP Engine(GAE)发布,用户可以在 GAE 上开发 Web 应用;8 月,作为"蓝云"计划的一部分,IBM 斥资 3.6 亿美元在美国北卡罗来纳州建立云计算数据中心,并将该数据中心称为史上最复杂的数据中心;10 月,微软发布公共云计算平台 Microsoft Azure Platform,包括分析、计算、数据库、移动、网络、存储和 Web 服务。2010 年,微软宣布其 90%的员工将从事云计算及相关工作。

国内的云计算起步稍晚。2008 年 3 月,谷歌宣布在中国推出云计算计划,清华大学是第一个参与合作的高校;5 月,IBM 在中国无锡太湖新城科教产业园建立中国第一个云计算中心并投入运营;6 月,IBM 在北京 IBM 中国创新中心成立第二个在中国的云计算中心——IBM 大中华区云计算中心。2009 年 1 月，阿里巴巴集团的子公司阿里软件在南京建立国内首个"电子商务云计算中心"；9 月，中国电信推出"e 云"；11 月，中国移动云计算平台"大云"(Big Cloud)计划启动。

从 2008 年开始云计算成为研究的焦点，许多知名技术厂商都提出了各自的云计算解决方案，云计算实现了从理论到实际应用的飞跃。正是由于云计算拥有广阔的应用前景，许多国家将云计算上升到国家战略层面并进行推广，如美国的《联邦云计算战略》[9]、德国的《云计算行动计划》[10]、新加坡的"智慧国家 2025"(iN2025)等。

1.1.2　云计算应用

随着云计算的发展，各个公司推出的云计算平台在国内外各行业中得到广泛应用。

1. 亚马逊 AWS

AWS 是亚马逊公司旗下云计算服务平台，为全世界各个国家和地区的客户提供一整套基础设施和云解决方案。美国复苏与再投资委员会使用亚马逊的云计算服务建立 recovery.org 网站，2010 年节省了 33.4 万美元的开销。兰博基尼使用 AWS 更新其过时的网站和基础设施，成功应对了激增 2.5 倍的网站访问量。联合利华使用 AWS 将处理基因序列的速度提高了 20 倍，并大幅增加同步工作流，无须增加其运营成本。FunPlus Game 是一家为全世界的移动设备和社交网络提供互动游戏的公司，使用 AWS 后，FunPlus Game 可以灵活地自定义其环境，并且 1 名工程师即可胜任在 3 个月内从 100 万用户扩展到 300 万用户的工作。使用 AWS 的云服务平台，奇虎 360 得以快速在海外推出其服务、降低成本，并且在这个新兴市场中不断扩大。

2. 阿里云

阿里云是阿里巴巴集团推出的公共、开放的云计算服务平台。中国公安部某业务局使用阿里云构建可支持海量并发的互联网金融犯罪登记与申诉平台。中国铁路 12306 网站使用阿里云应对春运，解决业务高峰期的密集并发请求。万科物业利用阿里云智能物业设备管理平台，完成了物业设备如水、电、空调、消防、电梯等数据的采集、存储，并实行远程管理、控制与维护。飞利浦利用阿里云，完成平台建设和一整套物联网系统，支撑飞利浦智能空气净化器的联网及云端控制业务，实现全球化的管理。天弘基金使用阿里云支撑其基金直销和清算系统，成功应对多个"双十一"。

3. 腾讯云

腾讯云是腾讯公司推出的面向广大企业和个人的公有云平台。滴滴出行使用腾讯云来保证其网络稳定性，改善了滴滴出行软件网络延迟、司机抢不到单等情况，在大幅提升呼叫量的同时，最大限度地保证了用户体验。大众点评网由于商户众多、更新频率高，对内容分发的需求非常频繁，在使用腾讯云后，大众点评网的稳定性和安全性得到大幅提高，刷新了用户访问的响应速度。58 同城有大量的图片上传、下载需求，造成其不小的存储、管理负担，使用腾讯云后，58 同城图片下载延时由原来的 500ms 降至 260ms，降低了成本，减轻了企业运维负担，提升了用户体验。

4. 新浪云

新浪云是国内第一家公有云计算平台。2012 年 7 月中国人民大学正式使用新浪云，于 2013 年利用新浪云成功应对了一天的访问量高达平时 500 倍以上的"人大女神"事件。中国地震台网部署在新浪云上，有效地应对大震后海量突发访问和流量爆发式增长，如雅安地震后激增的突发访问量。北京导视应用部署在新浪云上，每年节约成本 100 万元。高德公司与新浪云合作，高德为新浪云提供服务，将基于位置的服务作为新浪云的一个基础服务模块，同时新浪云也为高德带来了大量的开发者。

1.1.3　云存储服务

随着学术界对云计算的研究与日俱增，云存储也日渐被提及。云存储通过集群应用、网格技术或分布式文件系统等功能，将网络中大量不同类型的存储设备通过应用软件集合起来协同工作，共同对外提供数据存储和业务访问功能。它为用户节省了大量成本，因此得到了广泛的支持和应用。例如，亚马逊的 S3、Dropbox，谷歌的 Drive，以及国内的百度云、360 云盘等提供的云存储服务等。图 1.2 为北京比达信息咨询有限公司(BigData-Research)数据中心监测的 2016 年 1 月中国主要云盘类 APP 活跃用户的数据情况。

Dropbox 是免费的文件同步、备份、共享工具，用户可以通过 Dropbox 在线浏览自己上传过的图片，也可以将图片分享给家人和朋友。目前，Dropbox 的用户超过 1 亿。谷歌 Drive 是谷歌公司推出的一项在线云存储服务，通过这项服务，用户可以获得 15GB 的免费存储空间。如果用户有更大的需求，则可以通过付费的方式获得更大的存储空间。2014 年谷歌 Drive 的活跃用户达到了 2.4 亿。百度云是百度公司出品的一款云服务产品，为用户提供免费存储空间，用户可以通过百度云将视频、照片、文档、通讯录数据在移动设备和计算机端跨平台同步、备份等。360 云盘是奇虎 360 开发的云存储服务产品，为用户提供跨平台文件存储、备份、传递和共享服务。

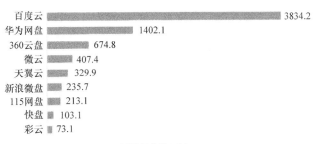

图 1.2　2016 年 1 月中国主要云盘类 APP 活跃用户
月活跃用户：当月至少使用过该 APP 一次的用户
数据来源：BigData-Research 数据中心

1.2　云安全问题

随着越来越多的用户使用云计算服务，云计算中的安全隐私问题日益突出。用户隐私信息可分为个人身份信息(如姓名、地址等)、个人敏感信息(如种族、宗教等)以及可用数据(如用户的视频、音乐、文本文件等)[11]。当用户将这些信息存储在云服务器上时，其安全程度往往取决于云服务提供商的可信赖程度以及保护用户隐私的技术水平。如果云服务提供商偷窥甚至出售用户身份信息或者数据库被黑客入侵，那么用户身份信息和敏感信息会受到极大威胁[12]。近年来爆发的隐私泄露事件严重影响了用户使用云服务的积极性，如 2009 年谷歌的大批用户文件外泄事件、2014 年苹果公司的 iCloud 好莱坞明星照片泄露事件以及 2014 年 1.28 亿 eBay 活跃用户账户数据泄露事件。2015 年，美国第二大医疗保险服务商 Anthem 公司信息系统被黑客攻破，近 8000 万名员工和客户资料被盗。黑客获得了公司员工和客户的个人资料，其中包括姓名、生日、医保 ID 号、社会保险号、住宅地址、电子邮箱、雇佣情况以及收入数据。2015 年 Verizon 发布的《2015 年数据泄露调查报告》显示，世界 500 强企业中超半数曾遭受过黑客攻击。

云计算为用户带来便利的同时，也造成了用户对数据的所有权和绝对管理权的分离。云计算相关的各类安全事故引起了人们的担忧。用户对云计算服务的安全担忧直接关系到云计算的进一步发展，尤其是这些云安全隐私泄露事件更加重了用户对自己个人数据泄露风险的担忧。加利福尼亚大学伯克利分校的《云计算白皮书》指出了云计算十大挑战与机会，这些挑战包括了技术方面和法律方面(表 1.1)[13]。这些挑战将影响云计算的发展，甚至阻碍用户体验云计算服务所带来的便利。在这些挑战中，数据大规模存储、机密性、安全性和可审计性等都是云安全隐私研究的重点。

表 1.1 云计算发展十大挑战与机会

编号	挑战	机会
1	服务的可用性	选用多个云服务提供商；利用弹性来防范分布式拒绝服务(DDoS)攻击
2	数据锁定	标准化的应用程序接口(API)；使用兼容的软硬件以进行波动计算
3	数据安全性和可审计性	采用加密技术、虚拟局域网(VLAN)和防火墙；跨地域的数据存储
4	数据传输瓶颈	快递硬盘；数据备份/获取；更低的广域网络开销；更高带宽的局域网(LAN)交换机
5	性能不可预知性	改进虚拟机支持；闪存；支持高性能计算(HPC)机群应用的虚拟集群
6	可伸缩的存储	发明可伸缩的存储
7	大规模分布式系统中的错误	发明基于分布式虚拟机的调试工具
8	快速伸缩	基于机器学习的计算自动伸缩；使用快照以节约资源
9	声誉和法律危机	采用特定的服务进行保护
10	软件许可	使用即用即付许可；批量销售

为了消除人们对云计算的担忧和顾虑，各类云计算安全产品与方案不断涌现。微软为云计算平台 Azure 推出了全新的 Sydney 安全机制，解决虚拟化、多租户环境中的安全性问题。此外，EMC 与 VMware 和 Intel 联手，创建云安全基础架构，并验证了云内物理及虚拟机的安全性。同时，已经有越来越多的组织开始着手制定云计算的安全标准，非营利性组织云安全联盟发布的 *Security Guidance* 为云计算安全技术的发展提供了指导。在我国，云计算安全和风险问题也得到政府的广泛重视。中国云计算安全政策与法律工作组发布了《中国云计算安全政策与法律蓝皮书(2012)》[14]，厘清了云计算在中国发展过程中必须面对的安全风险以及相应的政策法律障碍，并为规划国家云计算战略提出法律改革框架。

同时，密码学是解决云存储安全的重要工具，本书将在第 2 章介绍密码学的基础知识，为系统地讨论云存储安全做好基础知识介绍工作。

1.2.1 云存储的隐私保护

在云计算环境中，用户上传自己的数据到云服务器后，就失去了对数据的完全控制权。云计算隐私保护完善程度是广大用户接受并放心使用云服务的核心因素。用户在使用云服务时，许多问题亟待解决。用户可以使用 SaaS、PaaS、IaaS 等多样化的云计算服务，这意味在一个公共网络环境中，用户与云服务提供商将进行更多的交互。如何在一个公开的环境中保护用户隐私信息的机密性是云计算发展的关键问题。

本书在第 3 章介绍支持数据隐私和可用性的分布式云存储协议。在分布式云存储环境中，结合分布式编码方式，设计一个使用门限加密的分布式云存储方案。该方案不仅能够很好地保持系统的分布式特征，而且能够防止攻击者在公开信道上窃取解密后的密文，较好地实现云存储数据的隐私保护。在第 4 章介绍基于属性加密的私有云分布式云存储协议，该协议中，在存储阶段使用的分布式纠删码可充分保障模型的鲁棒性，使之更加符合实际的分布式云存储环境。应用多属性服务器模式对属性进行分管及对应属性私钥的分布式分发，模型中存在一个中心授权服务器，便于对数据进行监控和管理。在第 5 章将私有云环境下的云存储模型扩展到混合云分布式云存储协议。加密阶段，完成基于属性的加密后，加密者将私钥通过两个多项式分发存储到云服务器，这样既可以完成解密私钥的重构，又可以对抗共谋攻击；分布式编码阶段，云服务器运用分布式纠删码技术完成编码存储；解密密钥生成阶段，所有属性服务器均是平等的，没有绝对可信中心的存在，各属性服务器完全独立式工作，通过重构加密阶段选择的两个多项式的主密钥获得解密私钥，在该模型下，所有属性服务器完全独立式工作，去除了对可信中心的依赖，提高了数据的安全性。第 6 章介绍具有身份隐私保护功能的基于属性加密的分布式云存储协议。在加密之前对加密者的身份信息进行预处理，生成一个伪身份，为了用户正确解密而引入一个密钥协商协议。为了防止加密时访问结构中属性信息的泄露，对访问结构树进行不可逆处理，使得攻击者无法获得真实的属性信息。本方案在原有数据机密性得到保障的基础上，加入了身份的匿名隐私保护和访问结构隐藏功能，保护了加解密双方身份信息和访问结构，较好地完成了数据内容、身份信息、访问结构三方面的隐私保护。

1.2.2　云存储的数据完整性审计

用户把自己大量涉及隐私的数据存储在云服务器中，云服务提供商的系统鲁棒性和数据的完整性也是用户关心的重要问题，例如，能够抵抗恶意攻击者的攻击或者检测云服务提供商因商业利益而篡改用户长期不访问的数据的行为。用户需要一定的措施检测自己数据的完整性，进而能确切证明是否需要云服务提供商负责。

本书在第 7 章设计实现一种数据完整性审计的分布式云存储协议，该协议在第 3 章的基础上，结合分布式云存储技术和加密技术，设计实现一种数据完整性审计的分布式云存储协议,用以检测用户自己数据的完整性。第 8 章设计一种分布式移动云存储的安全公众审计协议,该协议针对以智能手机为代表的移动设备,利用用户的公钥预先加密待上传的数据,以减少移动用户的加密计算量;使用零知识证明协议保护用户隐私;通过批量审计提高审计效率,利用门限加密技术提高系统的机密性和鲁棒性。第 9 章基于数据完整性审计模型,为云用户存储数据提出一个安全存储协议,该协议可以有效地验证云存储数据的完整性,并抵抗恶意服务器欺骗和恶意客户端攻击,从而提高整个云存储系统的可靠性和稳定性。第 10 章提出适用于医疗云环境的安全存储协议,首先针对医疗系统等需要群体协作的场景,提出支持群体协作的基于属性加密的模型,构造一个门限结构的基于属性加密的方案,并将此方案构造为适用于医疗云环境的支持远程数据完整性审计的安全存储协议。第 11 章提出基于身份的不可否认的动态数据完整性审计方案,改进已有的动态结构——映射版本号表,针对存在恶意用户的场景,利用身份密码机制,构造基于身份的不可否认动态数据完整性审计方案。

1.2.3　云存储的访问控制

在云存储的服务模式中,由于数据处于用户不可控域中,如何保证敏感数据的合法访问也成为用户十分关注的问题。如何界定用户的数据访问权限是云存储的关键问题和重大挑战。大量的个人数据存储在云中,其中包含一些私密数据,数据的保密性、真实性和完整性都是通过云来保证的,这必然存在新的安全隐患。云存储的隐私安全问题日益突出,已成为制约云存储技术发展与普及的关键因素。因此,急需一个安全高效的访问控制方法,以实现对云存储平台细粒度的访问控制。

本书在第 12 章设计一种安全认证签名,以保障在 SaaS 模型中的安全性和公平性,防止参与者不诚实行为的发生。该方案实质上是一种基于身份的代理签名方案,可以有效加强云计算中认证的安全性,并且不会消耗太多的计算和通信开销。第 13 章利用模糊控制理论,设计支持可变访问决策的安全访问策略,该访问策略能提供细粒度并且动态的访问控制,有效加强云计算中访问控制的可访问性和安全性。第 14 章构造一种高效的无向无状态的传递签名方案,用以解决图状大数据认证问题。现有无状态传递签名方案均需要运算开销代价较大的全域散列函数运算,该章利用通用散列函数,构造一种高效的无向无状态的传递签名,该方案不仅提高了效率,而且在随机预言模型下证明是安全的。第 15 章设计两个能够实现云存储中图状大数据的安全认证方案,针对传递签名容易被验证者泄露的问题,结合传递签名和广义指定验证者签名提出广义指定验证者传递签名,并且在随机预言模型下证明这两个方案是安全的。

1.3 本 章 小 结

本章主要介绍了云计算和云安全问题。首先从云计算发展历程、云计算应用、云存储服务等方面介绍了云计算的相关知识；然后介绍了云安全问题，并从隐私保护、数据完整性审计、访问控制等方面介绍了本书的重要工作。

参 考 文 献

[1] 卢大勇, 陆琪, 姚继锋, 等. 伯克利云计算白皮书(节选)[J]. 高性能计算发展与应用, 2009, (1): 10-15.

[2] Buyya R, Yeo C S, Venugopal S, et al. Cloud computing and emerging IT platforms: Vision, hype, and reality for delivering computing as the 5th utility[J]. Future Generation Computer Systems, 2009, 25(6): 599-616.

[3] 林闯, 苏文博, 孟坤, 等. 云计算安全: 架构、机制与模型评价[J]. 计算机学报, 2013, 36(9): 1765-1784.

[4] 陈涛. 云计算理论及技术研究[J]. 重庆交通大学学报(社会科学版), 2009, 9(4): 104-106.

[5] Vaquero L M, Rodero-Merino L, Caceres J, et al. A break in the clouds: Towards a cloud definition[J]. ACM SIGCOMM Computer Communication Review, 2009, 39(1): 50-55.

[6] Mell P, Grance T. The NIST definition of cloud computing[R]. Gaithersburg: NIST, 2011.

[7] Kumar V, Grama A, Gupta A, et al. Introduction to Parallel Computing: Design and Analysis of Algorithms[M]. Redwood City: Benjamin-Cummings Publishing, 1994.

[8] Berman F, Fox G, Hey A J G. Grid Computing: Making the Global Infrastructure a Reality[M]. New York: John Wiley and Sons, 2003.

[9] 周平, 王志鹏, 刘娜, 等. 美国政府云计算相关工作综述[J]. 信息技术与标准化, 2011, (11): 20-24.

[10] 王敏. 德国《云计算行动计划》解读[J]. 信息化建设, 2011, (4): 49-51.

[11] Pearson S. Taking account of privacy when designing cloud computing services[C]. Proceedings of the 2009 ICSE Workshop on Software Engineering Challenges of Cloud Computing, 2009: 44-52.

[12] 毛剑, 李坤, 徐先栋. 云计算环境下隐私保护方案[J]. 清华大学学报(自然科学版), 2011, 51(10): 1357-1362.

[13] Armbrust M, Fox A, Griffith R, et al. Above the clouds: A Berkeley view of cloud computing[J]. Computing, 2009, (53): 7-13.

[14] 云计算安全政策与法律工作组. 中国云计算安全政策与法律蓝皮书(2012)[R]. 西安: 西安交通大学信息安全法律研究中心, 2012.

第 2 章　密码学基础

云存储随着云计算概念的出现而受到企业界、学术界的广泛关注，是云计算的一个延伸概念，而如何高效、安全地实现数据的云存储也成为一个研究热点。密码学是保护云存储安全的关键技术。本章着重介绍相关的密码学基本知识以及数学背景。

2.1　数　学　基　础

本节主要介绍本书中用到的一些数学预备知识，包括双线性对、困难性问题、定子电压定向(SVO)逻辑、模糊集合与模糊控制、图、秘密共享和访问结构等。

2.1.1　双线性对

双线性对在密码方案设计中已经有了大量的应用，如基于身份的公钥密码系统、无证书的公钥密码系统等。文献[1]～[3]介绍了双线性对的相关知识。基于有限域椭圆曲线上的 Weil 双线性对和 Tate 双线性对是较常用的双线性对。

设 p 是一个大素数，G、H、G_T 分别是 p 阶乘法循环群。把满足以下三条性质的映射 $e:G \times H \rightarrow G_T$ 称为双线性映射。

(1) 双线性(bilinear)：对于任意的 $a,b \in Z_p$, $g \in G$, $h \in H$，都有以下换算关系 $e(g^a,h^b)=e(g,h)^{ab}=e(g^{ab},h)=e(g,h^{ab})$。

(2) 非退化性(non-degenerate)：存在 $g \in G$, $h \in H$，使得 $e(g,h) \neq 1_{G_T}$。这里的 1_{G_T} 代表 G_T 群的单位元。

(3) 可计算性(computable)：对任意的 $g \in G$, $h \in H$，都存在有效的算法来计算 $e(g,h)$。

双线性对还具有以下性质：

(1) 对于任意的 $g_1, g_2 \in G, h \in H$，都有 $e(g_1 \cdot g_2, h) = e(g_1,h) \cdot e(g_2,h)$。

(2) 对于任意的 $g \in G, h_1, h_2 \in H$，都有 $e(g, h_1 \cdot h_2) = e(g,h_1) \cdot e(g,h_2)$。

2.1.2　困难性问题

在公钥密码机制中，算法的安全性大都归结为解决某个困难问题的困难性。密码学中用到的困难性问题有很多，包括大数分解问题、离散对数问题、判定

Diffie-Hellman 问题等。在这些基础困难性问题上又常常衍生出许多其他困难性问题。以下为一些常见的困难性问题。

定义 2.1　大数分解问题：设 p、q 为两个大素数，$N=pq$，给定两个大素数相乘的结果 N，分解 N 以得到其因子 p、q。

定义 2.2　one-more RSA 逆问题(one-more RSA-inversion problem)：设 K_{RSA} 为 RSA 密钥生成算法，输入安全参数 k，可得到 (N,e,d)，其中 $2^{k-1} \leqslant N < 2^k$，$ed=1(\text{mod } \varphi(N))$，$N$ 是两个不同奇素数的乘积。RSA 逆问题预言机 $O_{\text{RSA}}^{\text{INV}}(\cdot)$：输入 $Y \in Z_N^*$，可得到 $Y^d(\text{mod } N)$。挑战预言机 $O^{\text{CH}}(\cdot)$：无需输入，调用该预言机可以得到挑战值 $c \in Z_N^*$。攻击者已知 (N,e)，调用少于 n 次的 $O_{\text{RSA}}^{\text{INV}}(\cdot)$，即可输出 n 个挑战预言机 $O^{\text{CH}}(\cdot)$ 的值 $c_i \in Z_N^* (i=1,2,\cdots,n)$ 对应的逆转值。

定义 2.3　离散对数(discrete logarithm, DL)问题：设 G 为素数阶 p 的乘法群，g 为 G 的生成元，Y 为 G 中随机选取的元素，找出整数 $a \in Z_p^*$，使得 $Y=g^a$ 成立。

定义 2.4　计算 Diffie-Hellman(computational Diffie-Hellman, CDH)问题：设 G 为素数阶 p 的乘法群，g 是 G 中的一个生成元，给定三元组 (g,g^a,g^b)，其中 $a,b \in Z_p^*$ 且未知，计算 g^{ab} 的值。

定义 2.5　判定 Diffie-Hellman(decisional Diffie-Hellman, DDH)问题：设 G 为素数阶 p 的乘法群，g 是 G 中的一个生成元，给定四元组 (g,g^a,g^b,g^c)，其中 $a,b,c \in Z_p^*$ 且未知，判定等式 $c=ab (\text{mod } q)$ 是否成立。

注：上述的 DL、CDH 和 DDH 问题通常被视为困难性问题，然而它们的困难程度不一样。显然，如果能解决 DL 问题，那么就能够解决 CDH 问题和 DDH 问题。如果能够解决 CDH 问题，那么 DDH 问题也比较容易解决。

CDH 问题通常被认为困难程度和 DL 问题相当，而 DDH 问题在某些情况下却是容易解决的。例如，在以下这种情况：

以一种特殊的双线性对 $e:G \times G \rightarrow G_T$ 为例，因为双线性对具有非退化性，所以 $e(g,h) \neq 1_{G_T}$。假设群 G 上的 DL 问题和 CDH 问题是困难的，任意的 $g^a,g^b,g^c \in G$，根据双线性对的双线性可得 $e(g^a,g^b)=e(g,g)^{ab}=e(g,g^c)=e(g,g)^c$，因此 $e(g,g)^{ab}=e(g,g)^c \Leftrightarrow c=ab$。这样 DDH 问题可以转化为判断两个线性对的值是否相等。

定义 2.6　间隙 Diffie-Hellman(gap Diffie-Hellman, GDH)群：如果一个阶为素数的群 G 满足以下两个条件，那么 G 为间隙 Diffie-Hellman 群：

(1) 存在有效的多项式时间算法可以解决群 G 上的 DDH 问题；

(2) 不存在有效的多项式时间算法以不可忽略的优势解决群上的 CDH 问题。

定义 2.7　非对称双线性 Diffie-Hellman(co-bilinear Diffie-Hellman, co-BDH)问题：g、h 分别是循环群 G、H 中的生成元，给定三元组 $(g,g^a,g^b) \in G^3$ 和 $(h,h^a,h^c) \in$

H^3，其中 $a,b,c \in Z_p^*$ 且未知，p 为给定的素数，计算 $e(g,g)^{abc}$ 的值。

定义 2.8　双线性 Diffie-Hellman(bilinear Diffie-Hellman，BDH)问题：对任意 $a,b,c \in Z_p^*$，给定四元组 (g,g^a,g^b,g^c)，g 是循环群 G 中的一个生成元，计算 $e(g,g)^{abc}$ 的值。

注：如果可以解决 CDH 问题，那么也能解决 BDH 问题。例如，在 CDH 问题中，已知 g^a,g^b，如果可以计算出 g^{ab}，那么 $e(g^{ab},g^c)=e(g,g)^{abc}$。

定义 2.9　判定双线性 Diffie-Hellman(decisional bilinear Diffie-Hellman，DBDH)问题：g 是循环群 G 中的一个生成元，给定五元组 (g,g^a,g^b,g^c,K)，其中 $a,b,c \in Z_p^*$ 且未知，$K \in G_T$，判断等式 $K=e(g,g)^{abc}$ 是否成立。

定义 2.10　修改的判定双线性 Diffie-Hellman(decisional modified bilinear Diffie-Hellman，DMBDH)问题：g 是循环群 G 中的一个生成元，给定五元组 (g,g^a,g^b,g^c,K)，其中 $a,b,c \in Z_p^*$ 且未知，$K \in G_T$，判断等式 $K=e(g,g)^{ab/c}$ 是否成立。

定义 2.11　q 强 Diffie-Hellman(q-strong Diffie-Hellman，q-SDH)问题：G、H、G_T 还是上面所定义的群。给定元素 $(g,g^x,g^{x^2},\cdots,g^{x^q},h,h^x) \in G^{q+1} \times H^2$，其中 $x \in Z_p$、$g \in G$、$h \in H$ 为群的随机生成元，得出任意 $(c,g^{\frac{1}{x+c}})$ 这种形式的对在计算上是不可行的。

定义 2.12　修改的 q 强 Diffie-Hellman(modified q-strong Diffie-Hellman，MqSDH)问题：G、H、G_T 还是上面所定义的群。给定元素 $(g,g^x,g^{x^2},\cdots,g^{x^q},h,h^x) \in G^{q+1} \times H^2$，其中 $x \in Z_p$、$g \in G$、$h \in H$ 为群的随机生成元，得出任意 $(a,b,g^{\frac{1}{x+a}\frac{1}{x+b}})$ 这种形式的对在计算上是不可行的。

定义 2.13　修改的 2 强 Diffie-Hellman(modified 2-strong Diffie-Hellman，M2SDH)问题：G、H、G_T 还是上面所定义的群。给定元素 $(g,g^x,g^{x^2},h,h^x) \in G^3 \times H^2$，其中 $x \in Z_p$、$g \in G$、$h \in H$ 为群的随机生成元，能够访问 q-SDH 逆转预言机 $O_{SDH}^{INV}(\cdot,\cdot)$(输入 $a,b \in Z_p^*$，可得到 $g^{\frac{1}{x+a}\frac{1}{x+b}}$)，并且满足如下要求(1)～(3)，得出任意 $(a^*,b^*,g^{\frac{1}{x+a^*}\frac{1}{x+b^*}})$ 这种形式的对在计算上是不可行的：

(1) (a^*,b^*) 未请求过 $O_{SDH}^{INV}(\cdot,\cdot)$；

(2) 不存在 $c \in Z_p^*$，使得 $(a^*,c),(c,b^*)$ 出现在请求过 $O_{SDH}^{INV}(\cdot,\cdot)$ 的序列中；

(3) 不存在 $c_i \in Z_p^*$ $(i=1,2,\cdots)$，使得 $(a^*,c_1),(c_1,c_2),(c_2,c_3),\cdots,(c_i,c_{i+1}),(c_{i+1},b^*)$ 出现在请求过 $O_{SDH}^{INV}(\cdot,\cdot)$ 的序列中。

定义 2.14 对称式外部 Diffie-Hellman(symmetric external Diffie-Hellman, SXDH)问题：G、H、G_T 还是上面所定义的群。对称式外部 Diffie-Hellman 问题类似于在群 G、H 上的标准 DDH 问题。

定义 2.15 判定性线性(decision-linear，DLIN)问题：G、H、G_T 还是上面所定义的群，$G=H$。给定一个五元组 $(g^x,g^y,g^{rx},g^{sy},g^t)\in G^5$，其中 $x,y,r,s\in Z_p$，确定 $t=r+s$ 或者 $t\in Z_p$ 在计算上是不可行的。

定义 2.16 判定 q 平行双线性 Diffie-Hellman 指数(decisional q-parallel bilinear Diffie-Hellman exponent，DqBDHE)问题：给定 q 阶循环群 G，g 为 G 的一个生成元。对于任意 $a,s,b_1,\cdots,b_q\in Z_p$，如果一个攻击者 ψ 被赋予了

$$y = g,g^s,g^a,g^{a^2},\cdots,g^{(a^q)},g^{(a^{q+2})},\cdots,g^{(a^{2q})}$$

$$\forall 1\leqslant j\leqslant q,\quad g^{s\cdot b_j},g^{a/b_j},\cdots,g^{(a^q/b_j)},g^{(a^{q+2}/b_j)},\cdots,g^{(a^{2q}/b_j)}$$

$$\forall 1\leqslant j,k\leqslant q,k\neq j,\quad g^{a\cdot s\cdot b_k/b_j},\cdots,g^{(a^q\cdot s\cdot b_k/b_j)}$$

以及 $K\in G_T$，则可以判断 K 是否等于 $e(g,g)^{a^{q+1}\cdot s}$。

2.1.3　SVO 逻辑

在安全协议分析领域，通常使用形式化分析的方法来判定协议的安全性。其中，BAN 逻辑[4](B、A、N 是此逻辑创立者姓名的首字母)可以看成形式化方法的代表作和里程碑，SVO 逻辑[5]则是 BAN 逻辑的一个改进版本。这里所需使用的基本 SVO 逻辑术语及其含义如表 2.1 所示。

表 2.1　基本 SVO 逻辑术语及其含义列表

术语	含义
$P\wedge Q$	P 与 Q (逻辑与)
$P\supset Q$	由 P 可以推出 Q
P believes X	P 认为 X 为真
P said X	P 曾说过 X
$\{X\}_K$	用密钥 K 对 X 加密
$\{X\}_{K^{-1}}$	用密钥 K 对 X 签名
P controls X	P 对 X 具有控制权
fresh X	X 是新鲜的

2.1.4　模糊集合与模糊控制

传统的集合[6]一般定义为一系列的元素 $x\in X$，它们可以是有限、可数或者不

可数的。这种集合可以用三种方式来表达：一是把所有元素都列出来，如 $A=\{1,3,5\}$；二是规定所含元素的范围，如 $S=\{x|x\geqslant7\}$；三是用一个确定的特征值表示某种含义，如 0 代表不属于这个集合，1 代表属于这个集合。而一个模糊集合就是将这个确定的特征值变为一个可变的范围，来表示一个给定的集合中元素隶属于该集合的程度。

定义 2.17 假设 X 是由一系列元素 x 组成的序列，则 X 的模糊集合 $\tilde{A}$ 是一个有序对的集合：

$$\tilde{A} = \{(x,\mu_{\tilde{A}}(x))\,|\,x\in X\}$$

其中，$\mu_{\tilde{A}}(x)$ 为 x 在 $\tilde{A}$ 中的成员函数或者隶属函数，它将 X 映射至隶属空间 M，M 是一个有上确界的非负实数子集，当 M 仅包含 0 和 1 时，$\tilde{A}$ 就是普通的确定性集合。

在模糊集中，基本的集合论运算定义如下。

模糊交：$\mu_{\tilde{C}}(x) = \min\{\mu_{\tilde{A}}(x),\mu_{\tilde{B}}(x)\},\tilde{C}=\tilde{A}\bigcap\tilde{B}$;

模糊并：$\mu_{\tilde{D}}(x) = \max\{\mu_{\tilde{A}}(x),\mu_{\tilde{B}}(x)\},\tilde{D}=\tilde{A}\bigcup\tilde{B}$;

模糊补：$\mu_{\tilde{A}^c}(x) = 1-\mu_{\tilde{A}}(x)$。

定义 2.18 令 $X,Y\subseteq \mathbf{R}$ 为普通集合，则模糊关系 $X\times Y$ 定义为

$$\tilde{R} = \{(x,y),\mu_{\tilde{R}}(x,y)\,|\,(x,y)\in X\times Y\}$$

同时，该关系也能用矩阵的形式来表示。

定义 2.19 令 $\tilde{A}_1,\cdots,\tilde{A}_n$ 为 $X_1,\cdots,X_n$ 中的模糊集，则模糊笛卡儿积的成员函数在乘积空间 $X_1\times\cdots\times X_n$ 中定义为

$$\mu_{(\tilde{A}_1,\cdots,\tilde{A}_n)}(x) = \min_i\{\mu_{\tilde{A}_i}(x_i)\,|\,x=(x_1,\cdots,x_n),x_i\in X_i\}$$

模糊笛卡儿积把给定的模糊集构造成一个新的模糊集，它的成员函数是原模糊集中隶属程度最小的那个。

定义 2.20 令 $P(X)$ 为集合 X 的超集，则可能性测量是一个函数映射 $\Pi:P(X)\rightarrow[0,1]$，它具有如下属性：

(1) $\Pi(0)=0,\Pi(X)=1$;

(2) $A\subseteq B\Rightarrow \Pi(A)\leqslant \Pi(B)$;

(3) $\Pi(\bigcup_{i\in I} A_i) = \sup_{i\in I}\Pi(A_i)$，其中 I 为索引集合。

可能性测量将集合映射至一个[0,1]的可能性空间，它的输出结果是一个模糊集合中隶属程度最大的那一项。

传统的访问控制系统完全基于事先设定好的策略，这种设计往往是将访问请求与设定好的策略进行简单的对比，符合就放行，不符合就拒绝。这种静态的工

作模式，使得访问策略比较机械，不具有适应性。

与传统的确定性访问系统相比，模糊控制系统能够处理实际中一些更复杂的非确定性情形。模糊控制器模型如图 2.1 所示，其在确定性和非确定性之间添加了模糊化和去模糊化的模块。确定性的访问控制系统只能定义一些确定性的控制行为，并且输出确定性的结果，如"允许"或者"拒绝"。而拥有模糊控制器的访问控制系统能定义一些接近自然语言的控制行为，并且输出具有可变范围的结果，如"允许最小权限"。

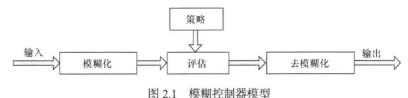

图 2.1　模糊控制器模型

2.1.5　图

无向图 $G=(V,E)$ 是由有限点集合 V 和有限边集合 $E \subset V \times V$ 组成的，图 G 的传递闭包图 $\tilde{G}=(\tilde{V},\tilde{E})$，满足以下条件：$\tilde{V}=V$ 且边 $(i,j) \in \tilde{E}$ 当且仅当 G 中存在 i 到 j 的路径。图 G 的传递简约图 $G^*=(V^*,E^*)(V^*=V)$ 是和图 G 有相同传递闭包的图中边数最少的图。图 2.2 给出了传递简约图和传递闭包图的例子。

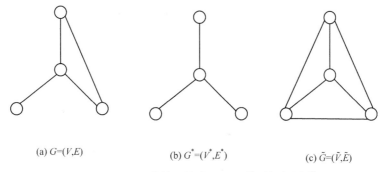

(a) $G=(V,E)$　　　　　(b) $G^*=(V^*,E^*)$　　　　　(c) $\tilde{G}=(\tilde{V},\tilde{E})$

图 2.2　图 G 及其传递简约图 G^* 和传递闭包图 $\tilde{G}$

在有向图中，每条有向边都有一个有序节点对 (i,j)，其中 i 是始节点，j 是末节点，也可以称 i 是 j 的父节点，j 是 i 的孩子节点。

树 $T=(V,E)$ 作为特殊的图，同样由有限点集合 V 和有限边集合 E 组成，不同的是树 T 中有且仅有一个特定的根节点，并且当节点个数 $|V|>1$ 时，其余节点可分为 $m(m>0)$ 个互不相交的有限集 $T_1,T_2,\cdots,T_m$，其中集合 $T_i(i=1,2,\cdots,m)$ 本身又是一棵树。图 2.3 给出了树的例子。

满足下列条件的有向图称为有向树：

(1) 有一个指定的根节点；

(2) 从根节点到任一节点有且仅有一条有向通路。

根据上述有向树的定义，可以将有向树分为 $T_1=(V,E_1)$ 和 $T_2=(V,E_2)$ 两类，其中 T_1 是具有统一自底向上方向的树，T_2 是具有统一自顶向下方向的树。图 2.4(a) 和 (b) 分别给出了 T_1 和 T_2 的例子，可以看到有向树 T_2 是有向树 T_1 的一种特例，说明适用于简约图是 T_1 的图状成员关系认证的传递签名方案也适用于简约图是 T_2 的图状成员关系的认证。

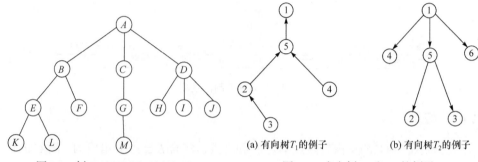

图 2.3　树 $T=(V,E),|V|=13,|E|=12$　　　图 2.4　有向树 T_1 和 T_2 的例子

2.1.6　秘密共享和访问结构

秘密共享主要是为了解决密钥管理中的密钥泄露和遗失问题，起初是针对一些如导弹发射、重要场所的通行检验等必须由两人或多人同时参与才能生效的情况而提出的。最早在 1979 年，Blakley[7] 和 Shamir[8] 分别提出了秘密共享的概念，自此，人们逐步在秘密共享理论以及秘密共享技术与应用方面取得了丰硕的研究成果。在后来提出的众多秘密共享机制中，大部分是 Blakley 和 Shamir 机制的变形，而且它们有一个共同的特点，就是主秘密的重构可以通过求解线性方程组的方式得以实现[8-10]，即一个秘密被 n 个参与者所共享，必须由 d 个或更多的参与者联合才能重构该秘密。这种重构方式的秘密共享机制称为线性秘密共享机制。

下面详细介绍门限结构、秘密共享机制中的线性秘密共享、构造线性秘密共享的工具——单调张成方案，以及如何把布尔函数转化为线性秘密共享矩阵。

定义 2.21　访问结构(access structure)[9]：一个实体集 $\{P_1,P_2,\cdots,P_n\}$，对于任意的集合 B、C，如果当 $B\in A$ 且 $B\subseteq C$ 时，有 $C\in A$，则称集合 $A\subseteq 2^{\{P_1,P_2,\cdots,P_N\}}$ 是单调的。一个访问结构(通常指单调的访问结构)是 $\{P_1,P_2,\cdots,P_n\}$ 的一个非空子集 A，即 $A\subseteq 2^{\{P_1,P_2,\cdots,P_N\}}\setminus\{\varnothing\}$。包含在 A 中的集合称为授权集合，而不包含在 A 中的集合称为非授权集合。

在这里，上述实体集中的每个实体表示一个属性，访问结构 A 包括了授权属性集。一个属性集合 B 满足 A(换句话说，A 接受 B)当且仅当 B 是 A 中的授权集合，即 $B \in A$。

1. 门限结构

Blakley[7]和 Shamir[8]分别用有限几何方法和多项式插值算法设计了门限秘密共享机制。

定义 2.22　(d,n)门限结构(threshold structure)[7,8]：将一个秘密 s 分割成 n 个部分 $s_1, s_2, \cdots, s_n$，使得：

(1) 由 d 个或者多于 d 个参与者所持有的部分信息 s_i 可以重构 s；

(2) 由 $d-1$ 个或是少于 $d-1$ 个参与者所持有的部分信息 s_i 的组合无法恢复出秘密 s。

下面介绍最具代表性的也是最实用的 Shamir 门限秘密共享机制。Shamir 门限秘密共享机制基于拉格朗日(Lagrange)插值公式，即一个 $d-1$ 次单变量多项式 $y=f(x)$，能够通过 d 个不同点(x_i, y_i)唯一确定。也就是说，设 $f(x)$ 为 x 的一个次数为 $d-1$ 的函数，则给定 d 个不同点$(x_i, y_i=f(x_i))$，可以求出任意一个 x 对应的 $f(x)$ 的值。利用拉格朗日插值公式可以得出：

$$f(x) = \sum_{i=1}^{d} y_i \prod_{j=1, j \neq i}^{d} \frac{x - x_j}{x_i - x_j}$$

假设要把秘密 s 分为 n 个部分共享，则可令 $a_0 = s$，随机选择 $d-1$ 个独立的系数 $a_1, a_2, \cdots, a_{d-1}$，随后定义 Z_p 上的随机多项式 $f(x) = \sum_{i=0}^{d-1} a_i x^i$。再对每个 $i=1,2,\cdots,n$，计算 $f(i)$，每个部分所持有的信息就是$(i, f(i))$。要重构秘密 s 时，只需选择任意 d 个部分的集合 S，计算：

$$s = a_0 = f(0) = \sum_{i \in S} f(i) \Delta_{i,S}(0)$$

其中

$$\Delta_{i,S}(x) = \sum_{j \in S, j \neq i} \frac{x - j}{i - j}$$

这样就成功恢复出了秘密 s。

门限秘密共享机制能够提高系统的鲁棒性，因为即使有 $n-d$ 个部分被破坏，秘密仍然能够通过剩下 d 个部分的组合得以恢复。门限秘密共享机制实现密钥的分散保存以降低密钥泄露带来的风险，而且方案简单、有效并易于实现，得到了广泛的应用[11]。

2. 线性秘密共享

定义 2.23 线性秘密共享结构(linear secret share structure)[12]：一个基于成员集 P 的秘密共享方案 Π 在 Z_p 上是线性的，需要满足以下两个条件：

(1) 每个成员所分得的秘密 $s \in Z_p$ 中的部分构成一个 Z_p 上的矩阵。

(2) 对于 P 上的访问结构 A，存在一个 l 行 n 列的矩阵 M 称为对于 Π 的秘密共享矩阵。对于所有的 $i=1,2,\cdots,l$，矩阵 M 的第 i 行表示第 i 个成员，用函数 ρ 来定义行标号为 $\rho(i)$。设一个列向量 $v=(s,y_2,\cdots,y_n)$，其中 $s \in Z_p$ 是待分享为 l 份的秘密，$y_2,\cdots,y_n$ 是在 Z_p 中随机选择的。则 Mv 把秘密 s 根据 Π 分成 l 个部分。$(Mv)_i$ 是第 i 个成员。此处，将 (M,ρ) 定义为由访问结构 A 实现的访问策略。

假设 $\Lambda \in A$ 是访问结构 A 的一个授权集合，A 由访问策略 (M,ρ) 编码，$I \subset \{1,2,\cdots,l\}$ 定义为 $I=\{i:\rho(i) \in A\}$。重构需求宣称，向量 $(1,0,\cdots,0)$ 是在以 I 为索引的矩阵 M 的行张成中。那么可以在多项式时间内找出这样的常数集 $\{\omega_i \in Z_p\}_{i \in I}$ [12]，使得如果 $\{\lambda_i = (Mv)_i\}_{i \in I}$ 是秘密 s 根据 Π 的一个有效的分享，那么 $s = \sum\limits_{i \in I} \omega_i \lambda_i$。这一过程也被定义为线性重构(linear reconstruction)。

3. 单调张成方案

张成方案(span program)是一种计算布尔函数(Boolean function)的线性代数模型。张成方案包含一个其元素在某个域上的矩阵、一个标号和一个目标向量。对于标号来说，M 的某个子矩阵被单独提取出来，同时其所有行的线性组合被考虑。如果目标向量是所考虑的某个线性组合，则张成方案输出"1"或"真"，否则输出"0"或"假"。

一个访问结构是一个单调布尔函数。这里用文献[13]中所述的方法将一个布尔表达式转化为等价的线性秘密共享结构矩阵。将布尔表达式看成一个访问树[14]，内部节点为 AND(与)门和 OR(或)门，叶子节点对应每一个属性。

首先，将访问树的根节点标记为向量(1)(向量的长度为 1)。设置一个全局变量 c，初始化为 1。然后从根节点向下用向量标记每一个节点，每个节点对应的向量取决于分配给其父节点的向量。如果父节点是一个 OR 门并由向量 v 标记，则孩子节点也标记为 v，c 保持不变；如果父节点是一个由向量 v 标记的 AND 门，那么其左孩子节点标记为向量 $v|1$，右孩子节点标记为 $(0,\cdots,0)|{-}1$，其中 $(0,\cdots,0)$ 表示长度为 c 的零向量。注意，这些孩子节点向量的和要等于 $v|0$，并且向量 c 的值加 1，直到标记完整棵树的所有节点，标记叶子节点的向量组成线性秘密共享结构矩阵的行。如果向量长度不同，那么在末尾补充 0 使向量的长度一样。

下面以申明 Y_1："$(A\ OR\ B)\ AND\ (C\ OR\ (D\ AND\ E))$"为例，构造线性秘密共

享结构矩阵的过程如图 2.5 所示。

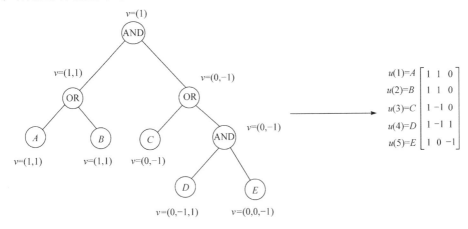

图 2.5　构造 Y_1 的线性秘密共享结构矩阵

定义 2.24　单调张成方案(monotone span program，MSP)：M 是 Y 在有限域 F 上的一个矩阵(构造方法如上所述)。设 M 为一个 $l \times t$ 的矩阵，其中 l 为长度，t 为宽(在图 2.5 所示的例子中，$l=5$，$t=3$)。定义一个标记函数 $u:[l] \rightarrow [n]$ 关联矩阵 M 的每一行，函数输入变量为 $(x_1, x_2, \cdots, x_n) \in (0,1)^n$。一个单调张成方案是接受还是拒绝一个输入是根据以下标准判定的：

$$r(x_1, x_2, \cdots, x_n) = 1 \Leftrightarrow \exists v \in F^{1 \times l} : vM = [1, 0, \cdots, 0]$$

$$\forall i : x_{u(i)} = 0 \Rightarrow v_i = 0$$

即 $Y(x_1, x_2, \cdots, x_n)=1$，当且仅当以 $\{i | x_{u(i)}=1\}$ 为索引的矩阵 M 的行的某个线性组合张成向量 $[1, 0, \cdots, 0]$。换句话说，对于每个输入 $(x_1, x_2, \cdots, x_n) \in (0,1)^n$，计算出 v，当且仅当 $vM = [1, 0, \cdots, 0]$ 时，称单调张成方案接受输入 $(x_1, x_2, \cdots, x_n)$。

例 2.1　令 $\{A,B,C,D,E\}$ 为所有可能属性的集合，输入 $(1,0,0,1,1)$ 代表一个用户拥有属性 (A,D,E)。$\exists v = (1,0,0,1,1)$ 使得 M 的第一行和最后两行的和为 $[1,0,0]$。这就说明，用户有属性 A、属性 D 和属性 E 就满足申明 Y_1。然而，找不到一个向量使得 M 的最后两行的和为 $[1,0,0]$，即在一个用户只有属性 D 和 E 的例子中，$Y_1(0,0,0,1,1) \neq 1$。

例 2.2　对于申明 Y_2："$(A \text{ AND } B \text{ AND } C) \text{ OR } (B \text{ AND } D)$"，将其转化为线性秘密共享结构矩阵的过程如图 2.6 所示。

输入集合 $(0,1,0,1)$ 代表一个用户拥有属性 B、D，满足申明 Y_2。$\exists v = (0,0,0,1,1)$ 使得矩阵 M 的第二行和最后一行的和为 $[1,0,0]$。图 2.6 表明，矩阵中的不同行能够对应到一个相同的属性。

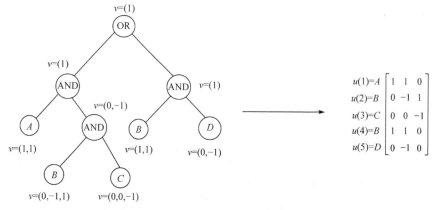

图 2.6　构造 Y_2 的线性秘密共享结构矩阵

2.2　对称密码学与散列函数及消息认证码

本节主要介绍对称密码学与散列函数及消息认证码的基本概念及常见算法。

2.2.1　对称密码学

目前常用的加密类型有两种：对称加密和公钥加密。其中，对称加密也称为传统加密或单钥加密，是 20 世纪 70 年代公钥密码产生之前唯一的加密类型。一个对称密码方案有五个基本成分[15]：

(1) 明文。原始可理解的消息或数据，作为算法的输入。

(2) 加密算法。对明文进行的各种代换和变换。

(3) 密钥。也是加密算法的输入，独立于明文与算法。算法所用的代换和变换依赖于密钥，并根据所用的特定密钥产生不同的输出。

(4) 密文。作为算法的输出，依赖于明文和密钥，其意义是不可理解的。

(5) 解密算法。本质上是加密算法的逆运算。输入密文和密钥，输出原始明文。

按对明文的处理方式，可分为分组密码和流密码。分组密码[15]是一种加解密算法，将其输入的明文分组当成一个整体处理，输出等长的密文分组。本书中所提到的对称密码都是指分组密码(对流密码有兴趣的读者可以参阅文献[16]和[17])。

常用的分组加密算法有数据加密标准(DES)、高级加密标准(AES)、SM4 等。

DES[15,18]使用 64bit 的分组和 56bit 的密钥，采用由许多相同的轮函数组成的 Feistel 结构。每一轮中，对输入数据的一半进行代换，接着用一个置换来交换数据的两个部分。扩展初始的密钥，使得每一轮使用不同的子密钥。

AES[15,19]是用于取代 DES 的商业应用的一种分组密码。使用 128bit 的分组，密钥长度为 128bit、192bit 或 256bit。没有采用 Feistel 结构。每一轮有 4 个单独的运算：字节代换、置换、有限域上的算数运算、与密钥的异或运算。

SM4[20]是在国内广泛使用的无线局域网鉴别和保密基础结构(WAPI)中使用的加密算法，是一种 32 轮的迭代非平衡 Feistel 结构的分组加密算法，其密钥长度和分组长度均为 128bit。SM4 的加解密过程中使用的算法是完全相同的，唯一不同点在于该算法的解密密钥是由它的加密密钥进行逆序变换后得到的。

2.2.2 散列函数及消息认证码

散列函数[21]也称为杂凑函数、哈希函数、消息摘要或数字指纹，为数据完整性提供保障。散列函数[22]是一公开函数 $H(\cdot)$，用于将任意长的消息 M 映射为较短的、固定长度的一个值 h，作为认证符。散列函数提供了一种错误检测能力，即改变消息中的一个或几个比特都会使得散列值发生改变。散列函数 $H(\cdot)$ 必须满足以下性质[15]：

(1) $H(\cdot)$ 可应用于任何长度的数据块；

(2) $H(\cdot)$ 产生固定长度的输出；

(3) 对任意给定的消息 M，计算 $H(M)$ 比较容易，用软硬件均可实现；

(4) 单向性，即对任意给定的散列值 h，找到满足条件 $H(M)=h$ 的消息 M 在计算上是不可行的；

(5) 抗弱碰撞性，即对任意给定的消息 M，找到满足条件 $H(M')=H(M)$ 的消息 M' 在计算上是不可行的；

(6) 抗强碰撞性，即找到任何满足条件 $H(M')=H(M)$ 的消息对 (M,M') 在计算上是不可行的。

其中，前 3 个条件是实际应用于消息认证中必须满足的，第 4 个条件对使用秘密值的认证技术极为重要，第 5 个条件用于在散列值被加密情况时防止被攻击者伪造，第 6 个条件用于抵抗生日攻击[22]。

常见的散列函数大多都是迭代型结构，如 MD5[23]、SHA-1[24]等。

消息认证码(MAC)[22]可以看成带密钥的散列函数，是指消息被一密钥控制的公开函数作用后产生的、用作认证符的、固定长度的数值，也称为密码校验和。基于 MAC 常见的算法有基于密码分组链接(CBC)模式 DES 算法的数据认证算法[25]和基于散列函数的 HMAC 算法[26]。

2.3 公钥密码学

公钥密码学是为了解决传统密码学中最困难的两个问题(密钥分配[15,22]和数字签名[15,22])而提出的。本节主要介绍几种公钥密码学的基本概念及常见算法。

2.3.1　传统公钥密码学

传统公钥密码学是由 Diffie 和 Hellman[27]最先提出来的，主要有两个特点[22]：一是其基本工具是数学函数而不是代换与置换；二是以非对称的形式使用两个密钥，一个加密密钥(公钥，是公开的)和一个与之相关的解密密钥(私钥，是保密的)，并且根据密码算法和公钥来确定私钥在计算上是不可行的。公钥密码机制具体由以下六个部分组成[15]：

(1) 明文。原始可理解的消息或数据，作为算法的输入。

(2) 加密算法。对明文进行各种转换。

(3) 公钥和私钥也是加密算法的输入，公钥用于加密，私钥用于解密。加密算法的执行依赖于公钥。

(4) 密文。作为算法的输出，依赖于明文和公钥，其意义是不可理解的。

(5) 解密算法。输入密文和私钥，输出原始明文。

常见的公钥密码机制有基于大整数因式分解难题的 RSA 算法[28]、基于离散对数问题的 ElGamal 算法[29]和基于椭圆曲线上离散对数问题的 ECC 算法[30]。

一般地，公钥密码机制除了用于加密和解密之外，还可以应用于数字签名和密钥交换。相关的算法可参见文献[31]。

数字签名[22]类似于手写签名，能够验证签名产生者的身份，以及签名的日期和时间；能够证实被签名消息的内容；能够通过第三方解决通信双方的争议。数字签名用公钥密码机制中签名者的私钥进行签名，用签名者的公钥进行验证。常见的算法有数字签名标准(DSS)[32]等。

密钥交换[15]是指通信双方交换会话密钥。对称密码要求消息交换双方共享密钥，此密钥不为他人所知，并且密钥要经常变动以防攻击者窃取。利用公钥密码机制中的一方或者双方的私钥，可以完成密钥交换。常见的算法可参见文献[33]等。

2.3.2　基于身份密码学

在公钥密码学中，用户的公钥需要证书中心的签名，证书管理比较烦琐。为了简化证书管理，Shamir[34]于 1984 年提出了基于身份密码学。在基于身份密码学中，用户的公钥就是用户的身份信息，如身份证号、电话号码、邮箱地址等。用户的私钥通过私钥生成中心(KGC)生成。然而，直到 2000 年和 2001 年才分别由 Boneh 和 Franklin[35]以及 Cocks[36]提出实用的基于身份的加密方案。更多内容可参见文献[37]。

2.3.3　基于属性密码学

基于属性的密码机制可以看成基于身份的密码机制[34, 35, 38, 39]的扩展和延伸。在基于身份的密码机制中，身份对应的是可以唯一标识用户的字符串，如身份证号、用户名、邮箱地址等。而基于属性的密码机制把身份扩展成一系列属性的集合，对用户身份进行细粒度的划分。例如，将需要保密的文件加密，满足一定条件的用户(拥有某些属性)都可以解密文件。这个条件就是基于属性密码机制所涉及的访问控制结构。总之，基于属性的密码系统不仅提供了消息内容的机密性和访问控制的灵活性，而且在强调匿名性身份和分布式网络系统方面的应用有显著的优势。下面从基于属性签名(attribute based signature, ABS)和基于属性加密(attribute based encryption, ABE)两个方面进行介绍。

1. 基于属性签名

A 表示所有可能的属性，对于属性 A 的申明是一个单调布尔函数，它的输入和 A 有关。一个属性集 $a \in A$ 满足一个申明 Y 当且仅当 $Y(a)=1$。

定义 2.25　基于属性签名一般由四个算法组成：

(1) 初始化算法(Setup)。输入安全参数 1^λ，属性授权中心机构运行初始化算法获得公开参数 APK 和系统主密钥 ASK。

(2) 属性私钥生成算法(KeyGeneration)。输入系统主密钥 ASK，用户所拥有的属性 $a \in A$，输出该属性集合对应的属性密钥 SK_A。

(3) 签名算法(Sign)。输入待签名的消息 $m \in M$(其中 M 为消息空间)、系统的公开参数 APK、属性密钥 SK_A、关于属性的申明 Y、申明满足 $Y(a)=1$，输出签名 σ。

(4) 验证算法(Verify)。输入公开参数 APK、需要验证的消息 $m \in M$、申明 Y 和消息的签名 σ，输出一个布尔值。

2. 基于属性加密

基于属性加密方案可以分为两类：密钥策略的基于属性加密(key-policy ABE, KP-ABE)和密文策略的基于属性加密(ciphertext-policy ABE, CP-ABE)[40]。

首先介绍密钥策略的基于属性加密方案的定义。

定义 2.26　一个 KP-ABE 方案一般由以下四个算法组成：

(1) 初始化算法(Setup)。输入系统安全参数 1^λ，输出系统的公共参数 PK 和系统主密钥 MK。

(2) 加密算法(Encryption)。输入消息 $m \in M$、属性 $a \in A$ 和公共参数 PK，输出密文 E。

(3) 密钥生成算法(KeyGeneration)。输入系统主密钥 MK、系统的公共参数 PK 以及属性 a，输出解密密钥 D_A。

(4) 解密算法(Decryption)。输入密文 E、解密密钥 D_A 和公共参数 PK，如果加密时使用的属性 a 满足密钥生成算法中使用的访问结构 A，那么解密输出消息明文 m；否则，输出空。

密文策略的基于属性加密机制定义如下。

定义 2.27 一个 CP-ABE 方案一般由以下四个算法组成：

(1) 初始化算法(Setup)。同 KP-ABE 中的初始化算法，输入系统安全参数 1^λ，输出系统的公共参数 PK 和系统主密钥 MK。

(2) 加密算法(Encryption)。输入消息 $m \in M$、访问结构 A 和公共参数 PK，输出密文 E(称输出的密文包含了该访问策略)。

(3) 密钥生成算法(KeyGeneration)。输入系统主密钥 MK、系统的公共参数 PK 及属性 $a \in A$，输出解密密钥 D_A。

(4) 解密算法(Decryption)。输入密文 E、解密密钥 D_A 和公共参数 PK，如果密钥生成时使用的属性 a 满足加密算法中使用的访问结构 A，那么解密输出消息明文 m；否则，输出空。

2.4 本 章 小 结

本章主要介绍了本书中所用到的数学基础知识及密码学基础知识。数学基础知识方面主要包括：双线性对、困难性问题、SVO 逻辑、模糊集合与模糊控制、图、秘密共享和访问结构等。密码学基础知识方面主要包括对称密码学、散列函数与消息认证码、公钥密码学等相关知识。

参 考 文 献

[1] Joux A. The Weil and Tate pairings as building blocks for public key cryptosystems[C]. The 5th International Algorithmic Number Theory Symposium, 2002, 2369: 20-32.

[2] Boneh D, Lynn B, Shacham H. Short signatures from the Weil pairing[J]. Journal of Cryptology, 2004, 17(4): 297-319.

[3] 张玲艳. 基于属性的签名方案研究[D]. 广州: 中山大学硕士学位论文, 2009.

[4] Burrows M, Abadi M, Needham R. A logic of authentication[J]. ACM Transactions on Computer Systems, 1990, 8(1): 233-271.

[5] Machinery A F C. On unifying some cryptographic protocol logics[C]. IEEE Symposium on Security and Privacy, 1994: 14-28.

[6] Zimmermann H J. Fuzzy Set Theory and Its Applications[M]. 4th ed. Norwell: Kluwer Academic

Publishers, 2001.

[7] Blakley G R. Safeguarding cryptographic keys[C]. Proceeding of National Computer Conference, 1979: 313-317.

[8] Shamir A. How to share a secret[J]. Communications of the ACM, 1979, 22(11): 612-613.

[9] Beimel A. Secure schemes for secret sharing and key distribution[D]. Haifa: Technion, 1996.

[10] Bertilsson M. Linear codes and secret sharing[D]. NorrkÖping: Linkoping University, 1993.

[11] 陈剑锋. 基于属性签名方案的研究[D]. 广州: 中山大学硕士学位论文, 2010.

[12] Beimel A. Secure schemes for secret sharing and key distribution[J]. International Journal of Pure and Applied Mathematics, 1996, 42(1): 19-28.

[13] Lewko A, Waters B. Decentralizing attribute-based encryption[M]//Paterson K G. Advances in Cryptology — EUROCRYPT. Berlin: Springer, 2011.

[14] Goyal V, Pandey O, Sahai A, et al. Attribute-based encryption for fine-gained access control of encrypted data[C]. Proceedings of the 13th ACM Conference on Computer and Communications Security, 2006: 89-98.

[15] Stallings W. 密码编码学与网络安全——原理与实践[M]. 4 版. 孟庆树, 等译. 北京: 电子工业出版社, 2006.

[16] 李世取, 曾本胜, 廉玉忠, 等. 密码学中的逻辑函数[M]. 北京: 北京中软电子出版社, 2003 .

[17] 丁存生, 肖国镇. 流密码学及其应用[M]. 北京: 国防工业出版社, 1994.

[18] NIST. Federal Information Processing Standard Publication 46-3. Data Encryption Standard (DES)[S]. Gaithersburg: NIST, 1999.

[19] NIST. Federal Information Processing Standards Publication 197. Announcing the Advanced Encryption Standard (AES)[S]. Gaithersburg: NIST, 2001.

[20] 国家密码管理局. SM4 分组密码算法[S]. GM/T 0002—2012. 北京: 中国标准出版社.

[21] Stinson D R. 密码学原理与实践[M]. 3 版. 冯登载, 等译. 北京: 电子工业出版社, 2009.

[22] 杨波. 现代密码学[M]. 3 版. 北京: 清华大学出版社, 2015.

[23] Rivest R. The MD5 Message-Digest Algorithm[S]. RFC1321. 1992, 473(10): 492.

[24] NIST. Federal Information Processing Standards Publication 180-1. Announcing the Standard for Secure Hash Standard[S]. Gaithersburg: NIST, 1995.

[25] NIST. Federal Information Processing Standards Publication 113. Announcing the Standard for Computer Data Authentication[S]. Gaithersburg: NIST, 1985.

[26] Krawczyk H, Bellare M, Cenetti R. HMAC: Keyed-Hashing for Message Authentication[S]. RFC2104, 1997.

[27] Diffie W, Hellman M. New directions of cryptography[C]. Proceedings of the AFIPS National Computer Conference, 1976: 644-654.

[28] Rivest R, Shamir A, Adleman L. A method for obtaining digital signatures and public key cryptosystems[J]. Communications of the ACM, 1983, 26(2): 96-99.

[29] ElGamal T. A public-key cryptosystem and a signature scheme based on discrete logarithms[J]. IEEE Transactions on Information Theory, 1984, 31(4): 469-472.

[30] Rosing M. Implementing Elliptic Curve Cryptography[M]. Greenwich: Manning Publications,

1999.

[31] IEEE. IEEE Standard Specifications for Public-Key Cryptography[S]. IEEE Std 1363-2000. Piscataway: IEEE, 2000.

[32] NIST. Federal Information Processing Standards Publication 186-3. Digital Signature Standard (DSS)[S]. Gaithersburg: NIST, 2009.

[33] Diffie W, Hellman M. Multiuser cryptography techniques[C]. Proceedings of National Computer Conference and Exposition, 1976: 109-112.

[34] Shamir A. Identity based cryptosystems and signature schemes[C]. Proceedings of CRYPTO on Advances in Cryptology, 1984: 47-53.

[35] Boneh D, Franklin M. Identity-based encryption from the Weil pairing[J]. SIAM Journal of Computing, 2000, 32(3): 586-615.

[36] Cocks C. An identity based encryption scheme based on quadratic residues[C]. IMA International Conference on Cryptography and Coding, 2001: 360-363.

[37] 胡亮, 赵阔, 袁巍, 等. 基于身份的密码学[M]. 北京: 高等教育出版社, 2011.

[38] 徐丽娟. 基于身份密码体制的研究及应用[D]. 济南: 山东大学硕士学位论文, 2007.

[39] 禹勇, 李继国, 伍玮, 等. 基于身份签名方案的安全性分析[J]. 计算机学报, 2014, (5): 1025-1029.

[40] 刘阳. 基于属性的加密体制研究[D]. 广州: 中山大学硕士学位论文, 2009.

第二部分　隐私保护

云计算给用户带来便利的同时也带来许多安全问题。用户将数据存储在云服务器上，便失去了对数据的绝对控制权。由于云环境的开放性，用户的隐私容易遭到泄露。利用密码学方法可以有效地保护用户的数据隐私和身份隐私。

本部分以分布式云存储这种目前受到广泛重视的存储模式为对象，探索密码学方法在隐私保护方面的应用。其中，第3章介绍支持数据隐私和可用性的分布式云存储协议，结合分布式编码方式，设计出使用门限加密的分布式云存储系统，利用公钥加密和同态性实现隐私保护；第4章介绍基于属性加密的私有云分布式云存储协议，利用分布式纠删码技术，将分块编码处理后的密文数据存储在若干个云服务器中，提高模型的鲁棒性；第5章介绍基于属性加密的混合云分布式云存储协议，去除绝对可信中心的干预，实现各属性服务器完全独立式工作，提高数据的安全性；第6章介绍具有身份隐私保护功能的基于属性加密的分布式云存储协议，通过对加密者的身份信息进行预处理以及对访问结构中的属性信息进行隐藏，有效地解决数据内容、身份信息、访问结构三方面的隐私问题。

第3章 支持数据隐私和可用性的分布式云存储协议

随着云计算的不断发展，其所带来的安全问题日益凸显。由于云计算环境的公开性，用户使用云服务时，需要在一个公共网络的环境中与云服务提供商进行交互。如何在一个公开的环境中保护用户隐私信息的机密性是云计算发展的关键问题。本章首先介绍传统集中式存储方式和中心化编码方式的不足；然后介绍分布式编码方式；最后在分布式云存储环境中，结合分布式编码方式，设计一个使用门限加密的分布式云存储系统。本章设计的方案在提供更好的隐私保护的前提下，既能很好地保持系统的分布式特征，又能防止攻击者在公开信道上窃取解密后的密文。

3.1 背景及相关工作

近年来，泛在网得到了很好的发展，其可访问性也得到了很好的提升，云计算在传统的泛在网络架构上也得到极大的发展，因此用户能使用很多云计算提供的服务。越来越多的用户也开始把自己的一些重要数据存储在云服务器里。传统的数据存储系统是由一个或者少量的存储服务器组成的。这样的存储系统使管理变得简单便捷，但商业应用计算和学术科学计算在不断推动云计算发展的同时，也使云存储的量级达到 PB 级；另外，云计算用户规模也变得庞大。这些因素都导致少量的存储服务器因有限的数据处理能力而成为整个系统性能的瓶颈。因此，许多学者开始研究分布式云存储。

目前，存储服务模式已经从早期的少量存储服务器的集中管理模式转为大量服务器的异地部署协同工作的管理模式，如 Past[1]和 Free Haven[2]。存储服务模式的变化使人们步入了 PB 存储量级的时代，并推动人们统一调配组合这些分布式云服务器来存储海量的数据，如支持大规模复制存储的海洋存储系统(Oceanstore)[3]、支持简单高效分布式计算应用模型的谷歌文件系统(Google file system)[4]以及提供数据完整性审计和访问控制的 Tahoe[5]。当前分布式系统的研究都集中在如何高效地存储、传输、访问大量的数据及提高系统的鲁棒性等方面，例如，Tysowski 和 Hasan[6]提出一种使用重加密的密钥管理策略；Parakh 和 Kak[7]则提出一种基于多副本的秘密分享机制方案。

一方面，通常为了能够实现外包数据的隐私性与机密性，要用到数据加密技术[8-10]。一种简单的方法就是使用用户的密钥对数据进行加密，但由用户独立保管唯一的密钥也有一定的风险性。一旦用户密钥丢失或者受损，那么用户就无法读取自己的数据。同时，仅仅依靠一把密钥也会引起密钥保存和管理问题。因为它仅仅由用户一人保存，而用户的保护能力有限，容易导致密钥被窃取的情况发生。Sandhu 等[11]提出一个分割 RSA 密钥的加密方案，但这个方案并不支持门限结构。Subbiah 和 Blough[12]设计了一种称为网格分享(grid sharing)的方案，这种方案利用秘密分享和复制冗余技术来实现一定程度的抗攻击性，但需要预先针对数据块分配好密钥。

另一方面，为了能够在分布式云存储系统中长久地存储数据[13]，人们通常采取冗余的思想：复制或纠删码(erasure code)。Castro 和 Liskov[14]采取复制机制来构建一个可以容错的文件存储系统，但这个系统没有考虑数据的机密性问题，同时也极大地增加了存储代价。在采取纠删码的存储机制中，消息是被分成若干数据块并集中处理的，但这种方式并不适合分布式云存储系统独立地处理海量的数据。分布式纠删码(decentralized erasure code)可以在无中心情况下对数据块进行编码处理。它相对传统纠删码，在数据分块传输到存储服务器时，无须将分块后的数据块再收集起来统一处理，而是由每台服务器独立编码处理。但分布式纠删码同样无法提供数据机密性保护服务，如 Tornado Encode[15]。

Lin 和 Tzeng[16]在分布式云存储系统中提出一种基于分布式纠删码秘密分享机制。Lin 和 Tzeng 的方案通过使用同态公钥来加密明文，以提高系统的机密性。该方案在维持系统的无中心分布式结构的同时，又通过无中心的门限加密的方法来提供良好的隐私保护。但该方案要求服务器必须完全、无误地按照预定的安全协议进行操作且云服务器必须是完全可信的。考虑到自身的商业利益，云服务提供商可能会修改或删除用户的数据，这样就会导致用户无法恢复出自己的数据。因此，需要数据完整性保护措施来检测云服务提供商修改或删除用户数据等恶意行为。

分布式云存储原理如图 3.1 所示。消息 M 被等长切割成 k 个数据块，长度不足时以零进行填充，这样就形成向量 $M = (M_1, M_2, \cdots, M_k)$；接着把这些不同的消息块集中到一个处理中心，对它们进行纠删码$(n,k)(n>k)$冗余编码，以形成码字(code word)向量 $C = (C_1, C_2, \cdots, C_n)$，其中 n 个 C_i 随机存储在 m 个数据存储服务器里。在恢复消息 M 时，随机从 m 个数据存储服务器选择 k 个 C_i集中到同一个处理中心，再利用纠删码(n, k)恢复出消息。需要注意的是，每次消息的编码和解码都需要一个集中的处理中心进行处理，所有的通信和交互都集中到一起。

分布式纠删码[17]存储系统不需要将数据块再汇总到集中化编码解码中心，而是每个分布式云服务器都能独立编码和解码，这样就解决了系统因为过于统一集中而引起的效能和带宽等瓶颈问题。但是，由于互联网是一个公共环境，任何人都可以自由访问，如何防止恶意攻击者窃取数据是分布式云存储系统需要解决的重要问题，即该存储方式需要保障通信双方的机密性。

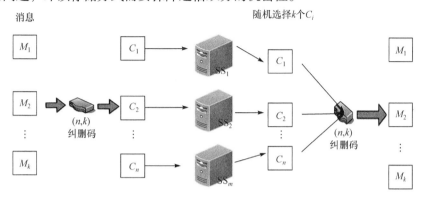

图 3.1　分布式云存储原理

本章提出一个安全的云存储系统协议，该协议的存储系统由两类服务器组成：存储用户加密数据的数据存储服务器和存储用户私钥 ssk 的密钥存储服务器。其中 k 个明文数据块是由用户的公钥和用户另外独立保存的秘密参数 y 进行加密的。这些加密的数据块存储在数据存储服务器中。这些数据存储服务器都能进行分布式纠删码编码和解码。需要注意的是，本方案的用户密钥由两部分组成：一部分是秘密参数 y，该秘密参数由用户独立保存；另一部分是 ssk，它被分割成 n 份存储在密钥存储服务器中。所以，经过第一次部分解密后的数据块，还需要利用用户的秘密参数 y 进行再次解密。本章方案可以抵抗以下几种攻击：①数据存储服务器的合谋攻击和密钥存储服务器的合谋攻击；②恶意攻击者窃取第一次解密后的密文并试图恢复出消息 M；③恶意攻击者捕获用户与密钥存储服务器的通信命令 hid，利用该命令让密钥存储服务器进行解密并试图获得消息 M。

3.2　支持数据隐私和可用性的分布式云存储模型

在本章的分布式云存储系统中，使用分布式纠删码，它是一个稀疏生成矩阵的编码。本章方案考虑以下情形：

假定有 k 个消息块 $M_i(i=1,2,\cdots,k)$ 需要存储到 m 个数据存储服务器 $SS_i(i=1,2,\cdots,m)$。对于每个 M_i，用户随机选择 v 个数据存储服务器来存储 M_i 的副本。为了获得生成矩阵 G，数据存储服务器 SS_j 收集具有相同 h_{ID} 的 $C_i(i=1,2,\cdots,n)$，并把它们放置在同一个集合 N_j 中，其中 h_{ID} 是同一个消息 M 的标识符。接着，随机为 $C_i \in N_j$ 选择参数 $g_{i,j}$。如果 $C_i \notin N_j$，那么数据存储服务器 SS_j 设置为 $g_{i,j}=0$。

　　I、O 和 G 是在有限域 F_p 上的随机线性码。每一个数据包 $I=(m_1,m_2,\cdots,m_k)$ 和码字 $O=(w_1,w_2,\cdots,w_n)$ 都是群 G 的元素向量。生成矩阵 $G=[g_{i,j}]_{i=1,2,\cdots,k;j=1,2,\cdots,n}$ 的每一项都在 Z_p 里。K 是没有存储重复消息块的服务器编号的集合。在本方案中，$w_i=m_1^{g_{1,i}}m_2^{g_{2,i}}\cdots m_k^{g_{k,i}}$，令 $K^{-1}=[d_{i,j}]_{i,j=1,2\cdots,k}$ 是 G 的子矩阵。图 3.2 是一个示例。$m_i=w_{j_1}^{d_{1,i}}w_{j_2}^{d_{2,i}}\cdots w_{j_k}^{d_{k,i}}$ 的编码过程是为了产生 w_i。解码过程按照如下公式计算：

$$[m_1,m_2,\cdots,m_k]=[w_{j_1},w_{j_2},\cdots,w_{j_k}]\begin{bmatrix} d_{1,j_1} & d_{1,j_2} & \cdots & d_{1,j_k} \\ d_{2,j_1} & d_{2,j_2} & \cdots & d_{2,j_k} \\ \vdots & \vdots & & \vdots \\ d_{k,j_1} & d_{k,j_2} & \cdots & d_{k,j_k} \end{bmatrix}$$

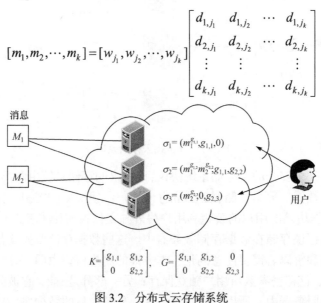

图 3.2　分布式云存储系统

　　如文献[18]所述，当 $N_i>\dfrac{5n}{k}\ln k$ 时，矩阵 K 的可逆成功率至少为 $1-k/p-O(1)$（p 为所选素数群的阶数），因此方案成功解码率为 $1-k/p-O(1)$。由于 w_{j_k} 是每一个存储服务器独立计算生成的，所以本方案的云存储系统是分布式的。

　　图 3.3 为本章安全云存储系统的架构概览。初始消息 M 被切割成 k 个数据块 $M_i(\ i=1,2,\cdots,k\ )$。每个消息 M_i 经过用户的公钥进行加密后生成密文 $C_i=E(\text{pk},M_i)$。每一个 C_i 被随机发送到 m 个数据存储服务器 $\text{SS}_i(i=1,2,\cdots,m)$ 中。接着收到密文的数据存储服务器 SS_i 执行分布式纠删码操作后得到码字 D_i，并把 D_i 也存储到数据存储服务器 SS_i 中。用户的密钥 $\text{sk}=(\text{ssk},y)$。ssk 使用秘密分享的方法分割存储到密钥存储服务器中。每个 $\text{KS}_i(\ i=1,2,\cdots,n\ )$ 拥有一份子密钥 ssk_i。y 作为秘密参数，只能被用户所持有。

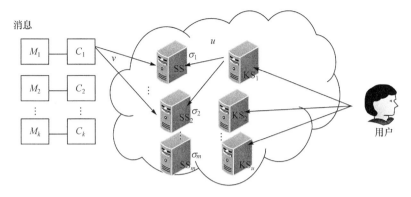

图 3.3　安全云存储系统的架构概览

为了恢复出初始消息 M，用户需要发送一个命令 $h_{\mathrm{ID}} = H(M_1 \| M_2 \| \cdots \| M_i)$ 给 u 个密钥存储服务器 KS_i。密钥存储服务器再把该恢复命令发送给数据存储服务器，密钥存储服务器做第一次解密——部分解密。用户回收经过密钥存储服务器部分解密后的数据，再用自己的秘密参数 y 解密这些部分解密后的数据。最后，用户组合这些数据即可恢复出消息 M。

3.3　支持数据隐私和可用性的分布式云存储方案

本节方案分为三步，分别为系统设置、数据存储以及数据恢复，具体过程如下。

3.3.1　系统设置

系统设置用于产生系统的公共参数和用户的公私钥对，步骤如下：

(1) 运行参数生成算法 $\mathrm{Gen}(1^\lambda)$ 获得 $\mu = (p, G_1, G_T, e, g)$。

(2) 选择 $x, y \in_R Z_p$ 生成用户的公私钥对：公钥 $\mathrm{pk} = g^x$ 和私钥 $\mathrm{sk} = (\mathrm{ssk}, y)$，其中 (ssk, y) 不进行秘密分享切割给其他用户或服务器。

(3) 等长分割消息 $M \in G_T$ 形成数据块 M_i，并生成该消息 M 的唯一标识 $h_{\mathrm{ID}} = H(M_1 \| M_2 \| \cdots \| M_k)$，其中 $H : \{0,1\}^* \to G_1$ 是安全散列函数。

(4) 使用拉格朗日插值公式，把用户私钥中的 $\mathrm{ssk} = x$ 分割成 n 份，并把 ssk_i 随机存储在 n 个密钥存储服务器里，这样获得 $\mathrm{ssk}_i = f(i)$：

$$f(z) = \mathrm{ssk} + a_1 z + a_2 z^2 + \cdots + a_{t-1} z^{t-1} \bmod p, \quad a_1, a_2, \cdots, a_{t-1} \in_R Z_p$$

(5) 生成与数据块 M_i 相一致的密文 C_i：

$$C_i = (\delta_i, \varepsilon_i, \eta_i) = (M_i e(g^x, h_{\mathrm{ID}}^{r_i y}), h_{\mathrm{ID}}, g^{r_i}), \quad r_i \in_R Z_p; \ i = 1, 2, \cdots, k$$

由于 C_i 满足乘法同态性质，所以可以根据 M_1 对应的密文 C_1 和 M_2 对应的密文 C_2 计算 $M_1 \times M_2$ 的密文。计算过程如下：

$$C_1 = (M_1 e(g^x, h_{\text{ID}}^{r_1 y}), h_{\text{ID}}, g^{r_1}), \quad C_2 = (M_2 e(g^x, h_{\text{ID}}^{r_2 y}), h_{\text{ID}}, g^{r_2})$$

$M_1 \times M_2$ 的新密文 C 如下：

$$C = (M_1 e(g^x, h_{\text{ID}}^{r_1 y}) \times M_2 e(g^x, h_{\text{ID}}^{r_2 y}), h_{\text{ID}}, g^{r_1} g^{r_2})$$
$$= (M_1 M_2 e(g^x, h_{\text{ID}}^{r_1 y + r_2 y}), h_{\text{ID}}, g^{r_1 + r_2})$$

3.3.2　数据存储

用户需要存储加密后的数据块 $C_1, C_2, \cdots, C_k$ 到数据存储服务器 $\text{SS}_1, \text{SS}_2, \cdots, \text{SS}_k$ 中。同时，每个数据存储服务器都独立产生码字 D_i。

(1) 本方案把具有相同数据标识 h_{ID} 的密文 C_i 归档到同一个集合 N_j 中。对于每个在集合 N_j 的密文 C_i，SS_i 随机从 Z_p 中选择一个系数 $g_{i,j}$。只要该密文 C_i 不在集合 N_j 中，就把生成矩阵 $G = [g_{i,j}](i=1,2,\cdots,k; j=1,2,\cdots,n)$ 中对应的 $g_{i,j}$ 设置为 0。

(2) 对 SS_i 进行如下运算：

$$\alpha_j = \prod_{C_i \in N_j} \eta_i^{g_{i,j}}, \quad \beta_j = \prod_{C_i \in N_j} \delta_i^{g_{i,j}}$$

(3) 存储 $D_j = (\alpha_j, \beta_j, h_{\text{ID}}, (g_{1,j}, g_{2,j}, \cdots, g_{k,j}))$。

3.3.3　数据恢复

为了恢复数据，需要进行如下运算：

(1) 用户发送 h_{ID}，即消息 M 的唯一标识符。

(2) 每个收到 h_{ID} 的密钥存储服务器 KS_i 发送恢复命令给 u 个数据存储服务器 SS_i。最后，密钥存储服务器最多回收 u 个 D_j。KS_i 用它的子密钥 ssk_i 对 $(\alpha_j, \beta_j, h_{\text{ID}})$ 进行解密，得到

$$\theta_{i,j} = (\alpha_j, \beta_j, h_{\text{ID}}, h_{\text{ID}}^{\text{ssk}_i}, (g_{1,j}, g_{2,j}, \cdots, g_{k,j}))$$

(3) 用户选择 $\theta_{i_1, j_1}, \theta_{i_2, j_2}, \cdots, \theta_{i_t, j_t}$ 并通过以下公式进行组合的运算得到 h_{ID}^x：

$$h_{\text{ID}}^x = \prod_{i \in S} \left(h_{\text{ID}}^{\text{ssk}_i}\right)^{\prod_{r \in S, r \neq i} \frac{-i}{r-i}}, \quad i_1 \neq i_2 \neq \cdots \neq i_t; S = i_1, i_2, \cdots, i_t$$

如果 $\theta_{i,j}$ 的数量少于 t，那么数据恢复失败；如果 $\theta_{i,j}$ 的数量大于等于 t，那么从中随机选择 t 个进行下一步操作。

(4) 为了获得 w_j，用户通过以下公式解密 $\theta_{i,j}$：

$$w_j = \frac{\beta_j}{e(\alpha_j, h_{\text{ID}}^{xy})} = \prod_{C_i \in N_j} M_l^{g_{l,j}}$$

用户计算：

$$K^{-1} = [d_{i,j}]$$

其中，$j = 1, 2, \cdots, k$。如果 K 是可逆的，那么用户通过以下公式计算得出 M_i：

$$w_{j_1}^{d_{1,i}} w_{j_2}^{d_{2,i}} \cdots w_{j_k}^{d_{k,i}}$$
$$= M_1^{\sum\limits_{l=1}^{k} g_{1,j_l} d_{l,i}} M_2^{\sum\limits_{l=1}^{k} g_{2,j_l} d_{l,i}} \cdots M_k^{\sum\limits_{l=1}^{k} g_{k,j_l} d_{l,i}}$$
$$= M_1^{\varphi_1} M_2^{\varphi_2} \cdots M_k^{\varphi_k}$$
$$= M_i$$

其中，当 $r = i$ 时，$\varphi_r = \sum\limits_{l=1}^{k} g_{r,j_l} d_{l,i} = 1$；当 $r \neq i$ 时，$\varphi_r = 0$。

3.4 方案分析

本节分析本方案的计算代价、存储代价和安全性能。

3.4.1 计算代价

使用以下符号表示本章中涉及的运算。

Pairing：双线性对运算 e。

Mep_1：在 G_1 中的标量加法运算。

Mep_2：在 G_T 中的标量乘法运算。

Mul_1：在 G_1 中的加法运算。

Mul_2：在 G_T 中的乘法运算。

F_{p1}：在 $\text{GF}(p)$ 中的加法运算。

F_{p2}：在 $\text{GF}(p)$ 中的乘法运算。

本方案主要考虑 K 个消息块存储到服务器和恢复成消息 M 的过程。表 3.1 为本方案的计算代价，其中系统设置步骤包括消息加密，数据存储步骤包括编码，数据恢复步骤包括部分解密、组合及解码。

表 3.1 计算代价

操作	计算代价
消息加密	$k \cdot \text{Pairing} + 3k \cdot \text{Mep}_1 + k \cdot \text{Mul}_2$
编码	$k \cdot \text{Mep}_1 + k \cdot \text{Mep}_2 + (k-1) \cdot \text{Mul}_1 + (k-1) \cdot \text{Mul}_2$

操作	计算代价
部分解密	$k \cdot \mathrm{Mep}_1$
组合	$k \cdot \mathrm{Pairing} + k \cdot \mathrm{Mul}_2 + O(t^2)\, F_{p2}$
解码	$k^2 \cdot \mathrm{Mep}_2 + (k-1)\, k \cdot \mathrm{Mul}_1\, \mathrm{Mul}_2 + O(k^2)\, F_{p2} + O(1)\, F_{p1}$

3.4.2　存储代价

令 l_1、l_2 分别表示 G_1、G_T 元素的长度，ssk 在每台密钥存储服务器上的存储代价为 $\lceil \log_2 p \rceil$，每个 y 的存储代价也为 $\lceil \log_2 p \rceil$。

每个存储服务器的存储参数包括 $(\alpha_j, \beta_j, h_{\mathrm{ID}})$ 以及其对应的向量矩阵参数 $(g_{1,j}, g_{2,j}, \cdots, g_{k,j})$。所以，一个消息 M 的总存储代价为 $(2l_1 + l_2 + k\lceil \log_2 p \rceil)$（单位：bit）。

3.4.3　安全性能

本节方案主要考虑以下三种情形：①恶意攻击者在与云服务器交互过程中，直接伪造用户消息 M 的签名。那么恶意攻击者就需要拥有系统密钥管理中心所生成并分配给用户的密钥对。恶意攻击者伪造正确的密钥对的难度不低于解决离散对数问题。所以，恶意攻击者无法伪造出用户的密钥对。②攻击者获得了所有 ssk 的子密钥和部分解密后的密文，它同样无法恢复出消息 M，因为消息第二重加密的秘密参数仅由用户自己保管。③所有的数据存储服务器都被恶意攻击者控制，恶意攻击者还是无法恢复出消息，因为密钥是被分割存储的，在没有密钥的情况下是无法恢复出消息的。

3.5　仿真及其分析

本章仿真平台是基于双线性对库(版本 0.5.12)[19]，仿真环境的详细参数如表 3.2 所示。实验选择 $|p|$=512bit 以及 160bit 长度、嵌入次数为 6 的 MNT 曲线。散列函数选择 SHA-1 安全散列算法[20]。

表 3.2　仿真环境详细参数

系统	Ubuntu 10.10
CPU	Intel Core i3 3320
内存	3GB RAM
硬盘	500GB，7200r/min
程序语言	C

本章仿真分别考察不同数据分块数量和不同文件大小对存储系统不同阶段计算代价的影响。第一组实验在消息长度为 800KB 的条件下，考察不同数据分块数量对系统计算代价的影响(图 3.4)。第二组实验在数据分块长度为 2^{15}bit 的条件下，考察不同文件大小对系统计算代价的影响(图 3.5)。

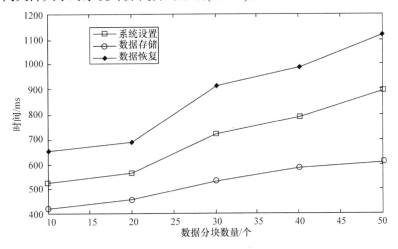

图 3.4　固定 800KB 长度的消息

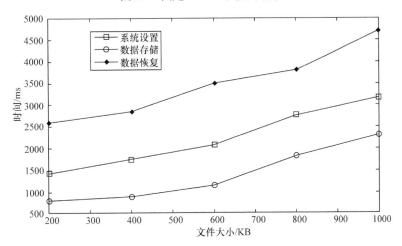

图 3.5　固定 2^{15}bit 长度的数据分块

3.6　本　章　小　结

本章利用秘密分享的方法，提出一种安全分布式纠删码的云存储协议。本章方案的存储系统由数据存储服务器和密钥存储服务器组成。数据存储服务器用于存储用户加密数据，密钥存储服务器用于存储用户私钥。其中明文数据块是由用户的公钥和用户另外独立保存的秘密参数进行加密的。这些加密的数据块存储在数据存储服务器中。这些数据存储服务器都能进行分布式纠删码编码和解码。该系统不仅可以抵抗数据存储服务器的合谋攻击和密钥存储服务器的合谋攻击，还能抵抗恶意攻击者窃取第一次解密后的密文并试图恢复出消息，以及抵抗恶意攻击者捕获用户与密钥存储服务器的通信命令，利用该命令让密钥存储服务器进行解密并试图获得消息，从而保障了数据的机密性。此外，本章在不可信的存储服务器上利用公钥加密和同态性实现了隐私保护。

参 考 文 献

[1] Druschel P, Rowstron A. PAST: A large-scale, persistent peer-to-peer storage utility[C]. Proceedings of the 8th Workshop on Hot Topics in Operating Systems, 2001: 75-80.

[2] Dingledine R, Freedman M J, Molnar D. The Free Haven Project: Distributed anonymous storage service[C]. Designing Privacy Enhancing Technologies, 2001: 67-95.

[3] Kubiatowicz J, Bindel D, Chen Y, et al. Oceanstore: An architecture for global-scale persistent storage[J]. ACM Sigplan Notices, 2000, 35(11): 190-201.

[4] Ghemawat S, Gobioff H, Leung S T. The Google file system[C]. ACM SIGOPS Operating Systems Review, 2003, 37(5): 29-43.

[5] Wilcox-O'Hearn Z, Warner B. Tahoe: The least-authority file system[C]. Proceedings of the 4th ACM International Workshop on Storage Security and Survivability, 2008: 21-26.

[6] Tysowski P K, Hasan M A. Re-encryption-based key management towards secure and scalable mobile applications in clouds[R]. IACR Cryptology ePrint Archive, 2011: 668.

[7] Parakh A, Kak S. Space efficient secret sharing for implicit data security[J]. Information Sciences, 2011, 181(2): 335-341.

[8] Agrawal R, Kiernan J, Srikant R, et al. Order preserving encryption for numeric data[C]. Proceedings of the ACM SIGMOD International Conference on Management of Data, 2004: 563-574.

[9] Hacıgümüş H, Iyer B, Mehrotra S. Efficient execution of aggregation queries over encrypted relational databases[C]. International Conference on Database Systems for Advanced Applications, 2004: 125-136.

[10] Hacıgümüş H, Mehrotra S. Efficient key updates in encrypted database systems[C]. Workshop on Secure Data Management, 2005: 1-15.

[11] Sandhu R, Bellare M, Ganesan R. Password-enabled PKI: Virtual smartcards versus virtual soft tokens[C]. Proceedings of the 1st Annual PKI Research Workshop, 2002: 89-96.

[12] Subbiah A, Blough D M. An approach for fault tolerant and secure data storage in collaborative work environments[C]. Proceedings of the ACM Workshop on Storage Security and Survivability, 2005: 84-93.

[13] Rhea S, Wells C, Eaton P, et al. Maintenance-free global data storage[J]. IEEE Internet

Computing, 2001, 5(5): 40-49.

[14] Castro M, Liskov B. Practical byzantine fault tolerance and proactive recovery[J]. ACM Transactions on Computer Systems, 2002, 20(4): 398-461.

[15] Luby M G, Mitzenmacher M, Shokrollahi M A, et al. Efficient erasure correcting codes[J]. IEEE Transactions on Information Theory, 2001, 47(2): 569-584.

[16] Lin H Y, Tzeng W G. A secure decentralized erasure code for distributed networked storage[J]. IEEE Transactions on Parallel and Distributed Systems, 2010, 21(11): 1586-1594.

[17] Dimakis A G, Prabhakaran V, Ramchandran K. Decentralized erasure codes for distributed networked storage[J]. IEEE Transactions on Information Theory, 2006, 52(6): 2809-2816.

[18] Du J, Shah N, Gu X. Adaptive data-driven service integrity attestation for multi-tenant cloud systems[C]. Proceedings of the 9th International Workshop on Quality of Service, 2011: 29.

[19] Shacham H, Waters B. Compact proofs of retrievability[C]. International Conference on the Theory and Application of Cryptology and Information Security, 2008: 90-107.

[20] Ateniese G, Burns R, Curtmola R, et al. Provable data possession at untrusted stores[C]. Proceedings of the 14th ACM Conference on Computer and Communications Security, 2007: 598-609.

第4章　基于属性加密的私有云分布式云存储协议

近年来，随着云存储技术的迅猛发展，越来越多的用户将数据存储在云服务器中。而由于使用了云存储服务，用户便不再拥有对数据的绝对控制权，故而带来的安全问题引发用户的担忧。本章提出一种便于对数据进行监控与管理的应用于私有云环境下的安全分布式云存储模型。该模型中，利用分布式纠删码技术，密文数据被分块编码处理后存储在若干个云服务器中，提高了模型的鲁棒性。应用多属性服务器模式对属性进行分管及对应属性私钥的分布式分发，模型中存在一个中心授权服务器，便于对数据进行监控和管理。

4.1　背景及相关工作

云存储作为云计算的延伸和发展的概念，备受人们的关注[1-4]。与此同时，云存储在不断发展的同时也存在众多的安全威胁及挑战[5-7]。随着云存储概念的不断发展，简单的复制式的存储方式已经满足不了用户及云服务提供商的要求。从用户的角度上，用户希望自己的数据能够安全地存储在云端，备份过多会加大数据泄露的可能性；从云服务提供商角度上，云服务提供商希望通过向用户提供更加安全、更加可靠、鲁棒性更强的云服务来吸引更多的用户，同时也希望自身服务器的存储成本能够得到很好的节约,而简单的重复式的云存储显然存储成本昂贵。因此，分布式云存储概念越来越得到人们的关注。

分布式云存储[8-10]不仅可以使得这个系统可拓展性更好，而且能有效应对部分存储服务器停止工作的情况，提高系统的鲁棒性。为了进一步提高系统的鲁棒性，节约服务器自身存储代价，一种行之有效的方法是用分布式纠删码技术对消息进行编码处理，如文献[11]～[14]所述。Lin 和 Tzeng[15]提出了一种基于分布式纠删码的安全云存储模型，在数据加密、存储、解密阶段都具有很好的分布式的特点，且引入纠删码技术后使整个模型的鲁棒性得到很大的提高。但是该模型的加密机制是基于一般的公钥密码机制，使其具有明显的局限性：访问结构不够丰富、灵活；加密的数据只允许某个特定用户解密。2012 年，Lin 和 Tzeng[16]沿用了相同的模型，同时新增了数据转发的功能，进一步研究了安全云存储模型，但并没有从本质上改变该模型的局限性。

随着互联网的不断发展，用户对系统的安全性要求也在不断提高，传统公钥加密算法只能实现粗粒度的访问控制，越来越不能适应细粒度共享秘密信息的需求。为此，Sahai 和 Waters[17]提出了基于属性加密的概念。基于属性加密机制是公钥加密机制的一种变形，但其解密对象不再是单个用户，而是群体，即从一对一模式转变成一对多模式。基于属性加密机制可以看成基于身份加密的扩展和延伸。基于属性加密不仅将用户身份的表达形式从唯一的标识符扩展到多个属性，而且将访问控制结构融入属性集合中，这使得公钥密码算法具备了支持细粒度访问控制的能力。总之，基于属性的密码系统不仅提供了消息内容的机密性和访问控制的灵活性，而且在强调匿名性身份和分布式网络系统方面的应用有着显著的优势。

本章提出一种新的基于属性加密的安全分布式云存储(简记为 SDCloudSM)模型。SDCloudSM 模型是在文献[15]和[16]模型的基础上，用基于属性加密这个工具完成系统的加密、解密，保留了它的加密、存储、解密三个阶段的分布式特点；同时在 Chase[18]的多属性服务器模式基础上，存储阶段运用分布式纠删码技术从而提高了模型的鲁棒性，使之更加符合实际的分布式云存储环境。SDCloudSM 模型不仅将文献[15]和[16]的模型巧妙地应用到实用性更强的基于属性的加密中，并且支持门限属性解密，只有当用户的属性与加密限定的属性交集的属性个数满足一定条件时，才能解密数据。在 SDCloudSM 模型中，中心授权服务器需要完全可信，这在一些特有的云环境中有其应用价值，例如，在私有云里往往希望有一个可信的中心，以便管理者(如政府、公司高层等)具有系统最高权限，能够控制和管理所有数据，该可信中心可以充当中心授权服务器的角色。

4.2　私有云中安全分布式云存储模型

私有云中安全分布式云存储(SDCloudSM)的基本模型使用的主要参与实体有：用户(U)、存储服务器(SS)、属性服务器(AA)以及中心授权服务器(CAA)，本章所考虑的 SDCloudSM 模型如图 4.1 所示。模型主要由三部分构成：加密、云存储以及用户解密。加密部分主要负责对数据的属性加密；云存储部分中的 n 个存储服务器 $SS_i(i=1,2,\cdots,n)$ 负责对数据进行编码并存储结果；用户解密部分中，属性服务器 $AA_w(w=1,2,\cdots,W)$ 的功能则是针对它所分管的每一个属性生成对应的密钥，并且能识别不同的用户。中心授权服务器(CAA)则负责生成用户的一份部分密钥。

假设要将 k 个消息 $M_i(i=1,2,\cdots,k)$ 存储到云服务器，不妨假设这 k 个消息是一个数据文件的拆分。SDCloudSM 模型可分为以下几个步骤实现数据的云端存取：①对于来自同一数据文件的 k 份消息，设定有一个统一的消息标识码 h_{ID}，系统选定一个属性集 S 分别对 k 个数据文件进行加密(图 4.1 中标"1"过程)，使得解密时只有满足该属性集中的 d 个属性才能正确解密恢复该文件；②将每个加密的密文随机地分发给 n 个存储服务器中的 v 个存储服务器(图 4.1 中标"2"过程)；③每个存储服务器 $SS_i(i=1,2,\cdots,n)$ 对收到的所有具有同一个标识码的密文进行基于分布式纠删码的编码过程，并存储编码后的结果 $\sigma_j(j=1,2,\cdots,n)$；④用户发送解密请求(图 4.1 中标"3"过程)后，每个属性服务器 $AA_w(w=1,2,\cdots,W)$ 的功能则是分别对若干个属性进行分管，并负责生成对应属性的密钥，同时负责随机地向 u 个存储服务器请求其存储的数据(图 4.1 中标"4"过程)，并在得到数据后对数据进行解密预处理(部分解密)，将部分解密结果和用户的部分密钥发送给用户(图 4.1 中标"6"过程)，中心授权服务器获取属性服务器的随机参数(图 4.1 中标"5"过程)后，会为用户生成部分密钥，并随后发给用户(图 4.1 中标"7"过程)；⑤用户将收到的部分解密结果进行汇总，利用获得的所有部分密钥生产完整私钥进行完全解密操作；⑥用户进一步进行解码，得到明文数据。

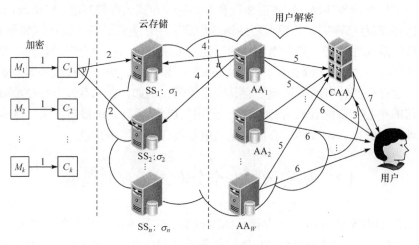

图 4.1 SDCloudSM 模型

SDCloudSM 模型中，中心授权服务器需要完全可信，并拥有系统主密钥 y_0(详见 4.3.5 节)。这个特点在一些特有的环境中有其应用需求。在企业或机构内部，或出于掌控内部数据的需求，或出于监管目的，都允许甚至需要存在一个可信中心：它可以将内部数据置于内部管理部门监控与管理之下。而这个特点恰恰同私有云的构建思想契合。因此，SDCloudSM 模型适用于企业或机构内部的私有云环境。

4.3 私有云中安全分布式云存储协议

私有云中的 SDCloudSM 模型由初始化、加密、密文分发、分布式编码、部分解密、完全解密以及解码等七个算法组成，具体描述如下。

4.3.1　初始化

选定两个 p 阶群 G、G_1，双线性映射 $e: G \times G \to G_1$，以及群 G 的生成元 g；随机生成系统主密钥 $y_0 \in Z_p^*$，系统为 W 个属性服务器 $AA_w (w = 1, 2, \cdots, W)$ 分别生成其对应于属性 l 的私钥 $\{t_w, l\}_{w=1,2,\cdots,W} \leftarrow Z_p^*$，对应公钥则为 $Y = g^{y_0}$、$\{g^{t_w}, l\}_{w=1,2,\cdots,W}$。$\tau: \{0,1\}^* \to Z_p^*$ 为普通编码映射，$H: \{0,1\}^* \to Z_p^*$ 为密码学上的散列函数。

4.3.2　加密

随机选择 $r_i \leftarrow Z_p^* (i = 1, 2, \cdots, k)$。限定属性集为 A_C，而 A_C^w 表示 A_C 中被第 w 个属性服务器 AA_w 分管的属性集。为第 w 个属性服务器 AA_w 随机选择一个门限值 $d_w \in Z_p^*$，作为解密者需要满足的与 A_C^w 中属性交集个数。l 表示属性，对其进行编码，使 $\tau(l) \in Z_p^*$，方便起见，后面 $\tau(l)$ 均缩写成 l。加密消息集 $\{M_1, M_2, \cdots, M_k\}$ 时，选定一个统一的消息标识码 $h_{ID} = H(M_1 \| M_2 \| \cdots \| M_k)$。利用系统的主公钥 $Y = g^{y_0}$ 计算得到 k 个消息的密文为

$$C_i = (\alpha_i, \beta, \gamma_i, \eta_i, \delta) = (g^{r_i}, h_{ID}, M_i \cdot e(Y, h_{ID}^{r_i})), \quad \left\{ E_{w,l} = g^{r_i t_{w,l}} \right\}_{l \in A_C^w}, \quad \{d_w\}_{w=1,2,\cdots,W}$$

其中，$i = 1, 2, \cdots, k$。

4.3.3　密文分发

加密者首先从 n 个存储服务器中随机选择 v 个服务器；其次把每个密文 $C_i (i = 1, 2, \cdots, k)$ 重复地发送给这 v 个服务器。

4.3.4　分布式编码

利用 Lin 和 Tzeng[16] 提出的变体的分布式纠删码，每个存储服务器对所收到的密文执行如下编码过程：首先，对于收到的来自同一个消息标识码 h_{ID} 的所有密文，第 j 个存储服务器 SS_j 将它们归入集合 N_j；其次，SS_j 选择一个随机数 $g_{i,j} \leftarrow Z_p^*$，其中若 $C_i \notin N_j$，则 $g_{i,j} = 0$，否则 $g_{i,j}$ 为 Z_p^* 中的一个非零随机数，于是，得到矩阵 $G = [g_{i,j}]_{i=1,2,\cdots,k; j=1,2,\cdots,n}$，该矩阵即分布式纠删码的生成矩阵；最后，每一个存储服务器 SS_j 按如下方式计算 (A_j, B_j, D_j)：

$$A_j = \prod_{C_i \in N_j} \alpha_i^{g_{i,j}} (\bmod p), \quad B_j = \prod_{C_i \in N_j} \gamma_i^{g_{i,j}} (\bmod p), \quad D_j = \prod_{C_i \in N_j} \eta_i^{g_{i,j}} (\bmod p)$$

并存储如下信息：

$$\sigma_j = \left(A_j, h_{\mathrm{ID}}, B_j, D_j, (g_{1,j}, g_{2,j}, \cdots, g_{k,j}), \{d_w\}_{w=1,2,\cdots,W}\right), \quad j = 1, 2, \cdots, n$$

事实上，$\left(A_j, h_{\mathrm{ID}}, B_j, D_j, (g_{1,j}, g_{2,j}, \cdots, g_{k,j}), \{d_w\}_{w=1,2,\cdots,W}\right)$ 是 $\prod\limits_{i=1}^{k} M_i^{g_{i,j}}$ 的"密文"。

4.3.5　部分解密

用户的属性集用 A_U 表示，A_U^w 表示用户所拥有的被第 w 个属性服务器 AA_w 分管的属性。$t_{w,l}$ 是初始化阶段第 w 个属性服务器对应于属性 l 的私钥。首先，解密用户 U 向系统发送解密请求，各个属性服务器 $(\mathrm{AA}_1, \mathrm{AA}_2, \cdots, \mathrm{AA}_W)$ 识别该用户的 GID；其次，第 w 个属性服务器 AA_w 随机地向 u 个存储服务器发送请求并最多得到 w 个存储信息 σ_j；最后，当属性集满足 $\left|A_C^w \bigcap A_U^w\right| \geqslant d_w$ 时，第 w 个属性服务器 AA_w 首先随机选择一个值 $y_{w,U} \in Z_p^*$，之后随机选择一个 $d_w - 1$ 阶的多项式 $p_w(\cdot)$，使 $p_w(0) = y_{w,U}$，再为用户 U 生成部分密钥：

$$\left\{ D_{w,l} = h_{\mathrm{ID}}^{p_w(l)/t_{w,l}} \right\}_{l \in A_U^w}$$

此时，属性服务器 AA_w 利用所生成的用户部分密钥计算：

$$e\left(D_j, D_{w,l}\right) = e\left(\prod_{C_i \in N_j} g^{t_{w,l} r_i g_{i,j}}, h_{\mathrm{ID}}^{p_w(l)/t_{w,l}} \right) = e\left(g, h_{\mathrm{ID}}\right)^{p_w(l) \sum\limits_{C_i \in N_j} r_i g_{i,j}}$$

用 l^* 表示不同于 l 的属性，对上式的指数部分进行拉格朗日插值处理，有

$$\prod_{l \in A_C^w} \left[e\left(g, h_{\mathrm{ID}}\right)^{p_w(l) \sum\limits_{C_i \in N_j} r_i g_{i,j}} \right]^{\prod\limits_{l^* \in A_C^w, l^* \neq l} \frac{-l}{l^* - l}}$$

$$= e\left(g, h_{\mathrm{ID}}\right)^{p_w(0) \sum\limits_{C_i \in N_j} r_i g_{i,j}}$$

$$= e\left(g, h_{\mathrm{ID}}\right)^{y_{w,U} \sum\limits_{C_i \in N_j} r_i g_{i,j}} = Y_{w,U}^{r_i}$$

同时，所有属性服务器把 $y_{w,U}$ 发给中心授权服务器，中心授权服务器在这里需要完全可信(与系统共同享有主密钥 y_0)。之后，中心授权服务器得到 $\left\{ y_{w,U} \right\}_{w=1,2,\cdots,W}$，也为用户生成部分密钥：

$$D_C = h_{\mathrm{ID}}^{\left(y_0 - \sum\limits_{w=1}^{W} y_{w,U} \right)}$$

最后用户 U 收到如下信息：

$$\xi_{w,j} = \left(A_j, h_{\mathrm{ID}}, B_j, D_j, \left(g_{1,j}, g_{2,j}, \cdots, g_{k,j} \right), Y_{w,U}^{r_i}, D_C \right), \quad w = 1, 2, \cdots, W$$

4.3.6 完全解密

首先，利用收到的 A_j 以及中心授权服务器给的部分密钥 D_C，用户计算：

$$e = \left(A_j, D_C\right) = e\left(\prod_{C_i \in N_j} g^{r_i g_{i,j}}, h_{\mathrm{ID}}^{\left(y_0 - \sum\limits_{w=1}^{W} y_{w,U}\right)}\right) = e\left(g, h_{\mathrm{ID}}\right)^{\left(y_0 - \sum\limits_{w=1}^{W} y_{w,U}\right)\sum\limits_{C_i \in N_j} r_i g_{i,j}} = Y_C^{r_i}$$

其次，利用属性服务器发给用户的部分密钥 $\left\{Y_{w,U}^{r_i}\right\}_{w=1,2,\cdots,W}$，用户计算：

$$Y_C^{r_i} \sum_{w=1}^{W} Y_{w,U}^{r_i} = e\left(g, h_{\mathrm{ID}}\right)^{y_0 \sum\limits_{C_i \in N_j} r_i g_{i,j}}$$

最后，用户计算得到解密结果：

$$q_j = \frac{B_j}{e\left(A_j, h_{\mathrm{ID}}^{y_0}\right)} = \frac{\prod\limits_{C_i \in N_j} \left[M_i e\left(g^{y_0}, h_{\mathrm{ID}}^{r_i}\right)\right]^{g_{i,j}}}{e\left(g, h_{\mathrm{ID}}\right)^{y_0 \sum\limits_{C_i \in N_j} r_i g_{i,j}}} = \prod_{C_b \in N_j} M_i^{g_{b,j}}$$

事实上，用户的属性集只有满足 $\left|A_C \cap A_U\right| \geq d$，其中 $d = \sum\limits_{k=1}^{W} d_k$，才能成功完成整个解密过程；此结果仅是编码处理过的"明文"，需要进一步解码才能获得原始明文信息。

4.3.7 解码

首先，用户从收到的所有 $\xi_{w,j}$ 中选择 k 个值，并使 $j_1 \neq j_2 \neq \cdots \neq j_k$，从而得到矩阵 $K = [g_{i,j}]_{i=1,2,\cdots,k; j\in\{j_1,j_2,\cdots,j_k\}}$，且计算其逆矩阵(若不可逆，则恢复失败) $K^{-1} = [d_{i,j}]_{i,j=1,2,\cdots,k}$；其次，用户通过如下计算可以解码得到明文 $M_i(i=1,2,\cdots,k)$：

$$q_{j_1}^{d_{1,i}} q_{j_2}^{d_{2,i}} \cdots q_{j_k}^{d_{k,i}} = M_1^{\sum\limits_{b=1}^{k} g_{1,j_b} d_{b,i}} M_2^{\sum\limits_{b=1}^{k} g_{2,j_b} d_{b,i}} \cdots M_k^{\sum\limits_{b=1}^{k} g_{k,j_b} d_{b,i}} = M_1^{\tau_1} M_2^{\tau_2} \cdots M_k^{\tau_k} = M_i$$

其中，当 $r=i$ 时，$\tau_r = \sum\limits_{b=1}^{k} g_{1,j_b} d_{b,i}$；当 $r \neq i$ 时，$\tau_r = 0$。

上述结果表明，加密算法具有乘法同态性，且该性质确保了数据先解密再解码并不妨碍加密数据的正确恢复。

4.4 私有云中安全分布式云存储协议分析

4.4.1 正确性分析

为了说明方案的正确性，本节利用一个简单的示例进行阐述(图 4.2)。对消息

M_1 和 M_2 数据进行基于属性的加密后得到密文 C_1 和 C_2；密文分发阶段，密文 C_1 随机发送给了 SS_1 和 SS_2，密文 C_2 随机发送给了 SS_2 和 SS_3，存储服务器 SS_1 收到密文 C_1，没收到密文 C_2，于是在编码阶段所选随机参数为 $g_{1,1} \neq 0$，$g_{2,1} = 0$，同理 SS_2 所选参数为 $g_{1,2}$、$g_{2,2}$ 均不为 0，SS_3 所选参数为 $g_{1,3} = 0$，$g_{2,3} \neq 0$，于是编码矩阵为 $G = \begin{bmatrix} g_{1,1} & g_{1,2} & 0 \\ 0 & g_{2,2} & g_{2,3} \end{bmatrix}$；用户发送解密请求后，属性服务器 AA_1 从随机选取的存储服务器 SS_1 和 SS_2 成功获取数据，并将部分解密结果 $\xi_{1,1}$、$\xi_{1,2}$ 发送给用户，属性服务器 AA_2 从随机选取的存储服务器 SS_2 和 SS_3 成功获取数据，并将部分解密结果 $\xi_{2,2}$、$\xi_{2,3}$ 发送给用户；用户利用各个属性服务器以及中心授权服务器给的部分密钥得到完整密钥进行解密；解码时，用户从收到的所有 $\xi_{i,j}$ 中选择 2 个，如 $\xi_{1,1}$、$\xi_{1,2}$，于是解码矩阵即 $K = \begin{bmatrix} g_{1,1} & g_{1,2} \\ 0 & g_{2,2} \end{bmatrix}$。

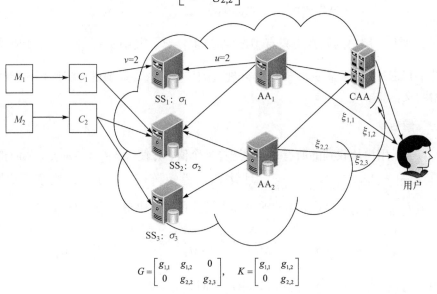

$$G = \begin{bmatrix} g_{1,1} & g_{1,2} & 0 \\ 0 & g_{2,2} & g_{2,3} \end{bmatrix}, \quad K = \begin{bmatrix} g_{1,1} & g_{1,2} \\ 0 & g_{2,2} \end{bmatrix}$$

图 4.2 SDCloudSM 模型示例

4.4.2 算法复杂度分析

表 4.1 列出了 SDCloudSM 模型算法各阶段的计算复杂度。用 Pairing 表示一次双线性对 $e(\cdot)$ 运算；Exp、Exp_1 分别表示 G、G_1 群中的模指运算；Mult、$Mult_1$ 分别表示 G、G_1 群中的模乘运算；Add 表示 G 群中的模加运算；F_p 表示一次 $GF(p)$ 域中的算术运算；Q_w 表示第 w 个属性服务器 AA_w 所分管的属性个数；Q 表示所有属性服务器 AA_w 所分管的属性个数之和；W 表示所有存储服务器个数之和。

表 4.1　SDCloudSM 模型算法复杂度

算法阶段	计算复杂度
加密(k 个消息)	$k \cdot \text{Pairing} + (2+Q)k \cdot \text{Exp} + k \cdot \text{Mult}_1$
分布式编码(每个 SS_j)	$(1+Q)k \cdot \text{Exp} + k \cdot \text{Exp}_1 + (1+Q)(k-1) \cdot \text{Mult} + (k-1) \cdot \text{Mult}_1$
部分解密	每个 AA_w: $nQ_w \cdot \text{Pairing} + Q_w \cdot \text{Exp} + O(Q_w)F_p + O(nw^2)F_p$ CAA: $1 \cdot \text{Exp} + (W+1) \cdot \text{Add}$
完全解密	$2n \cdot \text{Pairing} + 2n \cdot \text{Mult}_1 + n(W-1) \cdot \text{Add}$
解码	$k^2 \cdot \text{Exp}_1 + (k-1)k \cdot \text{Mult}_1 + O(k^3)F_p$

加密阶段，对于 k 个消息，产生 α_i 需要计算 k 个 Exp，产生 γ_i 需要计算 k 个 Exp、k 个 Mult_1 和 k 个 Pairing，产生 η_i 需要计算 Qk 个 Exp。

分布式编码阶段，对于每一个 SS_j，产生 A_j 需要计算 k 个 Exp 和 $k-1$ 个 Mult，产生 B_j 需要计算 k 个 Exp_1 和 $k-1$ 个 Mult_1，产生 D_j 需要计算 Qk 个 Exp 和 $Q(k-1)$ 个 Mult。

部分解密阶段，对于每个 AA_w，产生 $D_{w,l}$ 需要计算 Q_w 个 Exp 和 $O(Q_w)$ 个 F_p，产生 n 个 $e(D_j, D_{w,l})$ 需要计算 nQ_w 个 Pairing，插值处理需计算 $O(nw^2)$ 个 F_p；对于 CAA 产生用户的部分私钥，则需要计算 1 个 Exp 和 $W+1$ 个 Add。

完全解密阶段，产生 n 个 $e(A_j, D_C)$ 需要计算 n 个 Pairing，产生 $Y_C^{r_i} \sum\limits_{w=1}^{W} Y_{w,U}^{r_i}$ 需要计算 $n(W-1)$ 个 Add 和 n 个 Mult_1，产生 n 个 q_j 需要计算 n 个 Pairing 和 n 个 Mult_1。

解码阶段，逆矩阵计算需要 $O(k^3)$ 个 F_p，解密需要计算 k^2 个 Exp_1 和 $(k-1)k$ 个 Mult_1。

4.4.3　功能分析

1. 分布式纠删码功能分析

解码只需获得编码生成矩阵 G 的 n 列中的任意 k 列，如 $j_1, j_2, \cdots, j_k$，得到一个可逆的 $k \times k$ 子矩阵 $K = [g_{i,j}]_{i=1,2,\cdots,k; j \in \{j_1, j_2, \cdots, j_k\}}$ 即可成功恢复数据。分布式纠删码的作用就表现在这个可逆矩阵的获取上。原始数据为 k 份密文，经过编码会变成 n 份数据存储在云端，而解码时仅需 n 份存储数据中适当的 k 份即可还原原始数据。这比一般情况下存储 k 份数据要求取回 k 份数据的容错性明显提高，整个模型的鲁棒性明显改善。Lin 和 Tzeng[16]给出了如下定理，该定理确保在解码阶段用户可以以很高的概率成功恢复出明文。

定理 4.1[15]　　给定 $k(k=1,2,\cdots,W)$，当 $n=ak^{3/2}$、$v=bk^{1/2}$、$b>5a$、$a>\sqrt{2}$、$u=2$ 时，成功解密恢复的概率不小于 $1-k/p-O(1)$，p 为所选素数群的阶数。

2. CAA 的功能分析

假设在没有中心授权服务器的情况下，每个属性服务器 $\text{AA}_w(w=1,2,\cdots,W)$ 随机选择的多项式中有 $p_w(0)=y_{w,U}$，用户利用所有 $y_{w,U}$，计算 $\prod\limits_{w=1}^{W} e(g,h_{\text{ID}})^{y_{w,U}r_i} =$

$e(g,h_{\text{ID}})^{y_{0,U}r_i}$，而这个结果显然是基于用户身份信息 U 所计算得到的，包含了用户的身份信息 U，这就又回到了基于身份的密码机制，但我们希望的是对于所有用户，解密与用户身份信息无关，而只与用户所含有的属性集有关。于是，本书沿用文献[18]中的方法，引入一个中心授权服务器，它的作用就是保证用户通过获得的密钥及密文信息计算得到的结果与用户的身份信息 U 无关。就像 SDCloudSM 模型中描述的解密阶段的计算式：

$$Y_C^{r_i}\sum_{w=1}^{W}Y_{w,U}^{r_i}=e\left(g,h_{\text{ID}}\right)^{y_0\sum\limits_{C_i\in N_j}r_ig_{i,j}}$$

此式结果与用户身份信息 U 无关，换句话讲，要保证各个属性服务器的多项式的随机选择不会影响用户的私钥的确定性，该私钥不能是一个由随机多项式的选取决定的与用户身份有关的一个量。

4.5　安全性分析

4.5.1　安全性定义

在构造的模型中，对消息的加密算法利用了文献[18]中的基于属性的加密机制，故其消息的机密性可由如下定理保证。

定理 4.2[18]　　若 BDH 假设是不可解的，则此处所使用的多属性服务器的 ABE 方案是安全的。

4.5.2　多属性服务器分析

SDCloudSM 模型中有多个属性服务器，它们可能被外部攻击者腐蚀攻击。每个属性服务器 $\text{AA}_w(w=1,2,\cdots,W)$ 只拥有用户密钥的一部分，即使被腐蚀攻击也不会额外泄露其他属性服务器的信息，从而不会泄露用户的整个密钥，这比只有单个属性服务器的情况安全性大大提高。

SDCloudSM 模型支持任意个数属性服务器的加入或撤出、停止工作。Chase[18]

提出的加密机制支持属性服务器的加入或撤出，但是中心授权服务器不能确定所有属性服务器此时是否正常工作；在 SDCloudSM 模型中，属性服务器与中心授权服务器之间的交互过程与 Chase 的方法不同，即 SDCloudSM 模型在属性服务器先选择随机的多项式后，再将相关的随机参数发送给中心授权服务器，这样可以防止中心授权服务器向某些已经停止工作的属性服务器发送工作指令，避免了用户完整密钥获取的失败，换言之，中心授权服务器不用事先预设好参数信息。

SDCloudSM 模型中属性服务器 AA_w 选择了一个 d_w–1 阶的随机多项式，只有当属性集满足 $\left|A_C^w \bigcap A_U^w\right| \geqslant d_w$ 时，AA_w 才会为用户执行部分解密过程。若对于所有属性服务器都满足执行部分解密条件，则表示用户的属性满足解密条件为 $\left|A_C \bigcap A_U\right| \geqslant d$，这里 $d = \sum\limits_{w=1}^{W} d_w$。这正是 SDCloudSM 模型门限属性特性的体现。

4.5.3　抗共谋攻击

在用户解密阶段，若属性服务器不能区分不同的用户，则其不能防止攻击者的共谋攻击。现分析如下情形，假设有三个用户群 U_1、U_2、U_3，它们的属性集分别为 A_{U_1} ={"数计学院"，"男"}，A_{U_2} ={"研究生"}，A_{U_3} ={"数计学院"，"男"，"研究生"}。属性服务器 AA_1 分管属性中包含"数计学院"、"男"；属性服务器 AA_2 分管属性中包含"研究生"。这里，用户群 U_1 中所有属性均被属性服务器 AA_1 分管，用户群 U_2 中所有属性均被属性服务器 AA_2 分管，用户群 U_3 中属性被属性服务器 AA_1、AA_2 联合分管。现有一份数据文件，加密者加密时限定至少要符合"数计学院"、"男"、"研究生"这三个属性才能解密，显然用户群 U_3 能够通过属性服务器 AA_1 给的部分密钥 y_1 和属性服务器 AA_2 给的部分密钥 y_2 及中心授权服务器给的部分密钥 $y_0 - \sum\limits_{w=1}^{W} y_w$ 计算，即 $\left(y_0 - \sum\limits_{w=1}^{2} y_w\right) + y_1 + y_2 = y_0$ (参与密钥分发的只有 AA_1 和 AA_2，即 $W=2$)得到完整的密钥解密数据(在分析计算式中省去了线性对运算 $e(g, h_{ID})$ 及相应加密随机数 r_i、编码随机数 $g_{i,j}$ 的运算，不影响分析结果，下文同理)。但是，非合法解密用户群 U_1、U_2 可以通过如下方式共谋解密该文件：用户群 U_1 得到属性服务器 AA_1 给的部分密钥 y_1，用户群 U_2 得到属性服务器 AA_2 给的部分密钥 y_2，而中心授权服务器给二者的部分密钥为 $y_0 - \sum\limits_{w=1}^{W} y_w$，二者共谋计算 $\left(y_0 - \sum\limits_{w=1}^{W} y_w\right) + y_1 + y_2 = y_0$，其中 $W=2$，同样得到解密所需完整密钥 y_0。

在 SDCloudSM 模型中，为了防止不同的用户之间可能的共谋攻击，应用 Chase 的用户标识码(GID)的概念来区分不同用户的属性。这里假定系统在验证用户属性的同时，能够识别用户的 GID 且每个用户的 GID 不能被其他用户伪造。

　　续上述例子，用户密钥中附加 GID 信息，将用户群 U_3 得到属性服务器 AA_1 给的附加 GID_3 信息的密钥记为 y_{1,U_3}，将属性服务器 AA_2 给的附加 GID_3 信息的密钥记为 y_{2,U_3}，用户群通过计算 $\left(y_0 - \sum_{w=1}^{W} y_{w,U_3}\right) + y_{1,U_3} + y_{2,U_3} = y_0$ 完成解密。同样，将用户群 U_1 得到属性服务器 AA_1 给的附加 GID_1 信息的密钥记为 y_{1,U_1}，用户群 U_2 得到属性服务器 AA_2 给的附加 GID_2 信息的密钥记为 y_{2,U_2}，而中心授权服务器给二者的部分密钥为 $y_0 - \sum_{w=1}^{W} y_{w,U_3}$，其中 $W=2$，二者计算 $\left(y_0 - \sum_{w=1}^{W} y_{w,U_3}\right) + y_{1,U_1} + y_{2,U_2} \neq y_0$，则无法得到解密所需完整密钥 y_0，从而防止了不同用户之间可能的共谋攻击。

4.6　本 章 小 结

　　本章设计了一种应用于私有云中基于属性加密的安全分布式云存储模型。本章模型将文献[15]和[16]中的存储模型巧妙地与实用性更强的基于属性的加密机制相结合。多属性服务器的模式也使得该模型能支持门限解密功能及任意个属性服务器的加入与撤出问题，在存储阶段使用的分布式纠删码可充分保障模型的鲁棒性，使之更加符合实际的分布式云存储环境。应用了多属性服务器模式对属性进行分管及对应属性私钥的分布式分发，模型中存在一个中心授权服务器，便于对数据进行监控和管理。在之前的 SDCloudSM 模型中，中心授权服务器需要完全可信，这在一些特有的云环境中有其应用价值；但是中心授权服务器的存在，也是该模型的一个瓶颈，故如何去除中心授权服务器且进一步提高该模型应用的灵活性是一个值得考虑的问题。

参 考 文 献

[1] 洪澄, 张敏, 冯登国. 面向云存储的高效动态密文访问控制方法[J]. 通信学报, 2011, 32(7): 125-132.

[2] 孙国梓, 董宇, 李云. 基于 CP-ABE 算法的云存储数据访问控制[J]. 通信学报, 2011, 32(7): 146-152.

[3] Kamara S, Lauter K. Cryptographic cloud storage[C]. International Conference on Financial Cryptography and Data Security, 2010: 136-149.

[4] Wu J, Ping L, Ge X, et al. Cloud storage as the infrastructure of cloud computing[C]. International Conference on Intelligent Computing and Cognitive Informatics, 2010: 380-383.

[5] 冯登国, 张敏, 张妍, 等. 云计算安全研究[J]. 软件学报, 2011, 22(1): 71-83.

[6] Popović K, Hocenski Ž. Cloud computing security issues and challenges[C]. Proceedings of the 33rd International Convention, 2010: 344-349.

[7] Zissis D, Lekkas D. Addressing cloud computing security issues[J]. Future Generation Computer Systems, 2012, 28(3): 583-592.

[8] Wang Y, Yang D, Liu P. CloStor: A cloud storage system for fast large-scale data I/O[J]. Lecture Notes in Electrical Engineering, 2014, 279: 1023-1030.

[9] Dikaiakos M D, Katsaros D, Mehra P, et al. Cloud computing: Distributed internet computing for IT and scientific research[J]. IEEE Internet Computing, 2009, 13(5): 10-13.

[10] He Q, Li Z, Zhang X. Study on cloud storage system based on distributed storage systems[C]. International Conference on Computational and Information Sciences, 2010: 1332-1335.

[11] Rhea S C, Eaton P R, Geels D, et al. Pond: The oceanstore prototype[C]. USENIX Conference on File and Storage Technologies, 2003: 1-14.

[12] Bhagwan R, Tati K, Cheng Y, et al. Total recall: System support for automated availability management[C]. National Spatial Data Infrastructure, 2004, 4: 25.

[13] Wilcox-O'Hearn Z, Warner B. Tahoe: The least-authority file system[C]. Proceedings of the 4th ACM International Workshop on Storage Security and Survivability, 2008: 21-26.

[14] Zeng Y, Wang X, Liu Z, et al. Reliable enhanced secure code dissemination with rateless erasure codes in WSNs[J]. Journal of Software, 2014, 9(1): 190-194.

[15] Lin H Y, Tzeng W G. A secure decentralized erasure code for distributed networked storage[J]. IEEE Transactions on Parallel and Distributed Systems, 2010, 21(11): 1586-1594.

[16] Lin H Y, Tzeng W G. A secure erasure code-based cloud storage system with secure data forwarding[J]. IEEE Transactions on Parallel and Distributed Systems, 2012, 23(6): 995-1003.

[17] Sahai A, Waters B. Fuzzy indentity-based encryption[C]. EUROCRYPT, 2005: 457-473.

[18] Chase M. Multi-authority attribute based encryption[C]. Theory of Cryptography Conference, 2007: 515-534.

第 5 章　基于属性加密的混合云分布式云存储协议

混合云是公有云和私有云两种服务方式的结合。多数云计算的部署模式采用的是混合云模式。本章去除绝对可信中心的干预,提出一种应用于混合云环境下的完全分布式云存储(FDCloudSM)模型。加密阶段完成基于属性的加密后,加密者将私钥通过两个多项式分发存储到云服务器。这样做的目的一方面是解密私钥的重构,另一方面是对抗共谋攻击。分布式编码阶段,云服务器运用分布式纠删码技术完成编码存储。解密阶段,所有属性服务器均是平等的,没有绝对可信中心的存在,各属性服务器完全独立式工作,通过重构加密阶段选择的两个多项式的主密钥获得解密私钥。在该模型下,所有属性服务器完全独立式工作,去除了对可信中心的依赖,提高了数据的安全性。

5.1　背景及相关工作

近年来,云计算越来越受到学术界和企业界的关注[1-4],云计算的定义不一,但是大家对云计算很多方面都有一定的共识,例如,三层架构,即软件即服务(SaaS)、平台即服务(PaaS)和基础设施即服务(IaaS);又如,云可以被分为三种:公有云、私有云和混合云。私有云是架设在企业、机构数据中心的防火墙内或者一个安全的主机托管场所,为企业、机构内部使用而构建的。该企业或机构拥有基础设施,并可以控制在此基础设施上部署应用程序的方式,因而赋予企业、机构内部对于云数据、安全性和服务质量等资源最有效的控制能力。公有云中外部用户可通过 Internet 访问第三方服务提供商提供的服务。相比私有云基础设施建于企业、机构内部,公有云的基础设施由外部的云服务提供商提供,用户按需支付费用。混合云是公有云和私有云两种服务方式的结合。出于安全或者控制原因,企业、机构内部的部分数据会存储在本地服务器。同时,出于灾难恢复或者共享数据等目的,企业、机构会将部分或全部数据存储在公有云上。因此,多数云计算的部署模式采取的是混合云的模式。

基于属性加密(ABE)机制作为基于身份加密(IBE)机制的一般形式而受到众多学者的青睐[5, 6]。与一般的公钥加密机制相比,基于属性加密机制可以支持更加丰富、灵活的数据访问。例如,满足加密的数据能被具有某些属性的一群解密者解密,而不是某个特定的解密者,该性质具有良好的实用背景,在云计算中也得到了更好的应用。在一般的公钥加密机制中，加密的密文只能允许特定的解密者解密，而基于属性加密机制解密则更加丰富、灵活。

Sahai 和 Waters[7]最先提及基于属性加密的概念；随后，Goyal 等[8]明确提出基于属性加密概念及模型，并将其分为基于密文策略的属性加密(CP-ABE)(如文献[9]~[15]等)和基于密钥策略的属性加密(KP-ABE)(如文献[8]、[16]、[17]等)。在 CP-ABE 算法里，解密者是一群属性的集合，解密者的私钥和附带访问策略的密文也均与一个属性集关联，只有当解密者私钥的属性集与带访问策略密文属性集达到对应的匹配度时才能正确解密。在算法里，解密者是一群属性的集合，解密者的附带访问策略的私钥和密文也均与一个属性集关联，只有当解密者带访问策略私钥的属性集与密文属性集达到对应的匹配度时才能正确解密。

为了进一步提高基于属性加密机制的实用性，研究者提出了从单属性授权服务器向多属性授权服务器发展的想法。围绕去可信中心授权服务器的问题，Lin 等[18]描述了一种去中心的方案，改善了系统对中心授权服务器的绝对可信的依赖，但也只能防止有限个数的解密者的共谋攻击。Chase 和 Chow[19]也提出了一种利用伪随机函数去掉可信中心的方案，但是该方案需要各个属性授权服务器之间的协调工作。Lewko 和 Waters[20]提出了一种分布式的无中心的多属性授权服务器模式，该方案解决了 Chase 和 Chow[19]方案中各个属性授权服务器之间需要协调工作的问题，其方案更加符合实际应用，也避免了各属性授权服务器之间的通信代价。Chase[21]描述了一种基于属性加密机制的多授权服务器的密钥分发算法，较之由单个授权服务器分发所有密钥，Chase 所提算法的安全性和实用性明显提高，即允许若干个密钥分发者被腐蚀而不影响整个系统的安全性，也很好地解决了抗共谋攻击的问题，但是其多属性服务器间需要存在一个中心授权服务器协调解密密钥的生成。

本章提出一种应用于混合云中完全分布式的云存储模型。该模型包括三部分：基于属性的加密部分、纠删码编码存储部分、基于属性解密及纠删码解码部分。基于属性的加密部分，数据拥有者完成基于属性的加密，并将自身的私钥通过秘密分享的方式分发到各个存储服务器；纠删码编码存储部分，通过分布式纠删码技术对 k 个加密了的数据块进行编码处理得到 n 个数据块；基于属性解密及纠删码解码部分，当解密者的属性信息满足解密要求时，经由若干各自独立工作的授权服务器授予的私钥，完成解密过程，随后解码时只需得到编码时的任意 k 个数据块就可正确解码数据，得到明文信息。

5.2　混合云中完全分布式云存储模型

混合云中FDCloudSM模型使用的主要参与实体有解密者 U、n 个存储服务器、

W 个属性服务器 AA，本章所考虑的分布式多属性授权服务器存储模型如图 5.1 所示。模型主要由三部分构成：基于属性加密部分、纠删码编码存储部分以及解密者解密解码部分。基于属性加密部分主要是数据拥有者对数据基于属性加密；纠删码编码存储部分中的 n 个存储服务器 $SS_i(i=1,2,\cdots,n)$ 负责对数据进行基于纠删码技术的编码并存储结果；解密者解密解码部分属性授权服务器 $AA_w(w=1,2,\cdots,W)$ 的功能则是针对它所分管的每一个属性生成对应的密钥，并向存储服务器发送数据请求。

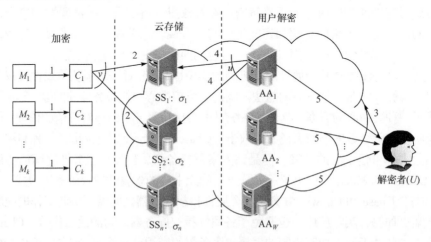

图 5.1　FDCloudSM 模型

假设要将 k 个消息 $M_i(i=1,2,\cdots,k)$ 存储到云服务器，不妨假设这 k 个消息是一个数据文件的拆分。FDCloudSM 模型可分以下几个步骤实现数据的云端存取：第一步，对于来自同一数据文件的 k 份消息，设定有一个统一的标识码 h_{ID}，系统选定一个属性集 S 分别对 k 个数据文件进行加密(图 5.1 中标"1"过程)，使得解密时只有满足该属性集中的 t 个属性才能正确解密恢复该文件；第二步，将每个加密的密文随机地分发给 n 个存储服务器中的 v 个存储服务器(图 5.1 中标"2"过程)；第三步，每个存储服务器 $SS_i(i=1,2,\cdots,n)$ 对收到的所有具有同一个标识码的密文进行基于分布式纠删码技术的编码处理，并存储编码后的结果 $\sigma_j(j=1,2,\cdots,n)$；第四步，解密者发送解密请求(图 5.1 中标"3"过程)后，每个属性授权服务器 $AA_w(w=1,2,\cdots,W)$ 的功能则是分别对若干个属性进行分管，并负责生成对应属性的密钥，同时要负责随机地向 u 个存储服务器请求其存储的数据(图 5.1 中标"4"过程)，并在得到数据后将数据和为满足要求的解密者生成的部分密钥发给解密者(图 5.1 中标"5"过程)；第五步，解密者利用获得的所有部分密钥所生成完整私钥进行完全解密操作；第六步，解密者进一步进行解码，得到明文数据。

FDCloudSM 模型与 SDCloudSM 模型最显著的不同在于，FDCloudSM 模型无可信中心的存在，因此其应用环境也有所不同。SDCloudSM 模型中可信中心的存在使其适用的范围受限制。如在公有云中，不同的云服务提供商之间在不借助第三方可信者的参与下，是无法互信的。但本章 FDCloudSM 模型中是不需要第三方可信者的参与的。因为在解密私钥重构阶段，各个属性服务器是完全独立工作的，其为用户属性所分发的属性密钥是完全独立的，甚至无须知道其他属性服务器的存在。所有的属性服务器只要确保被攻陷或腐蚀的属性服务器低于预先设计的门限值 t 就可保证模型的安全性。FDCloudSM 模型不仅适用于一般的(没有监控数据需要的)私有云环境，更适用于存在不同的云服务提供商的公有云环境，即 FDCloudSM 模型适用于混合云环境。

5.3　混合云中完全分布式云存储协议

混合之中 FDCloudSM 模型由初始化、加密、密文分发、分布式编码、解密密钥生成、解密以及解码等七个算法组成，具体描述如下。

5.3.1　初始化

选定三个素数 p_1、p_2、p_3，选定群 G_N，$N = p_1 p_2 p_3$ 为其生成元。设定 p_1 为群 G_{p_1} 的生成元，p_2 为群 G_{p_2} 的生成元，p_3 为群 G_{p_3} 的生成元。双线性映射 $e : G_{p_1} \times G_{p_1} \to G_N$；$W$ 个属性服务器分别生成其所分管的对应属性 l 的私钥 $\{t_{w,l}, y_{w,l}\}_{w=1,2,\cdots,W} \leftarrow Z_N$，对应公钥则为 $\{g_1^{t_{w,l}}, g_1^{y_{w,l}}\}_{w=1,2,\cdots,W}$。$H : \{0,1\}^* \to G_{p_1}$ 为密码学上的散列函数。

5.3.2　加密

随机选择 $r_{i,z} \leftarrow Z_N$，其中 $i = 1,2,\cdots,k$ 及 $z = 1,2,\cdots,Q$。z 表示加密时选定的属性集中的第 z 个属性，加密者总共限定了 Q 个属性。限定一属性集为 A_C，而 A_C^w 则表示 A_C 中被第 w 个属性服务器 AA_w 分管的属性集，$A_C = A_C^1 \cup A_C^2 \cup \cdots \cup A_C^W$。用 l 表示属性，对其进行一个编码，使 $\tau(l) \in Z_N$，方便起见，下文 $\tau(l)$ 均缩写成 l。加密消息集 $\{M_1, M_2, \cdots, M_k\}$ 时，选定一个统一的消息标识码 $h_{\mathrm{ID}} = H(M_1 \| M_2 \| \cdots \| M_k)$。随机选择 t 阶的多项式 $f(x) = s + a_1 x + a_2 x^2 + \cdots + a_t x^t$，$t \leqslant Q$，$f(0) = s \leftarrow Z_N$ 是数据拥有者自己的私钥，t 阶的多项式 $g(x) = 0 + a_1' x + a_2' x^2 + \cdots + a_t' x^t$，$t \leqslant Q$，$g(0) = 0$，数据拥有者计算得到 k 个消息的密文为

$$\mathrm{CT}_i = \left\{ h_{\mathrm{ID}}, C_{i,0}, \left\{ C_{i,1,z}, C_{i,2,z}, C_{i,3,z} \right\}_{z=1,2,\cdots,Q} \right\}$$

其中

$$C_{i,0} = M_i \cdot e(g_1, h_{\mathrm{ID}})^s$$

$$C_{i,1,z} = e(g_1, h_{\mathrm{ID}})^{f(z)} e(g_1^{t_{w,l}}, h_{\mathrm{ID}})^{r_{i,z}}, \quad l \in A_C^w$$

$$C_{i,2,z} = g_1^{r_{i,z}}$$

$$C_{i,3,z} = g_1^{y_{w,l} r_{i,z}} g_1^{g(z)}$$

5.3.3 密文分发

加密者首先从 n 个存储服务器中随机选择 v 个服务器; 其次, 把每个密文 CT_i $(i=1,2,\cdots,k)$ 重复地发送给这 v 个服务器。

5.3.4 分布式编码

利用 Lin 和 Tzeng[22]提出的变体的分布式纠删码, 每个存储服务器对所收到的密文执行如下编码过程: 首先, 对于收到的来自同一个消息标识码 h_{ID} 的所有密文, 第 j 个存储服务器 SS_j 将它们归入一个集合 N_j; 其次, SS_j 选择一个随机数 $g_{i,j} \leftarrow Z_N$, 其中若 $\mathrm{CT}_i \notin N_j$, 则 $g_{i,j} = 0$, 否则 $g_{i,j}$ 为 Z_N 中的一个非零随机数, 于是, 得到一个矩阵 $G = [g_{i,j}]_{k \times n}$ ($i = 1,2,\cdots,k$; $j = 1,2,\cdots,n$), 该矩阵即分布式纠删码的生成矩阵; 最后, 每一个存储服务器 SS_j 按如下方式计算 $(\sigma_{j,0}, \sigma_{j,1}, \sigma_{j,2}, \sigma_{j,3})$:

$$\sigma_{j,0} = \prod_{\mathrm{CT}_i \in N_j} C_{i,0}^{g_{i,j}}, \quad \sigma_{j,1} = \prod_{\mathrm{CT}_i \in N_j} C_{i,1,z}^{g_{i,j}}, \quad \sigma_{j,2} = \prod_{\mathrm{CT}_i \in N_j} C_{i,2,z}^{g_{i,j}}, \quad \sigma_{j,3} = \prod_{\mathrm{CT}_i \in N_j} C_{i,3,z}^{g_{i,j}}$$

并存储如下信息:

$$\sigma_j = (h_{\mathrm{ID}}, \sigma_{j,0}, \sigma_{j,1}, \sigma_{j,2}, \sigma_{j,3}, (g_{1,j}, g_{2,j}, \cdots, g_{k,j}))$$

5.3.5 解密密钥生成

解密者的属性集用 A_U 表示, A_U^w 表示解密者所拥有的被第 w 个属性服务器 (AA_w) 分管的属性集。$t_{w,l}$、$y_{w,l}$ 是初始化阶段第 w 个属性服务器对应于属性 l 的私钥。首先, 解密者 U 计算自身的 $H(\mathrm{GID})$, 并向对应的属性服务器 AA_w ($w=1,2,\cdots,W$) 发送解密请求; 其次, 第 w 个属性服务器 AA_w 随机地向 u 个存储服务器发送请求并最多得到 u 个存储信息 σ_j; 最后, 第 w 个属性服务器 AA_w 为解密者 U 生成部分密钥:

$$K_{l,\mathrm{GID}} = h_{\mathrm{ID}}^{t_{w,l}} H\big(\mathrm{GID}\big)^{y_{w,l}}$$

5.3.6　解密

解密者 U 从对应的属性服务器 $\mathrm{AA}_w\,(w=1,2,\cdots,W)$ 收到如下信息：

$$\xi_{w,j} = (\sigma_j, K_{l,\mathrm{GID}}), \quad l \in A_U^w; w=1,2,\cdots,W; j=1,2,\cdots,n$$

首先，从收到的 n 份 σ_j 中只需选择 t 份并计算：

$$\frac{\sigma_{j,1} e\big(H(\mathrm{GID}), \sigma_{j,3}\big)}{e(K_{l,\mathrm{GID}}, \sigma_{j,2})}$$

$$= \frac{\displaystyle\prod_{\mathrm{CT}_i \in N_j} [e(g_1, h_{\mathrm{ID}})^{f(z)} e(g_1^{t_{w,l}}, h_{\mathrm{ID}})^{r_{i,z}}]^{g_{i,j}} \, e\left(H(\mathrm{GID}), \displaystyle\prod_{\mathrm{CT}_i \in N_j} [g_1^{y_{w,l} r_{i,z}} g_1^{g(z)}]^{g_{i,j}}\right)}{e\left(h_{\mathrm{ID}}^{t_{w,l}} H(\mathrm{GID})^{y_{w,l}}, \displaystyle\prod_{\mathrm{CT}_i \in N_j} [g_1^{r_{i,z}}]^{g_{i,j}}\right)}$$

$$= \prod_{\mathrm{CT}_i \in N_j} \left[\frac{e(g_1, h_{\mathrm{ID}})^{f(z)} e(g_1^{t_{w,l}}, h_{\mathrm{ID}})^{r_{i,z}} e(H(\mathrm{GID}), g_1^{y_{w,l} r_{i,z}} g_1^{g(z)})}{e(h_{\mathrm{ID}}^{t_{w,l}} H(\mathrm{GID})^{y_{w,l}}, g_1^{r_{i,z}})}\right]^{g_{i,j}}$$

$$= \prod_{\mathrm{CT}_i \in N_j} [e(g_1, h_{\mathrm{ID}})^{f(z)} e(H(\mathrm{GID}), g_1)^{g(z)}]^{g_{i,j}}$$

其中，$z \in I = \{i_1, i_2, \cdots, i_t\} \subseteq \{1, 2, \cdots, Q\}$。

其次，在指数上进行如下形式的内插计算：

$$\prod_{\mathrm{CT}_i \in N_j} \left[\prod_{z \in I} (e(g_1, h_{\mathrm{ID}})^{f(z)} e(H(\mathrm{GID}), g_1)^{g(z)})^{\Delta_z}\right]^{g_{i,j}} = \prod_{\mathrm{CT}_i \in N_j} [e(g_1, h_{\mathrm{ID}})^s]^{g_{i,j}}$$

其中，$\Delta_z = \displaystyle\prod_{z \in I, z^* \neq z} \frac{-z^*}{z - z^*}$，$z^* \in I$。

最后，计算：

$$\frac{\sigma_{j,0}}{\displaystyle\prod_{\mathrm{CT}_i \in N_j} [e(g_1, h_{\mathrm{ID}})^s]^{g_{i,j}}} = \prod_{\mathrm{CT}_i \in N_j} M_i^{g_{i,j}} = q_j$$

5.3.7　解码

首先，解密者从收到的所有 $\xi_{w,j}$ 中选择 k 个值，并使 $j_1 \neq j_2 \neq \cdots \neq j_k$，从而得到一个矩阵 $K = [g_{i,j}]_{k \times k}$，$j \in \{j_1, j_2, \cdots, j_k\}$，且计算其逆矩阵(若不可逆则恢复失败) $K^{-1} = [d_{i,j}]_{k \times k} \,(i, j = 1, 2, \cdots, k)$；其次，解密者通过如下计算可以解码得到明文

$M_i\ (i=1,2,\cdots,k)$：

$$q_{j_1}^{d_{1,i}}q_{j_2}^{d_{2,i}}\cdots q_{j_k}^{d_{k,i}}=M_1^{\sum\limits_{b=1}^{k}g_{1,jb}d_{b,i}}M_2^{\sum\limits_{b=1}^{k}g_{2,jb}d_{b,i}}\cdots M_k^{\sum\limits_{b=1}^{k}g_{k,jb}d_{b,i}}=M_1^{\tau_1}M_1^{\tau_2}\cdots M_k^{\tau_k}=M_i$$

其中，当 $r=i$ 时，$\tau_r=\sum\limits_{b=1}^{k}g_{r,j_b}d_{b,i}=1$；其他情况下，$\tau_r=0$。

上述结果表明，加密算法具有乘法同态性，且该性质确保了数据先解密再解码并不妨碍加密数据的正确恢复。

5.4　混合云中完全分布式云存储协议分析

5.4.1　正确性分析

为了说明方案的正确性，本节利用一个简单的示例进行阐述(图 5.2)。对消息 M_1 和 M_2 数据进行基于属性的加密后得到密文 C_1 和 C_2；密文分发阶段，密文 C_1 随机发送给 SS_1 和 SS_2，密文 C_2 随机发送给 SS_2 和 SS_3；存储服务器 SS_1 收到密文 C_1，没收到密文 C_2，于是在编码阶段所选随机参数为 $g_{1,1}\neq0$，$g_{2,1}=0$，同理 SS_2 所选参数为 $g_{1,2}$、$g_{2,2}$ 且均不为 0，SS_3 所选参数为 $g_{1,3}=0$，$g_{2,3}\neq0$，于是编码矩阵 $G=\begin{bmatrix}g_{1,1}&g_{1,2}&0\\0&g_{2,2}&g_{2,3}\end{bmatrix}$；这里假设某个解密者，其属性被属性授权服务器 AA_1 和 AA_2

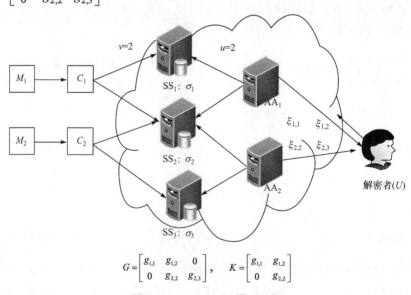

$$G=\begin{bmatrix}g_{1,1}&g_{1,2}&0\\0&g_{2,2}&g_{2,3}\end{bmatrix},\qquad K=\begin{bmatrix}g_{1,1}&g_{1,2}\\0&g_{2,2}\end{bmatrix}$$

图 5.2　FDCloudSM 模型示例

联合分管。解密者发送解密请求后，属性服务器 AA_1 从随机选取的存储服务器 SS_1、SS_2 成功获取数据，并将两份数据分别与为解密者分发的部分私钥打包成 $\xi_{1,1}$、$\xi_{1,2}$ 发送给解密者，属性服务器 AA_2 从随机选取的存储服务器 SS_2、SS_3 成功获取数据，并将两份数据分别与为解密者分发的部分私钥打包成 $\xi_{2,2}$、$\xi_{2,3}$ 发送给解密者；解密者利用各个属性授权服务器给的部分密钥得到完整密钥进行解密；解码时，解密者从收到的所有的 $\xi_{i,j}$ 中选择 2 个，如 $\xi_{1,1}$、$\xi_{1,2}$，于是解码矩阵即

$$K = \begin{bmatrix} g_{1,1} & g_{1,2} \\ 0 & g_{2,2} \end{bmatrix}。$$

5.4.2　算法复杂度分析

表 5.1 列出了 FDCloudSM 算法各阶段的计算复杂度。这里用 Pairing 表示一次双线性对 $e(\cdot)$ 运算；Exp_{p1}、Exp_N 分别表示 G_{p_1}、G_N 群中的模指运算；$Mult_{p1}$、$Mult_N$ 分别表示 G_{p_1}、G_N 群中的模乘运算；F_N 表示一次 G_N 群中的算术运算；Q_w 表示第 w 个属性服务器 AA_w 所分管的属性个数；Q 表示所有属性服务器 AA_w 所分管的属性个数之和；W 表示所有属性服务器个数之和。

加密阶段(k 个消息)，产生 $C_{i,0}$ 需要计算 k 个 Pairing、k 个 Exp_N 和 k 个 $Mult_N$，产生 $C_{i,1,z}$ 需要计算 $2Qk$ 个 Exp_N 和 Qk 个 $Mult_N$，产生 $C_{i,2,z}$ 需要计算 Qk 个 Exp_{p1}，产生 $C_{i,3,z}$ 需要计算 $2Qk$ 个 Exp_{p1} 和 Qk 个 $Mult_{p1}$。

分布式编码阶段，对于每一个 SS_j，产生 $\sigma_{j,0}$ 需要计算 k 个 Exp_N 和 $k{-}1$ 个 $Mult_N$，产生 $\sigma_{j,1}$ 需要计算 Qk 个 Exp_N 和 $Q(k{-}1)$ 个 $Mult_N$，产生 $\sigma_{j,2}$ 需要计算 Qk 个 Exp_{p1} 和 $Q(k{-}1)$ 个 $Mult_{p1}$，产生 $\sigma_{j,3}$ 需要计算 Qk 个 Exp_{p1} 和 $Q(k{-}1)$ 个 $Mult_{p1}$。

解密密钥生成阶段，需要计算 $2Q$ 个 Exp_{p1} 和 Q 个 $Mult_{p1}$。

解密阶段，产生 $\dfrac{\sigma_{j,1}e(H(\text{GID}),\sigma_{j,3})}{e(K_{l,\text{GID}},\sigma_{j,2})}$ 需要计算 $2t$ 个 Pairing 和 t^2 个 $Mult_N$，指数上的插值需计算 $O(t^2)$ 个 F_N，计算 q_j 需计算 k 个 $Mult_N$。

解码阶段，逆矩阵计算需要 $O(k^3)$ 个 F_N，解密需要计算 k^2 个 Exp_N 和 $(k{-}1)k$ 个 $Mult_N$。

表 5.1　FDCloudSM 算法的计算复杂度

算法阶段	计算复杂度
加密(k 个消息)	$k \cdot \text{Pairing} + 3Qk \cdot Exp_{p1} + (1+2Q)k \cdot Exp_N + Qk \cdot Mult_{p1} + (1+Q)k \cdot Mult_N$
分布式编码(每个 SS_j)	$2Qk \cdot Exp_{p1} + (1+Q)k \cdot Exp_N + 2Q(k-1) \cdot Mult_{p1} + (1+Q)(k-1) \cdot Mult_N$

算法阶段	计算复杂度
解密密钥生成	$2Q \cdot \mathrm{Exp}_{p1} + Q \cdot \mathrm{Mult}_{p1}$
解密	$2t \cdot \mathrm{Pairing} + (t^2 + k) \cdot \mathrm{Mult}_N + O(t^2)F_N$
解码	$k^2 \cdot \mathrm{Exp}_N + (k-1)k \cdot \mathrm{Mult}_N + O(k^3)F_N$

5.5 安全性分析

5.5.1 多属性授权服务器分析

模型中有多个属性授权服务器，它们可能被外部攻击者腐蚀攻击。每个属性授权服务器 $\mathrm{AA}_w(w=1,2,\cdots,W)$ 只拥有解密者密钥的一部分，即使被腐蚀攻击也不会额外泄露其他属性服务器的信息，从而不会泄露解密者的整个密钥。这比只有单个属性授权服务器的情况，安全性大大提高。同时本章的模型中不需要之前很多研究工作中的可信授权中心的存在。本章的属性服务器之间是完全对等的，相互之间完全独立式地完成自己的工作，甚至都不知道对方的存在。因此，本章模型支持任意个属性服务器的加入或者退出，只需要申明它所分管的对应属性。

5.5.2 抗共谋攻击

在用户解密阶段，若属性服务器不能区分不同的用户，例如，假设此情况下属性服务器分发给解密者的私钥为 $K'_l = h_{\mathrm{ID}}^{t_{w,l}} g_1^{y_{w,l}}$，则不能防止解密用户间或者攻击者的共谋攻击。

分析如下情形，假设有三个解密用户群 U_1、U_2、U_3，它们的属性集分别为 $A_{U_1} = \{$"数计学院"，"男"$\}$，$A_{U_2} = \{$"研究生"$\}$，$A_{U_3} = \{$"数计学院"，"男"，"研究生"$\}$。属性服务器 AA_1 分管属性中包含"数计学院"、"男"；属性服务器 AA_2 分管属性中包含"研究生"。这里，解密用户群 U_1 中所有属性均被属性服务器 AA_1 分管，解密用户群 U_2 中所有属性均被属性服务器 AA_2 分管，解密用户群 U_3 中所有属性被属性服务器 AA_1、AA_2 联合分管。现有一份数据文件，加密者加密时限定至少要符合"l_1：数计学院"、"l_2：男"、"l_3：研究生"这三个属性才能解密。显然解密用户群 U_3 能够通过属性服务器 AA_1 给的部分密钥 $K'_{l_1} = h_{\mathrm{ID}}^{t_{1,l_1}} g_1^{y_{1,l_1}}$、$K'_{l_2} = h_{\mathrm{ID}}^{t_{1,l_2}} g_1^{y_{1,l_2}}$ 和属性服务器 AA_2 给的部分密钥 $K'_{l_3} = h_{\mathrm{ID}}^{t_{1,l_3}} g_1^{y_{1,l_3}}$，通过计算：

$$\frac{\sigma_{j,1}e(g_1,\sigma_{j,3})}{e(K'_l,\sigma_{j,2})} = \prod_{CT_i \in N_j} [e(g_1,h_{ID})^{f(z)}e(g_1,g_1)^{g(z)}]^{g_{i,j}}, \quad l \in \{l_1,l_2,l_3\}$$

对上式指数部分进行插值恢复得到 $\prod_{CT_i \in N_j}[e(g_1,h_{ID})^s]^{g_{i,j}}$ 从而可以最终解密数据。但是，非合法解密用户群 U_1、U_2 可以通过如下方式共谋解密该份文件：U_1 群得到属性服务器 AA_1 给的部分密钥 $K'_{l_1} = h_{ID}^{t_{l,l_1}}g_1^{y_{l,l_1}}$ 和 $K'_{l_2} = h_{ID}^{t_{l,l_2}}g_1^{y_{l,l_2}}$，$U_2$ 群得到属性服务器 AA_2 给的部分密钥 $K'_{l_3} = h_{ID}^{t_{l,l_3}}g_1^{y_{l,l_3}}$，二者共谋计算得到三份部分密钥 K'_{l_1}、K'_{l_2}、K'_{l_3}，同样得到解密所需完整密钥而完成解密过程。

在 FDCloudSM 模型中为了防止不同的用户之间可能的共谋攻击，应用到了文献[21]中用户的标识码(GID)的概念用以区分不同用户的属性。系统在验证用户属性的同时，收到解密用户发送的 H(GID)且每个用户的 GID 不能被其他用户伪造。

续上述例子，用户密钥中附加 GID 信息，FDCloudSM 方案中属性授权服务器分发给解密用户的私钥为 $K_{l,GID} = h_{ID}^{t_{w,l}}H(GID)^{y_{w,l}}$，将 U_3 群得到属性服务器给的附加 GID_3 信息的密钥记为 K_{l,GID_3}，解密用户群 U_3 通过计算：

$$\frac{\sigma_{j,1}e(H(GID_3),\sigma_{j,3})}{e(K_{l,GID_3},\sigma_{j,2})} = \prod_{CT_i \in N_j} [e(g_1,h_{ID})^{f(z)}e(H(GID_3),g_1)^{g(z)}]^{g_{i,j}}$$

进一步在指数上完成插值恢复，最终可以完成解密。同样，将 U_1 群得到属性服务器 AA_1 给的附加 GID_1 信息的密钥记为 K_{l,GID_1}，U_2 群得到属性服务器 AA_2 给的附加 GID_2 信息的密钥记为 K_{l,GID_2}，二者试图通过计算：

$$\frac{\sigma_{j,1}e(H(GID_1),\sigma_{j,3})}{e(K_{1,GID_1},\sigma_{j,2})} = \prod_{CT_i \in N_j} [e(g_1,h_{ID})^{f(z)}e(H(GID_1),g_1)^{g(z)}]^{g_{i,j}}$$

$$\frac{\sigma_{j,1}e(H(GID_2),\sigma_{j,3})}{e(K_{1,GID_2},\sigma_{j,2})} = \prod_{CT_i \in N_j} [e(g_1,h_{ID})^{f(z)}e(H(GID_2),g_1)^{g(z)}]^{g_{i,j}}$$

再通过对指数部分进行插值恢复出 $\prod_{CT_i \in N_j}[e(g_1,h_{ID})^s]^{g_{i,j}}$。然而，由于双线性对的底数不同而无法对指数部分进行插值恢复出 $\prod_{CT_i \in N_j}[e(g_1,h_{ID})^s]^{g_{i,j}}$，从而防止了不同用户之间可能的共谋攻击。

5.6　本章小结

本章将私有云环境下的云存储模型拓展到一种可应用于混合云中的完全分布

式云存储(FDCloudSM)模型。多属性服务器的模式也使得该模型能支持一对多的数据存储模式以及任意个属性服务器的加入与撤出问题，同时 FDCloudSM 模型中不仅不需要一个可信的属性授权中心，且若干个属性服务器间是完全独立式运转工作的，实现了完全的分布式的工作模式。FDCloudSM 模型将私钥通过两个多项式分发存储到云服务器以达到解密私钥的重构和对抗共谋攻击的目的。在存储阶段使用的分布式删除码可充分保障模型的鲁棒性，使得用户的数据得到很好的正确恢复的保障。在解密阶段，没有绝对可信中心的存在，所有属性服务器完全独立式工作，提高了数据的安全性。FDCloudSM 模型与 SDCloudSM 模型一样，支持门限属性个数解密功能。

参 考 文 献

[1] 罗军舟, 金嘉晖, 宋爱波, 等. 云计算: 体系架构与关键技术[J]. 通信学报, 2011, 32(7): 3-21.

[2] Mell P, Grance T. The NIST definition of cloud computing[J]. Communications of the ACM, 2009 , 53(6): 50.

[3] Armbrust M, Fox A, Griffith R, et al. A view of cloud computing[J]. Communications of the ACM, 2010, 53(4): 50-58.

[4] Yang L, Li J G. A pairing-free certificate-based proxy re-encryption scheme for secure data sharing in public clouds[J]. Future Generation Computer Systems, 2016, 62: 140-147.

[5] Li J G, Lin X N, Zhang Y C, et al. KSF-OABE: Outsourced attribute-based encryption with keyword search function for cloud storage[J]. IEEE Transactions on Services Computing, 2017, 10(5): 715-725.

[6] Yan H, Li J G, Han J G. A novel efficient remote data possession checking protocol in cloud storage[J]. IEEE Transactions on Information Forensics and Security, 2017, 12(1): 78-88.

[7] Sahai A, Waters B. Fuzzy identity-based encryption[C]. Annual International Conference on the Theory and Applications of Cryptographic Techniques, 2005: 457-473.

[8] Goyal V, Pandey O, Sahai A, et al. Attribute-based encryption for fine-grained access control of encrypted data[C]. Proceedings of the 13th ACM Conference on Computer and Communications Security, 2006: 89-98.

[9] Bethencourt J, Sahai A, Waters B. Ciphertext-policy attribute-based encryption[C]. IEEE Symposium on Security and Privacy, 2007: 321-334.

[10] Ge A, Zhang R, Chen C, et al. Threshold ciphertext policy attribute-based encryption with constant size ciphertexts[C]. Australasian Conference on Information Security and Privacy, 2012: 336-349.

[11] Herranz J, Laguillaumie F, Ràfols C. Constant size ciphertexts in threshold attribute-based encryption[C]. International Workshop on Public Key Cryptography, 2010: 19-34.

[12] Goyal V, Jain A, Pandey O, et al. Bounded ciphertext policy attribute based encryption[C].

International Colloquium on Automata, Languages, and Programming, 2008: 579-591.

[13] Waters B. Ciphertext-policy attribute-based encryption: An expressive, efficient, and provably secure realization[C]. International Workshop on Public Key Cryptography, 2011: 53-70.

[14] Lai J, Deng R H, Yang Y, et al. Adaptable ciphertext-policy attribute-based encryption[C]. International Conference on Pairing-Based Cryptography, 2013: 199-214.

[15] Rao Y S, Dutta R. Dynamic ciphertext-policy attribute-based encryption for expressive access policy[C]. International Conference on Distributed Computing and Internet Technology, 2014: 275-286.

[16] Vaikuntanathan V, Voulgaris P. Attribute based encryption using lattices: U.S, 9 281 944[P]. 2016.

[17] Han F, Qin J, Zhao H, et al. A general transformation from KP-ABE to searchable encryption[J]. Future Generation Computer Systems, 2014, 30(1): 107-115.

[18] Lin H, Cao Z, Liang X, et al. Secure threshold multi authority attribute based encryption without a central authority[C]. International Conference on Cryptology in India, 2008: 426-436.

[19] Chase M, Chow S S M. Improving privacy and security in multi-authority attribute-based encryption[C]. Proceedings of the 16th ACM Conference on Computer and Communications Security, 2009: 121-130.

[20] Lewko A, Waters B. Decentralizing attribute-based encryption[C]. Annual International Conference on the Theory and Applications of Cryptographic Techniques, 2011: 568-588.

[21] Chase M. Multi-authority attribute based encryption[C]. Theory of Cryptography Conference, 2007: 515-534.

[22] Lin H Y, Tzeng W G. A secure decentralized erasure code for distributed networked storage[J]. IEEE Transactions on Parallel and Distributed Systems, 2010, 21(11): 1586-1594.

第 6 章　具有身份隐私保护功能的基于属性加密的分布式云存储协议

云服务器不仅给人们带来了便利，也节约了社会资源。但云存储所带来的与安全和隐私相关的许多问题还亟待解决，特别是在数据本身的安全性方面和数据拥有者身份的隐私性方面。SDCloudSM 和 FDCloudSM 两个模型很好地保护了数据本身的隐私性，但未能解决解密者身份和访问结构的隐私保护问题。攻击者可能获得加密者身份和加密时选定的属性信息。为此，本章在加密之前对加密者的身份信息进行了预处理，生成一个伪身份，为了用户正确解密而引入了一个密钥协商协议。同时，为了隐藏访问结构中的属性信息，对访问结构树进行了不可逆处理，隐藏了其中的属性信息。该方案兼顾解决了数据内容、身份信息、访问结构三方面的隐私问题。

6.1　背景及相关工作

云存储是云计算的一个延伸概念，即将个人计算机、手机或其他存储设备的存储任务交由服务器完成，释放本身的存储空间。数据存储到云服务器时，其安全性、鲁棒性、隐私性等问题则成为一系列非常重要且敏感的问题。近几年来数据的隐私问题越来越受关注，隐私保护成为一个热门话题[1-5]。Neela 和 Saravanan[6]提出了云计算中的一种基于匿名方法的隐私保护方案。该方案在数据发给不同的云服务提供商之前，先对数据进行匿名预处理操作。针对不同的云服务提供商可能利用其自身拥有的一些用户背景资料获取用户的数据以外的其他信息，数据拥有者在原始数据被发送到这些云服务提供商之前，隐藏了数据中的部分信息。但是其局限性在于只能针对少数个属性进行这样的操作，属性个数较多情况下该方案不适用。Wang 等[7]则是利用了一个可信的第三方来达到保护数据公开审计(public auditing)过程中的数据隐私性。随后，Wang 等[8]对其做了进一步的研究，但都需要可信第三方的参与，这制约了系统的自由度和安全性，本书更加倾向于设计一个分布式的无中心的模型。Zhou 等[9]提出了一种带隐私保护的云计算访问控制方案，其方案分两个阶段：本地属性加密、云端重加密。第一阶段，数据所有者在本地对要外包的数据进行基于属性的加密。第二阶段由云端来完成，每次当数据所有者要求时，由云端对加密了的数据进行再次重加密。虽然重加密操作在云端进行，但是由于访问策略没有泄露及数据已被加密过，数据所有者的相关信息并没有泄露，整个系统的隐私性得到很好的保护。其他文献(如文献[10]～[13])也提出了不同的保护隐私的方案。

在之前的私有云和混合云的分布式云存储模型中，数据的隐私性都得到了很好的保护，但是这两个模型并未对加密者和解密者的身份信息和访问结构做必要的隐私保护。本章将提出解决方案，保护上述两个模型中的数据所有者及解密用户的私密信息和加密时设定的访问结构。诸多学者在隐私保护工作上的相关研究工作主要考虑三方面隐私问题：数据本身的隐私、加解密双方身份信息的隐私和访问策略的隐私。Kate 等[14]在基于属性加密的基础上加入了单向的匿名协议。Koo 等[15]在此基础上提出了一种双向的匿名策略，并加入了对访问策略的隐藏功能。对此，本章也提出了一种隐私保护模型。在 SDCloudSM 模型和 FDCloudSM 模型的基础上，基于属性的加密前对加密者的身份进行匿名处理，同时加密时加密者也不需要知道解密者是谁，达到双向匿名性，这一点本章通过一个双向匿名协议实现。对于加密时可能泄露的访问结构中的属性信息，本章采取对访问树中属性进行隐藏处理的方式，使得攻击者无法获得真实的属性信息。在原有数据机密性得到保障的基础上，也实现了对加解密双方身份信息和访问结构的隐私保护。因此，本章的协议可实现对数据本身、加解密者身份信息和访问策略三方面的隐私保护。

6.2　具有身份隐私保护功能的云存储隐私保护协议

本章的隐私保护协议主要分为以下七个步骤。第一步，数据所有者预生成一个伪身份达到匿名加密的效果；第二步，对数据进行基于属性的加密；第三步，对加密中访问策略的属性进行隐藏；第四步，将密文随机地分发给若干个云服务器；第五步，云服务器对密文进行编码并存储密文；第六步，每个云端属性服务器为请求解密者分发部分属性密钥，并验证解密合法性，若验证通过，则为解密者找到并发送匹配的密文；第七步，解密者进行解密、解码。

该协议的七个步骤由初始化、匿名密钥生成、伪身份生成、加密、属性隐藏、密文分发、分布式编码、解密密钥生成、密文数据请求、解密以及解码等 11 个算法组成，具体描述如下。

6.2.1　初始化

选定三个素数 p_1、p_2、p_3，选定群 G，其中 $N = p_1 p_2 p_3$ 为其生成元。设定 p_1 为

群 G_{p_1} 的生成元，p_2 为群 G_{p_2} 的生成元，p_3 为群 G_{p_3} 的生成元。双线性映射 $e: G_{p_1} \times G_{p_1} \to G$；$l$ 表示属性，W 个属性服务器 $AA_w (w = 1, 2, \cdots, W)$ 分别生成其所分管的对应属性 l 的私钥 $\{t_{w,l}, y_{w,l}\}_{w=1,2,\cdots,W} \leftarrow Z_N$，对应公钥则为 $\{g_1^{t_{w,l}}, g_1^{y_{w,l}}\}_{w=1,2,\cdots,W}$。同时，$W$ 个属性服务器会为加密者选择一个随机数 $\{\alpha_w\}_{w=1,2,\cdots,W} \leftarrow Z_N$。$H: \{0,1\}^* \to G_{p_1}$ 为密码学上的散列函数。

6.2.2 匿名密钥生成

数据拥有者在加密时会选定一个属性集 A_C，加密者(即数据拥有者)的身份标识为 GID_0，则加密者获得的匿名密钥为 $\{A_{0,w} = H(\mathrm{GID}_0)^{\alpha_w}\}_{w=1,2,\cdots,W}$。

6.2.3 伪身份生成

加密者随机选择 $\beta \leftarrow Z_N$，并生成一个伪身份 $P_0 = H(\mathrm{GID}_0)^{\beta}$。

6.2.4 加密

随机选择 $r_{i,z} \leftarrow Z_N$，其中 $i = 1, 2, \cdots, k$ 及 z 表示加密时限定的访问结构 Γ 中的某个叶子节点，用 Z 表示访问结构中的叶子节点集，则有 $z \in Z$。这里假设 Γ 中有 n 个叶子节点，即 n 个属性，并用 attr_z 表示节点的属性。同时 $\mathrm{num}_{\mathrm{attr}_z}$ 表示对各个属性进行编码，映射到 Z_N，即 $\mathrm{num}_{\mathrm{attr}_z} \in Z_N$。限定属性集为 A_C，而 A_C^w 表示 A_C 中被第 w 个属性服务器 $AA_w (w = 1, 2, \cdots, W)$ 分管的属性集，$A_C = A_C^1 \cup A_C^2 \cup \cdots \cup A_C^W$。加密消息集为 $\{M_1, M_2, \cdots, M_k\}$ 时，选定一个统一的消息标识码 $h_{\mathrm{ID}} = H(M_1 \| M_2 \| \cdots \| M_k)$。随机选择 t 阶的多项式 $f(x) = s + a_1 x + a_2 x^2 + \cdots + a_t x^t$，$f(0) = s \leftarrow Z_N$ 是数据拥有者自己的私钥，t 阶的多项式 $g(x) = 0 + a_1' x + a_2' x^2 + \cdots + a_t' x^t$，$g(0) = 0$。需要注意的是，$t$ 为加密时访问结构中涉及的属性个数。数据拥有者计算得到 k 个消息的密文为

$$\mathrm{CT}_i' = \left\{ \Gamma, h_{\mathrm{ID}}, C_{i,0}, \{C_{i,1,z}, C_{i,2,z}, C_{i,3,z}\}_{z \in Z} \right\}$$

其中

$$C_{i,0} = M_i e(g_1, h_{\mathrm{ID}})^s$$

$$C_{i,1,z} = e(g_1, h_{\mathrm{ID}})^{f(\mathrm{num}_{\mathrm{attr}_z})} e(g_1^{t_{w,l}}, h_{\mathrm{ID}})^{r_{i,z}}, \quad l \in A_C^W$$

$$C_{i,2,z} = g_1^{r_{i,z}}$$

$$C_{i,3,z} = g_1^{y_{w,l} r_{i,z}} g_1^{g(\mathrm{num}_{\mathrm{attr}_z})}$$

6.2.5　属性隐藏

此算法的目的在于隐藏原始密文里的属性相关信息，具体做法如下。

首先，运行如下运算：

$$K_{0,A_C} = e\left(\prod_{w=1}^{W} A_{0,w}^{\beta}, H(l) \right)_{l \in A_C} = e(H(\text{GID}_0)^{\alpha\beta}, H(l))_{l \in A_C}$$

其中，$\alpha = \prod_{w=1}^{W} \alpha_w$。

其次，用 $\text{scm}_{\text{attr}_x}$ 表示 K_{0,A_C} 中的某个数并分配给对应的叶子节点，如 $\text{scm}_{\text{attr}_x} \in K_{0,A_C}$ 分配给叶子节点 x，以代替原本该节点属性的数值 attr_x。将所有访问结构树中的叶子节点属性值替换后，得到一个新的访问结构树 Γ'。

最后，生成新的密文集：

$$\text{CT}_i = \left\{ \Gamma', h_{\text{ID}}, C_{i,0}, \left\{ C_{i,1,z}, C_{i,2,z}, C_{i,3,z} \right\}_{z \in Z'} \right\}$$

其中，Z' 为新的访问结构树中的所有叶子节点集合。

6.2.6　密文分发

加密者首先从 n 个存储服务器中随机选择 v 个服务器；其次，把每个密文 CT_i ($i=1, 2, \cdots, k$)重复地发送给这 v 个服务器。

6.2.7　分布式编码

利用 Lin 和 Tzeng[16]提出的变体分布式纠删码，每个存储服务器对所收到的密文执行如下编码过程：首先，对于收到的来自同一个消息标识码 h_{ID} 的所有密文，第 j 个存储服务器 SS_j 将它们归入一个集合 N_j；其次，SS_j 选择一个随机数 $g_{i,j} \leftarrow Z_N$，其中若 $\text{CT}_i \notin N_j$，则 $g_{i,j} = 0$，否则 $g_{i,j}$ 为 Z_N 中的一个非零随机数，于是，得到矩阵 $G = [g_{i,j}]_{k \times n}$ ($i=1, 2, \cdots, k$; $j=1, 2, \cdots, n$)，该矩阵即分布式纠删码的生成矩阵；最后，每一个存储服务器 SS_j 按如下方式计算 $(\sigma_{j,0}, \sigma_{j,1}, \sigma_{j,2}, \sigma_{j,3})$：

$$\sigma_{j,0} = \prod_{\text{CT}_i \in N_j} C_{i,0}^{g_{i,j}}, \quad \sigma_{j,1} = \prod_{\text{CT}_i \in N_j} C_{i,1,z}^{g_{i,j}}, \quad \sigma_{j,2} = \prod_{\text{CT}_i \in N_j} C_{i,2,z}^{g_{i,j}}, \quad \sigma_{j,3} = \prod_{\text{CT}_i \in N_j} C_{i,3,z}^{g_{i,j}}$$

并存储如下信息：

$$\sigma_j = (\Gamma', h_{\text{ID}}, \sigma_{j,0}, \sigma_{j,1}, \sigma_{j,2}, \sigma_{j,3}, (g_{1,j}, g_{2,j}, \cdots, g_{k,j}))$$

6.2.8　解密密钥生成

解密者的属性集用 A_U 表示，A_U^w 表示解密者所拥有的被第 w 个属性服务器

AA_w 分管的属性集。$t_{w,l}$、$y_{w,l}$ 是初始化阶段第 w 个属性服务器对应于属性 l 的私钥。首先，解密者 U 计算自身的 $H(\mathrm{GID})$，并向对应的属性服务器 AA_w $(w=1,2,\cdots,W)$ 发送 $H(\mathrm{GID})$ 解密请求；其次，第 w 个属性服务器 AA_w $(w=1,2,\cdots,W)$ 随机地向 u 个存储服务器发送请求并最多得到 u 个存储信息，并把为该数据拥有者选择的匿名密钥 $\left\{A_{0,w}=H(\mathrm{GID}_0)^{\alpha_w}\right\}$ 发给解密者，其中 $w=1,2,\cdots,W$；最后，第 w 个属性服务器解密者 AA_w 生成部分密钥，即

$$K_{l,\mathrm{GID}}=\left\{h_{\mathrm{ID}}^{t_{w,l}}H(\mathrm{GID})^{y_{w,l}},H(l)^{\alpha_w}\right\}_{l\in A_C}$$

6.2.9　密文数据请求

此算法的目的是让合法的解密者通过云端搜索匹配到待解密的密文数据。假设解密者能够通过发送请求从云服务器端获得加密者的伪身份列表，即能够获得 $P_0=H(\mathrm{GID}_0)^{\beta}$。通过如下算法得到协商密钥实现查找所需解密的密文：

$$K_{0,A_U}=e\left(\prod_{w=1}^{W}H(l)^{\alpha_w},P_0\right)_{l\in A_U}=e(H(l)^{\alpha},H(\mathrm{GID}_0)^{\beta})_{l\in A_U}$$

在云端核实解密者的合法性后，云端找到对应的密文并发送给该解密者。此后解密者就将进行正式的解密操作。

6.2.10　解密

解密者 U 从对应的属性服务器 AA_w $(w=1,2,\cdots,W)$ 收到如下信息：

$$\xi_{w,j}=(\sigma_j,K_{l,\mathrm{GID}}),\quad l\in A_U^w;w=1,2,\cdots,W;j=1,2,\cdots,n$$

首先，从收到的 n 份 σ_j 中只需选择 t 份并计算：

$$\frac{\sigma_{j,1}e(H(\mathrm{GID}),\sigma_{j,3})}{e(K_{l,\mathrm{GID}},\sigma_{j,2})}$$

$$=\frac{\prod_{\mathrm{CT}_i\in N_j}[e(g_1,h_{\mathrm{ID}})^{f(z)}e(g_1^{t_{w,l}},h_{\mathrm{ID}})^{r_{i,z}}]^{g_{i,j}}e\left(H(\mathrm{GID}),\prod_{\mathrm{CT}_i\in N_j}[g_1^{y_{w,l}r_{i,z}}g_1^{g(z)}]^{g_{i,j}}\right)}{e\left(h_{\mathrm{ID}}^{t_{w,l}}H(\mathrm{GID})^{y_{w,l}},\prod_{\mathrm{CT}_i\in N_j}[g_1^{r_{i,z}}]^{g_{i,j}}\right)}$$

$$=\prod_{\mathrm{CT}_i\in N_j}\left[\frac{e(g_1,h_{\mathrm{ID}})^{f(z)}e(g_1^{t_{w,l}},h_{\mathrm{ID}})^{r_{i,z}}e(H(\mathrm{GID}),g_1^{y_{w,l}r_{i,z}}g_1^{g(z)})}{e(h_{\mathrm{ID}}^{t_{w,l}}H(\mathrm{GID})^{y_{w,l}},g_1^{r_{i,z}})}\right]^{g_{i,j}}$$

$$=\prod_{\mathrm{CT}_i\in N_j}[e(g_1,h_{\mathrm{ID}})^{f(z)}e(H(\mathrm{GID}),g_1)^{g(z)}]^{g_{i,j}}$$

其中

$$z \in I = \{i_1, i_2, \cdots, i_t\} \subseteq \{1, 2, \cdots, n\}$$

然后，在指数上进行如下形式的内插计算：

$$\prod_{\mathrm{CT}_i \in N_j} \left[\prod_{z \in I} (e(g_1, h_{\mathrm{ID}})^{f(z)} e(H(\mathrm{GID}), g_1)^{g(z)})^{\varDelta_z} \right]^{g_{i,j}} = \prod_{\mathrm{CT}_i \in N_j} [e(g_1, h_{\mathrm{ID}})^s]^{g_{i,j}}$$

其中，$\varDelta_z = \prod_{z \in I, z^* \neq z} \dfrac{-z^*}{z - z^*}$，$z^* \in I$。

最后，计算：

$$\frac{\sigma_{j,0}}{\displaystyle\prod_{\mathrm{CT}_i \in N_j} [e(g_1, h_{\mathrm{ID}})^s]^{g_{i,j}}} = \prod_{\mathrm{CT}_i \in N_j} M_i^{g_{i,j}} = q_j$$

6.2.11　解码

首先，解密者从收到的所有 $\xi_{w,j}$ 中选择 k 个值，并使 $j_1 \neq j_2 \neq \cdots \neq j_k$，从而得到一个矩阵 $K = [g_{i,j}]_{k \times k}$ $(i = 1, 2, \cdots, k$；$j \in \{j_1, j_2, \cdots, j_k\})$，且计算其逆矩阵(若不可逆则恢复失败) $K^{-1} = [d_{i,j}]_{k \times k}$ $(i, j = 1, 2, \cdots, k)$；其次，解密者通过如下计算可以解码得到明文 M_i $(i = 1, 2, \cdots, k)$：

$$q_{j_1}^{d_{1,i}} q_{j_2}^{d_{2,i}} \cdots q_{j_k}^{d_{k,i}} = M_1^{\sum\limits_{b=1}^{k} g_{1,j_b} d_{b,i}} M_2^{\sum\limits_{b=1}^{k} g_{2,j_b} d_{b,i}} \cdots M_k^{\sum\limits_{b=1}^{k} g_{k,j_b} d_{b,i}} = M_1^{\tau_1} M_2^{\tau_2} \cdots M_k^{\tau_k} = M_i$$

其中，当 $r = i$ 时，$\tau_r = \sum\limits_{b=1}^{k} g_{r,j_b} d_{b,i} = 1$；否则 $\tau_r = 0$。上述结果表明，加密算法具有乘法同态性，且该性质确保了数据先解密再解码并不妨碍加密数据的正确恢复。

6.3　算法复杂度分析

表 6.1 列出了算法各阶段的计算复杂度。用 Pairing 表示一次双线性对 $e(\cdot)$ 运算；Exp_{p1}、Exp_N 分别表示 G_{p_1}、G_N 群中的模指运算；Mult_{p1}、Mult_N 分别表示 G_{p_1}、G_N 群中的模乘运算；F_N 表示一次 G_N 群中算术运算；Q_w 表示第 w 个属性服务器 AA_w 所分管的属性个数；Q 表示所有属性服务器 AA_w 所分管的属性个数之和；W 表示所有属性服务器个数之和。

表 6.1 算法复杂度

算法阶段	计算复杂度
匿名密钥生成	$W \cdot \mathrm{Exp}_{p1}$
伪身份生成	$1 \cdot \mathrm{Exp}_{p1}$
加密(k 个消息)	$k \cdot \mathrm{Pairing} + 3Qk \cdot \mathrm{Exp}_{p1} + (2Q+1)k \cdot \mathrm{Exp}_N$ $+ Qk \cdot \mathrm{Mult}_{p1} + (Q+1)k \cdot \mathrm{Mult}_N$
属性隐藏	$Q \cdot \mathrm{Pairing} + QW \cdot \mathrm{Exp}_{p1} + Q(W-1) \cdot \mathrm{Mult}_{p1}$
分布式编码(每个 SS)	$2Qk \cdot \mathrm{Exp}_{p1} + (Q+1)k \cdot \mathrm{Exp}_N + 2Q(k-1) \cdot \mathrm{Mult}_{p1}$ $+ (1+Q)(k-1) \cdot \mathrm{Mult}_N$
解密密钥生成(每个 AA_w)	$3Q_w \cdot \mathrm{Exp}_{p1} + Q_w \cdot \mathrm{Mult}_{p1}$
密文数据请求	$Q \cdot \mathrm{Pairing} + QW \cdot \mathrm{Exp}_{p1} + Q(W-1) \cdot \mathrm{Mult}_{p1}$
解密	$2t \cdot \mathrm{Pairing} + (t^2+k) \cdot \mathrm{Mult}_N + O(t^2)F_N$
解码	$k^2 \cdot \mathrm{Exp}_N + (k-1)k \cdot \mathrm{Mult}_N + O(k^3)F_N$

匿名密钥生成阶段，需计算 W 个 Exp_{p1}。

伪身份生成阶段，需计算 1 个 Exp_{p1}。

加密阶段(k 个消息)，产生 $C_{i,0}$ 需要计算 k 个 $\mathrm{Pairing}$、k 个 Exp_N 和 k 个 Mult_N，产生 $C_{i,1,z}$ 需要计算 $2Qk$ 个 Exp_N 和 Qk 个 Mult_N，产生 $C_{i,2,z}$ 需要计算 Qk 个 Exp_{p1}，产生 $C_{i,3,z}$ 需要计算 $2Qk$ 个 Exp_{p1} 和 Qk 个 Mult_{p1}。

属性隐藏阶段，产生 K_{0,A_C} 需要计算 Q 个 $\mathrm{Pairing}$、QW 个 Exp_{p1} 和 $Q(W-1)$ 个 Mult_{p1}。

分布式编码阶段，对于每一个 SS_j，产生 $\sigma_{j,0}$ 需要计算 k 个 Exp_N 和 $k-1$ 个 Mult_N，产生 $\sigma_{j,1}$ 需要计算 Qk 个 Exp_N 和 $Q(k-1)$个 Mult_N，产生 $\sigma_{j,2}$ 需要计算 Qk 个 Exp_{p1} 和 $Q(k-1)$个 Mult_{p1}，产生 $\sigma_{j,3}$ 需要计算 Qk 个 Exp_{p1} 和 $Q(k-1)$个 Mult_{p1}。

解密密钥生成阶段，需计算 $3Q_w$ 个 Exp_{p1} 和 Q_w 个 Mult_{p1}

密文数据请求阶段，产生 K_{0,A_U} 需要计算 Q 个 $\mathrm{Pairing}$、QW 个 Exp_{p1} 和 $Q(W-1)$ 个 Mult_{p1}。

解密阶段，产生 $\dfrac{\sigma_{j,1}e(H(\mathrm{GID}),\sigma_{j,3})}{e(K_{l,\mathrm{GID}},\sigma_{j,2})}$ 需要计算 $2t$ 个 $\mathrm{Pairing}$ 和 t^2 个 Mult_N，指数上的插值需计算 $O(t^2)$ 个 F_N，计算 q_j 需计算 k 个 Mult_N。

解码阶段，逆矩阵计算需要 $O(k^3)$ 个 F_N，解密需要计算 k^2 个 Exp_N 和 $(k-1)k$ 个 Mult_N。

6.4　隐私性分析

6.4.1　数据内容的隐私性分析

本章的模型中通过对原始数据进行预先加密，再传送到云端的方式，起到了保护数据内容隐私的作用。只有满足条件的解密者才能重构加密私钥 s。加密数据存储在云端存储服务器里，由于方案采取了分布式云存储的方式，某个存储服务器只拥有部分数据，更无法获得解密密钥。对于可能的恶意云端属性授权服务器，同样无法重构解密私钥，其仅负责为对应的属性分发部分属性密钥，而无法获得整个解密私钥。方案中允许若干个(小于门限值)属性授权服务器被腐蚀。

6.4.2　身份信息的隐私性分析

模型中用了基于属性的加密机制，数据所有者在加密时，不知道解密者的身份信息，仅仅是通过一些属性条件来限定解密者，整个加密过程是在不知道解密者身份的情况下进行的。由于在加密前对自身的身份做了匿名操作，生成了伪身份 P_0，使得解密者同样不知道加密者的身份。加密者没有透露自身的身份信息(公钥加密中会用到自身的公钥即会透露身份信息)。对于加密者而言，加密者的身份是不知道的。因此，整个模型体现出双向匿名性。

假设有加密者 Alice 和解密者 Bob。每个属性服务器 AA_w 向 Alice 发送一个随机数 $\{\alpha_w\}_{w=1,2,\cdots,W} \leftarrow Z_N$，Alice 则以 $\left\{A_{0,w} = H(\mathrm{GID}_0)^{\alpha_w}\right\}_{w=1,2,\cdots,W}$ 作为自身的匿名密钥，其中 GID_0 是加密者的身份。并随机选择 $\beta \leftarrow Z_N$，生成一个伪身份 $P_0 = H(\mathrm{GID}_0)^{\beta}$。随后将 P_0 发送给 Bob。最后，Alice 进行属性加密操作，并计算

$$K_{0,A_C} = e\left(\prod_{w=1}^{W} A_{0,w}^{\beta}, H(l)\right)_{l \in A_C}。$$

每个属性服务器 AA_w 针对 Bob 所拥有的每一个属性 l 会为其发送属性密钥 $K_{l,\mathrm{GID}}$，其中包含 $H(l)^{\alpha_w}$，$l \in A_C$。Bob 从云端请求数据前计算 $K_{0,A_U} = e\left(\prod_{w=1}^{W} H(l)^{\alpha_w}, P_0\right)_{l \in A_U}$，云端在验证 $K_{0,A_U} = K_{0,A_C}$ 以后，Bob 才能得到相关的密文数据。

6.4.3　访问结构的隐私性分析

Alice 在加密时计算 K_{0,A_C} 其实就是为了隐藏原始访问结构里面的属性信息。

用集合 K_{0,A_C} 中的 $\mathrm{scm}_{\mathrm{attr}_x} \in K_{0,A_C}$ 代替原始访问结构 $\varGamma$ 中叶子节点上的属性 attr_x，从而隐藏原始 $\varGamma$ 中的属性信息，图 6.1 为属性隐藏操作前后访问树的变化，图中属性 attr_x 分别为 $u, v, w, \cdots, y$。

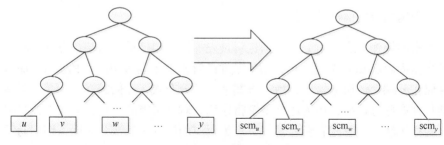

图 6.1　访问树变化

6.5　本　章　小　结

本章在保证数据安全性的基础上，提出了保护加解密者身份信息和访问结构中的属性信息的模型。该模型保留了 FDCloudSM 模型的分布式云存储的优点：数据安全性、鲁棒性、多属性授权服务器模式、无可信中心的完全分布式云存储模式等。本章在加密之前对加密者的身份信息进行了预处理，生成一个伪身份，为了用户正确解密而引入了一个密钥协商协议。对于加密时可能泄露的访问结构中的属性信息，本章对访问结构树进行了不可逆处理，隐藏了其中的属性信息，使得攻击者无法获得真实的属性信息。本章在原有数据机密性得到保障的基础上，加入了身份的匿名隐私保护和访问结构隐藏功能，实现了对加解密双方身份信息和访问结构的隐私保护。可以说，本章的方案很好地实现了数据内容、身份信息、访问结构三方面的隐私保护。

参 考 文 献

[1] Sahai A, Waters B. Fuzzy identity-based encryption[C]. Annual International Conference on the Theory and Applications of Cryptographic Techniques, 2005: 457-473.

[2] Shamir A. Identity-based cryptosystems and signature schemes[C]. Workshop on the Theory and Application of Cryptographic Techniques, 1984: 47-53.

[3] Boneh D, Franklin M. Identity-based encryption from the Weil pairing[C]. Annual International Cryptology Conference, 2001: 213-229.

[4] 徐丽娟. 基于身份密码体制的研究及应用[D]. 济南：山东大学硕士学位论文, 2007.

[5] 禹勇, 李继国, 伍玮, 等. 基于身份签名方案的安全性分析[J]. 计算机学报, 2014, (5): 1025-1029.

[6] Neela T J, Saravanan N. Privacy preserving approaches in cloud: A survey[J]. Indian Journal of

Science and Technology, 2013, 6(5): 4531-4535.

[7] Wang C, Wang Q, Ren K, et al. Privacy-preserving public auditing for data storage security in cloud computing[C]. INFOCOM, 2010: 1-9.

[8] Wang C, Chow S S M, Wang Q, et al. Privacy-preserving public auditing for secure cloud storage[J]. IEEE Transactions on Computers, 2013, 62(2): 362-375.

[9] Zhou M, Mu Y, Susilo W, et al. Privacy-preserved access control for cloud computing[C]. The 10th International Conference on Trust, Security and Privacy in Computing and Communications, 2011: 83-90.

[10] Rahaman S M, Farhatullah M. PccP: A model for preserving cloud computing privacy[C]. International Conference on Data Science and Engineering, 2012: 166-170.

[11] Sayi T, Krishna R K N S, Mukkamala R, et al. Data outsourcing in cloud environments: A privacy preserving approach[C]. The 9th International Conference on Information Technology: New Generations, 2012: 361-366.

[12] Chadwick D W, Fatema K. A privacy preserving authorisation system for the cloud[J]. Journal of Computer and System Sciences, 2012, 78(5): 1359-1373.

[13] Greveler U, Justus B, Loehr D. A privacy preserving system for cloud computing[C]. The 11th International Conference on Computer and Information Technology, 2011: 648-653.

[14] Kate A, Zaverucha G, Goldberg I. Pairing-based onion routing[C]. International Workshop on Privacy Enhancing Technologies, 2007: 95-112.

[15] Koo D, Hur J, Yoon H. Secure and efficient data retrieval over encrypted data using attribute-based encryption in cloud storage[J]. Computers and Electrical Engineering, 2013, 39(1): 34-46.

[16] Lin H, Tzeng W. A secure decentralized erasure code for distributed networked storage[J]. IEEE Transactions on Parallel and Distributed Systems, 2010, 21(11): 1586-1594.

第三部分　数据完整性审计

　　随着云计算的发展和大数据时代的到来,普通用户对于海量数据的存储变得非常困难。幸好在云计算环境中,用户可以不必购买设备,而把自己的数据存储在云服务器中,按需享受云服务提供商提供的应用与服务。因此,云存储不仅作为云计算的支撑迅速发展,而且单独的云存储服务也获得长足的进步。

　　在云计算环境中,当用户上传自己的数据到云服务器后,就失去了对数据的完全控制。用户需要一定的措施检测自己数据的完整性,进而能确切证明是否需要云服务提供商负责。最直接的方法是下载所有的数据进行检查,但这显然将花费大量的带宽和资源。而远程数据审计无须服务器返回整个文件就能进行完整性审计,从而提高系统带宽吞吐的效率。本部分专注于远程数据完整性审计,提出了几种远程数据完整性审计方案。第7章在第3章的基础上,设计实现一种分布式云存储环境下的数据完整性审计协议;第8章针对以智能手机为代表的移动设备,设计一种基于隐私保护的支持公众审计的数据完整性审计方案;第9章基于数据完整性审计模型,为云用户存储数据提出一个安全存储协议;第10章构造门限结构的支持群体协作的基于属性加密(GO-ABE)方案,并提出利用 GO-ABE 方案构造的适用于医疗云环境的支持远程数据完整性审计的安全存储协议;第11章在假定存在恶意用户的前提下,利用改进的动态云存储的存储结构,构造基于身份的不可否认的动态数据完整性审计方案。

第7章 分布式云存储环境下的数据完整性审计协议

在云计算环境中，用户把自己大量涉及隐私的数据存储在云服务器中，云服务提供商能否保证系统的鲁棒性和数据的完整性是用户关心的重要问题。用户需要一定的措施检测自己数据的完整性，以防止恶意攻击者或者云服务提供商因商业利益而篡改自己长期不访问的数据。远程数据完整性审计是其中一种重要的检测手段。本章在第3章的基础上，结合分布式云存储技术和加密技术，设计实现一种数据完整性审计的分布式云存储协议，用以检测用户自己数据的完整性。

7.1 背景及相关工作

在云计算环境中，当用户上传自己的数据到云服务器后，就失去了对数据的完全控制。用户需要一定的措施检测自己数据的完整性，进而能确切证明是否需要云服务提供商负责。最直接的方法是下载所有的数据进行检查，但这显然将花费大量的带宽和资源。而远程数据审计[1]无须服务器返回整个文件就能进行完整性审计，从而提高系统带宽吞吐的效率。研究人员在远程数据审计方面也做出了很多工作。Ateniese 等[2]提出一种远程数据审计协议，用户不用从云服务器下载所有的数据，就能进行数据完整性的审计。Wang 等[3]提出基于公众审计的数据完整性审计方案，但他们没有具体实现保护数据机密性的关键步骤。Du 等[4-6]则在其方案中考虑了数据完整性审计和对恶意服务的检测。Gazzoni Filho 和 Barreto[7]提出了基于 RSA 的散列函数的数据完整性审计协议，该协议可提供远程数据完整性审计。Hao 等[8]提出一种支持数据动态更新和公众审计的方案，但是该方案无法防止云服务器泄露用户的数据内容，且当任何一个数据块受损时，数据都无法恢复。Yang 和 Jia[9]利用索引表(index table)设计了支持动态数据的远程完整性审计方案，Barsoum 和 Hasan[10]把该方案扩展到多副本动态数据的完整性审计。

第3章设计了一种基于门限加密的安全分布式云存储协议，该协议提高了系统的安全性。同时，利用云存储的优势——存储费用的实惠性、资源访问的便捷性、管理数据的专业性等，转移了用户在数据处理上的负担。正是基于这些云存储的优点和用户自身有限的存储空间的缺点，用户把自己的数据上传到服务器后通常会删除本地的副本。这样用户就失去了对数据的完全控制。

当用户把自己的数据委托给云服务器后，通常担心云服务提供商会恶意修改或者删除数据。很多因素会导致云服务提供商不承担保护用户数据的责任。例如，云服务提供商为了节省自己的存储空间和运营费用，会删除那些用户很少访问的数据；服务器运行故障导致用户数据丢失，云服务提供商为了自己的商业信誉和利益而隐瞒该事件；云服务提供商在整体转移服务器数据时，误删用户数据或者把用户数据自动还原为旧版本数据。一方面，云计算是一个由无数个分散的服务器组成的集合，这种外部站点(off-site)模型本身就是不安全和充满风险的，因为这种模型很容易受到恶意实体的攻击[11]。而且云服务器是非完全可信的。另一方面，因为相对云服务提供商而言，用户的能力是有限的，而云服务提供商的能力是近乎无限的，这就需要一个协议能够实现一定程度的平衡制约，所以，需要一个能够验证数据完整性的方法来实现这一制约。远程数据审计是一个有效的方法。Kiani 等[12]提出一种在分布式云存储系统中利用上下文分析数据的方案，但该方案在完整性审计时，数据内容会暴露给第三方。Luo 和 Bai[13]在其方案中引入第三方并利用一个基于 HLA 和 RSA 签名的方法，提出了一个数据完整性审计协议，但这个方案的系统吞吐性能有限，不利于分布式云存储系统的运行。Gohel 和 Gohil[14]提出一个结合元数据(meta data)的完整性审计协议，该协议可以实现远程数据完整性审计的功能，从而防止云服务提供商修改数据。

同样，在第 3 章 Lin 和 Tzeng[15]的方案中除了安全性不够外，他们的方案还有一个不足：该方案需要云服务器完全正确地按照协议执行，不能进行其他额外非法操作。但考虑云服务提供商追逐利益的本性，它还是可能修改或删除用户的数据，这将导致用户无法正确恢复出自己的消息。所以，本章主要针对第 3 章研究工作的不足进行改进。

7.2 分布式云存储环境下的数据完整性审计方案

7.2.1 安全需求

本章方案的安全假设如下：①用户是诚实的，他不会故意向云服务提供商声称获得的正确的完整性审计结果为错误的；②用户是所有相关方中防护能力最脆弱的，所以需要优先保障其利益；③云服务提供商不会和恶意攻击者合作，来获取用户的隐私数据信息。

在以上这些安全假设下，本章还需要考虑攻击者对用户攻击和对云服务器攻击的情形。

1. 对用户的安全

一方面，在本地用户存储系统中，用户因为本身的存储空间、管理数据能力和计算能力等先天性不足而外包自己的数据。同时，也正是这些先天性不足令用户无法抵抗复杂的攻击。考虑到现实中数据的传输是在公开信道进行的，恶意攻击者可以在不被用户发现的情形下就进行攻击，那么用户数据的机密性就显得十分脆弱。恶意攻击者可以在公开信道上获取用户信息并将其进行组合，从而窥探出一些关于用户的隐秘。另一方面，用户数据存储在云服务器中，需要采取一定的措施保证云服务器不能得到关于用户数据的有效信息。

2. 对云服务器的安全

将数据上传至云服务器后，用户可能会因为自身存储空间小等原因而删除本地备份，此时云服务器所存储的用户数据就显得十分重要，所以需要采取一定的冗余技术来保证云服务器存储系统的鲁棒性。此外，旧有的数据存储模式都是将数据集中到某一单一虚拟存储空间或者单一存储服务器，那么恶意攻击者一旦攻破该单一服务器就将获得用户的全部信息。所以，这就需要分开存储用户的信息，以提高云服务器存储系统抵抗恶意攻击者的防护能力。

7.2.2　完整性审计方案描述

远程共享服务器的数据完整性审计已成为关键问题[16]。图 7.1 为本章的远程数据完整性审计协议的概览，数据完整性审计协议系统由两个实体组成，即用户和云服务器。本章提出的数据完整性审计协议如下。

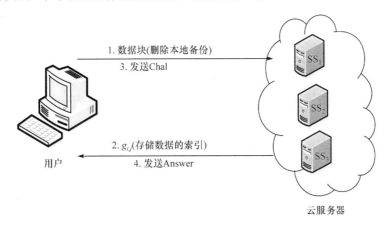

图 7.1　云存储系统的远程数据完整性审计协议

为了实现数据完整性审计，用户应该预处理文件：①消息文件等长切割后，再对其进行公钥加密；②产生每个加密文件块的标签，并将其存储在本地。用户上传数据，删除本地数据备份。云服务器负责存储这些数据块，并返回一个存储索引值 $g_{i,j}$ 给用户。当云服务器收到用户发起的 Chal 挑战值时，云服务器根据 Chal 反馈一个完整性审计值 Answer 给用户。用户根据存在本地的元数据，执行特定 Verify 算法进行审计。一旦云服务提供商修改任何数据块，测试审计结果将为"failure"。如果返回值 Answer 和用户独立计算的值一致，那么审计结果为"success"。

(1) $T_i \leftarrow$ Tag(pk, sk, m)。为了验证数据的完整性，用户需要在本地保存元数据。把消息 M 等长分割成 k 个数据块后，用户就按照下面公式计算每个数据块的标签：

$$T_i = (g^{m_i}) \bmod N$$

其中，$k = \lceil |m|/l \rceil$，l 是每个数据块 M_i 的长度。

(2) Chal $\leftarrow$ Challenge(pk, T_m)。为了让云服务器能够证明它没有修改用户的数据，用户需要选择一个随机的密钥 rkey($1 \leqslant$ rkey $\leqslant 2^{\lambda}-1$)和一个随机的群元素 $g_y = g^y \bmod N$。随后，用户发送(rkey, g_y)给云服务器。

(3) Ans $\leftarrow$ Answer(pk, T_m, m, Chal)。收到(rkey, g_y)后，云服务器通过如下函数计算得出 Ans：

$$\text{Ans} = (g_y)^{\sum_{i=1}^{k} g_{i,j} m_i} \bmod N$$

其中，$g_{i,j}$ 是数据块存储索引。接着，云服务器把 Ans 发送给用户。

(4) {"success", "failure"} $\leftarrow$ Verify(pk, T_m, Chal, Ans)。用户收到 Ans 后，按照如下公式计算 R 和 Ans'：

$$R = \left(\prod_{i=1}^{k} (T_i^{g_{i,j}} \bmod N) \right) \bmod N$$

$$\text{Ans}' = R^y \bmod N$$

如果 Ans'=Ans，那么函数 Verify 输出"success"，否则输出"failure"。

7.2.3　具体方案设计

本章把云服务提供商和云服务器当成相同的实体，并且存储系统依旧由云数据存储服务器和密钥存储服务器构成。图 7.2 为本章系统的概览图。加密的数据块上传到云服务器后，用户删除本地副本。接着，利用密钥存储服务器，用户可以通过公开信道恢复出自己的信息 M。

假设有 k 个来自同一消息文件的数据块 $M_i(i=1,2,\cdots,k)$ 需要存储到 n 个云服务器 SS_i 中。每一个消息块 M_i 经过用户的公钥进行加密后变为 $C_i = E(\text{pk}, M_i)$。用户

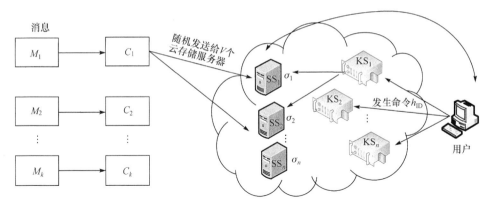

图 7.2　具有安全完整性审计功能的云存储系统

执行 Tag(pk, sk, m)算法，并在本地保留 C_i 所对应的标签 T_i。每一个 C_i 的副本随机发送到云数据存储服务器。SS_i 在收到密文后使用分布式纠删码得到码字 D_i，该码字存储在云数据存储服务器。用户的密钥为 sk=(p, g)，p 是利用拉格朗日插值公式进行分隔，并把分隔后的子秘密随机存储到密钥存储服务器 KS_i。q 是独立由用户保留的秘密参数。

用户向云服务提供商发送一些参数，然后比较云服务提供商的反馈结果和自己独立计算的结果是否一致。如果两种结果不一致，则停止后续的进程。否则，对 k 个数据块进行恢复操作，用户从密钥存储服务器收集部分解密后的数据。最后，用户利用自己独立保存的秘密参数 y 组合恢复出消息 M。

本方案具体共分为三步，如下所述。

(1) 系统设置：生成系统公共参数和用户的密钥对。

① 运行 Gen($1^λ$)生成 $μ$=(N, G_1, G_T, e, g, pk, sk)。

② 同样如 3.4.2 节，等长分割消息 $M ∈ G_2$ 形成数据块 M_i，接着生成该消息 M 的唯一标识：

$$h_{ID} = H(M_1 \| M_2 \| \cdots \| M_k)$$

③ 使用拉格朗日插值公式把用户私钥中的 s=p 分隔为 n 个 s_i，并随机存储到 m 个密钥存储服务器里，以此获得 s_i=$f(i)$：

$$f(z) = \text{ssk} + a_1 z + a_2 z^2 + \cdots + a_{t-1} z^{t-1} (\bmod p), \quad a_1, a_2, \cdots, a_{t-1} ∈_R Z_p$$

④ 生成与数据块 M_i 相一致的密文 C_i：

$$C_i = (\delta_i, \varepsilon_i, \eta_i) = (M_i e(g^x, h_{ID}^q), h_{ID}, g^{r_i}), \quad r_i ∈_R Z_p; \ i=1,2,\cdots,k$$

如同第 3 章方案，本章生成的密文 C_i 也具有同态性。

(2) 数据存储：该步骤与 3.4.2 节的数据存储步骤一致。每一个密文 C_i 随机存储到云服务器，并且每一个云服务器都独立产生与 C_i 相对应的 D_j=($α_j$, $β_j$, h_{ID}, ($g_{1,j}$,

$g_{2,j}, \cdots, g_{k,j})$)。其中，$\alpha_j = \prod\limits_{C_i \in N_j} \eta_i^{g_{i,j}}$ 和 $\beta_j = \prod\limits_{C_i \in N_j} \delta_i^{g_{i,j}}$。

用户执行 Tag(pk, sk, m)算法，并在本地保存 C_i 的标签 T_i。接着，用户执行 Challenge(pk, T_m)算法，得到 Chal 并发送给云服务提供商。

(3) 数据恢复：进行数据恢复操作时，首先用户发起一个挑战 Challenge(pk, T_m) 给云服务提供商，云服务提供商执行算法 Answer(pk, T_m, m, Chal)得到一个 Ans。如果云服务提供商发送给用户的 Ans 与用户独立计算的 Ans′不一致，那么停止后续的数据恢复操作。否则，进行与 3.4.2 节相一致的数据恢复操作。

该步骤所不同的是 h_{ID}^x 的获得过程。用户选择 $\theta_{i_1,j_1}, \theta_{i_2,j_2}, \cdots, \theta_{i_t,j_t}$，并利用以下公式组合其中 t 个 θ_i 并获得 h_{ID}^x：

$$h_{\mathrm{ID}}^p = \prod_{i \in S}(h_{\mathrm{ID}}^{s_i})_{r \in S, r \neq i} \prod \frac{-i}{r-i}, \quad \theta_{i,j} = (\alpha_j, \beta_j, h_{\mathrm{ID}}, h_{\mathrm{ID}}^{s_i}, (g_{1,j}, g_{2,j}, \cdots, g_{k,j}))$$

7.3　性能及安全性分析

7.3.1　完整性审计方案正确性

本章方案假设用户是诚实的，他不会故意声明 Ans 和 Ans′是不一致的。只要云服务提供商不破坏数据，那么云服务提供商就可以通过验证。证明 Ans 和 Ans′ 相等的过程如下：

$$R = \left(\prod_{i=1}^{n}(T_i^{g_{i,j}}) \bmod N\right) \bmod N = \left(\prod_{i=1}^{n}(g^{m_i g_{i,j}}) \bmod N\right) \bmod N = g^{\sum\limits_{i=1}^{n} m_i g_{i,j}} \bmod N$$

与此同时，有

$$\mathrm{Ans}' = R^y \bmod N = g^{y\sum\limits_{i=1}^{n} m_i g_{i,j}} \bmod N = g_y^{\sum\limits_{i=1}^{n} m_i g_{i,j}} \bmod N = \mathrm{Ans}$$

证明完毕。

7.3.2　门限安全性

定理 7.1　如果攻击者获得的 $\theta_{i,j}$ 的数量少于 t，那么他无法得知关于秘密 s 的具体内容。

证明　GF(N)是一个有限域，N 是一个大素数。秘密 s 是一个在有限域 GF(N)\{0} 中的随机数。攻击者拥有 $t-1$ 个 $a_1, a_2, \cdots, a_{t-1}$，其中 $a_i \in \mathrm{GF}(N)\backslash\{0\}(i=1,2,\cdots,t-1)$用于构建 k 次幂多项式 $f(x) = a_0 + a_1 x + a_2 x^2 + \cdots + a_{t-1} x^{t-1}$。

本章分别使用 $KS_1, KS_2, \cdots, KS_n$ 来表示 n 个密钥存储服务器。每个密钥存储服务器 KS_i 分配到子秘密 $f(i)$。如果任何 k 个密钥存储服务器 $KS_{i_1}, KS_{i_2}, \cdots, KS_{i_t}$ $(1 \leqslant i_1 < i_2 < \cdots < i_t \leqslant n)$ 想要获取秘密 s，则它们可以使用 $\{(i_j, f(i_j))| j=1, 2, \cdots, t\}$ 来构建以下线性等式：

$$
\begin{cases}
a_0 + a_1(i_1) + \cdots + a_{t-1}(i_1)^{t-1} = f(i_1) \\
a_0 + a_1(i_2) + \cdots + a_{t-1}(i_2)^{t-1} = f(i_2) \\
\quad\vdots \\
a_0 + a_1(i_k) + \cdots + a_{t-1}(i_k)^{t-1} = f(i_k)
\end{cases}
$$

因为任意两个 $i_l (a < l < k)$ 都是不同的，所以可以通过拉格朗日插值公式得到以下方程：

$$
f(x) = \sum_{j=1}^{t} f(i_j) \prod_{l=1, l \neq j}^{k} \frac{x - i_l}{i_j - i_l} \bmod N
$$

那么，就恢复出了 $s = f(0)$。

密钥存储服务器通过以下公式得到秘密 s：

$$
s = f(0) = (-1)^{t-1} \sum_{j=1}^{t} f(i_j) \prod_{l=1, l \neq j}^{k} \frac{i_l}{i_j - i_l} \bmod N
$$

如果 $t-1$ 个密钥存储服务器想要获得秘密 s，那么它们能够构造出 $t-1$ 个线性等式，但它们有 t 个未知数。为了获得 k 个等式，对于任何一个 $s_0 \in GF(N)$，可以令 $f(0) = s_0$。接着通过拉格朗日方程就能得出 $f(x)$ 的原始公式。对于任何一个 s_0，只有一个满足条件的多项式。所以，在仅仅知道 $t-1$ 个 θ_{ij} 的情况下，攻击者无法获知任何关于秘密 s 的信息。

门限加密的正确性证明完毕。

7.3.3　计算代价

本章考虑 k 个消息块的存储和恢复过程。表 7.1 为本章方案的计算代价。表中的符号定义如下。

Pairing：双线性对运算。

Mep_1：在 G_1 中的标量加法运算。

Mep_2：在 G_T 中的标量乘法运算。

Mul_1：在 G_1 中的加法运算。

Mul_2：在 G_T 中的乘法运算。

F_{p1}：在 $GF(p)$ 中的加法运算。

F_{p2}：在 $GF(p)$ 中的乘法运算。

表 7.1　计算代价

操作	计算代价
消息加密	$k \cdot \text{Pairing} + 3k \cdot \text{Mep}_1 + k \cdot \text{Mul}_2$
标签生成	$k \cdot \text{Mep}_1$
编码	$k \cdot \text{Mep}_1 + k \cdot \text{Mep}_2 + (k-1) \cdot \text{Mul}_1 + (k-1) \cdot \text{Mul}_2$
挑战	$(k-1) \cdot \text{Mul}_1$
回应	$k \cdot \text{Mep}_1 + (k-1) \cdot \text{Mul}_1$
验证	$\text{Mep}_1 + k \cdot \text{Mul}_1$
部分解密	$t \cdot \text{Mep}_1$
消息组合	$k \cdot \text{Pairing} + k \cdot \text{Mul}_2 + O(t^2)F_{p2}$
解码	$k^2 \cdot \text{Mep}_2 + (k-1)k \cdot \text{Mul}_2 + O(1)F_{p1} + O(k^3)F_{p2}$

7.3.4　仿真结果

本章假设用户有 k 个数据块需要上传到服务器并进行完整性审计，仿真分析针对用户与云服务器之间的完整性审计的过程。仿真平台的双线性对库(版本0.5.12)、SHA-1 的安全散列算法、MNT 曲线以及软件和硬件条件等与第 3 章仿真条件一致。表 7.2 和表 7.3 分别考察不同数据分块长度但同一消息长度以及不同消息长度但同一数据分块长度对数据完整性审计协议计算代价的影响。表 7.2 的仿真是在消息长度为 1Mbit 的条件下进行的，表 7.3 的仿真是在数据分块长度为 2^{15} bit 的条件下进行的。

表 7.2　不同数据分块长度但同一消息长度对数据完整性审计协议计算代价的影响

数据块长度/bit	用户运行时间/ms	云服务器运行时间/ms
2^{15}	553.27	623.43
2^{16}	212.35	1362.25
2^{17}	132.21	2135.26
2^{18}	102.72	4035.72

表 7.3　不同消息长度但同一数据分块长度对数据完整性审计协议计算代价的影响

消息长度/Mbit	用户运行时间/ms	云服务器运行时间/ms
1	556.24	612.41
2	676.55	603.21
3	723.32	582.25
4	1225.71	615.25

7.4　本　章　小　结

本章针对第 3 章方案的不足做出了相应改进。同样针对分布式云存储环境中的不可信服务器，利用乘法同态公钥加密算法实现了消息的隐私保护；接着，实现了数据的完整性保护；最后，针对本章所提出的方案进行了安全性、计算代价等分析。

参 考 文 献

[1] Deswarte Y，Quisquater J J, Saïdane A. Remote Integrity Checking[M]. Berlin: Springer, 2004.

[2] Ateniese G, Burns R C, Curtmola R, et al. Provable data possession at untrusted stores[C]. Proceedings of the 14th ACM Conference on Computer and Communications Security, 2007: 598-609.

[3] Wang C, Chow S S M, Wang Q, et al. Privacy-preserving public auditing for secure cloud storage[J]. IEEE Transactions on Computers, 2013, 62(2): 362-375.

[4] Du J, Wei W, Gu X, et al. RunTest: Assuring integrity of dataflow processing in cloud computing infrastructures[J]. ACM Symposium on Information, 2010, 13(11): 293-304.

[5] Du J, Shah N, Gu X. Adaptive data-driven service integrity attestation for multi-tenant cloud systems[C]. Proceedings of the 9th International Workshop on Quality of Service, 2011: 29-38.

[6] Du J, Gu X, Yu T. On verifying stateful dataflow processing services in large-scale cloud systems[C]. Proceedings of the 17th ACM Conference on Computer and Communications Security, 2010: 672-674.

[7] Gazzoni Filho D L, Barreto P S L M. Demonstrating data possession and uncheatable data transfer[J]. IACR Cryptology ePrint Archive, 2006: 150-162.

[8] Hao Z, Zhong S, Yu N. A privacy-preserving remote data integrity checking protocol with data dynamics and public verifiability[J]. IEEE Transactions on Knowledge and Data Engineering, 2011, 23(9): 1432-1437.

[9] Yang K, Jia X. An efficient and secure dynamic auditing protocol for data storage in cloud computing[J]. IEEE Transactions on Parallel and Distributed Systems, 2013, 24(9): 1717-1726.

[10] Barsoum A F, Hasan M A. Provable multicopy dynamic data possession in cloud computing systems[J]. IEEE Transactions on Information Forensics & Security, 2015, 10(3): 485-497.

[11] Fernandes D, Soares L, Gomes J, et al. Security issues in cloud environments: A survey[J]. International Journal of Information Security, 2013, 5(2): 1-58.

[12] Kiani S L, Anjum A, Bessis N, et al. Energy conservation in mobile devices and applications: A case for context parsing, processing and distribution in clouds[J]. Mobile Information Systems, 2013, 9(1): 1-17.

[13] Luo W, Bai G. Ensuring the data integrity in cloud data storage[C]. IEEE International Conference on Cloud Computing and Intelligence Systems, 2011: 240-253.

[14] Gohel M R, Gohil B N. A new data integrity checking protocol with public verifiability in cloud storage[C]. IFIP International Conference on Trust Management, 2012: 240-246.

[15] Lin H, Tzeng W. A secure decentralized erasure code for distributed networked storage[J]. IEEE Transactions on Parallel and Distributed Systems, 2010, 21(11): 1586-1594.

[16] Ateniese G, Burns R C, Curtmola R, et al. Remote data checking using provable data possession[J]. ACM Transactions on Information and System Security, 2011, 14(1): 12.

第8章　支持公众审计的数据完整性审计

相对云服务提供商而言，用户(特别是移动设备用户)在上传自己的数据后，就处于相对弱势的地位。这就需要引入第三方的监督来实现对云用户数据的审计，进而保障云用户的利益。相对第三方而言，云用户把自己的数据委托给第三方进行完整性审计时，又不希望第三方知道自己数据的具体内容。同时，大量云用户又产生大量的审计委托需求，因而系统就需要提高其审计的效率。因而，本章针对移动设备产生大量的审计需求，提出一个在分布式云存储环境下实现批量公众审计功能的数据完整性审计协议。

8.1　背景及相关工作

移动设备因为存储空间、计算能力以及电池容量的有限性，难以实现大容量的数据存储和复杂计算。而云计算有着近乎无限的存储空间和计算能力，且云计算可以通过共享自身的软件和硬件资源的方式为那些有需求的计算机或设备提供付费服务。所以，二者很自然地形成互补。同时，移动设备的爆炸式增长，使得其影响范围和深度都产生质变并让云计算的应用更加具有广阔的前景。这就产生一门新的研究领域——移动云(mobile cloud)[1-6]。

在移动云中，移动云用户需要外包自己的数据，来弥补本地存储空间的不足并能随时访问自己的数据。但云服务提供商是不完全可信的，相对用户而言，它是一个强大的相关利益方，二者能力相差巨大。移动用户需要使用云服务，但又不能放心使用。这就需要引入一个第三方来平衡二者能力之间的悬殊。针对这种悬殊，第三方需要保证自身的公正和可信，并且可以针对用户的数据进行审计，以此分担用户的审计压力。

Yao 等[7]提出了一个分布式网络完整性审计协议，但是它不支持批量审计。Yang 等[8]提出了一种含有容错移动代理执行算法，以此来提高系统的审计性能，但该方案未具体实现数据的机密性保护功能。Jung 等[9]提出了一种可以决定用户如何以及何时共享带宽的分布式数据处理策略，但该方案不提供隐私保护功能。此外，消息的传输渠道处在一个公开的网络环境，所以传输过程面临着被攻击的风险。这就需要相应的隐私保护策略。Wang 等[10]利用双线性对的性质，提出了第一个批量审计的方案，该方案利用零知识协议加强了系统隐私保护的能力，然而该方案的系统吞吐性能有限。同时，一些支持公开审计的远程数据完整性审计方案[11-13]也被陆续提出来，在这些方案中，移动云用户可以通过可信第三方审计存储在云端数据的完整性，适用于移动云存储环境。

第 7 章的方案是在无中心的分布式云存储系统中实现远程数据审计的功能。通过该完整性审计协议，提高云用户和云服务提供商两个实体之间的交互安全性。但第 7 章却未考虑到云用户承担的自身的数据审计压力，尤其是当该云用户有大量的成批次的数据需要审计时，将严重影响云用户对云服务系统的体验。所以需要一定的措施来解决云用户自身大量的审计需求和有限的计算能力之间的矛盾。这个问题在超大数量的移动设备上显得尤为突出。

移动云被视为移动计算和云计算的结合体。移动设备的计算能力和存储空间有限，却有灵活终端的优越性。云计算有着近乎无穷的计算能力和存储空间，却不具有便携性。这些因素就导致了移动计算和云计算具有极强的互补性。在移动云中，移动设备可以利用云计算的按需服务等特点减轻自己管理数据的负担，如外包耗时的计算任务，以此延长自身的电池使用周期。

移动云有其自身的特点：

(1) 移动性。移动设备方便携带，能够提供基于位置的服务。

(2) 感知性。能获取周围环境的信息(温度、湿度等)或人体信息(血压、脉搏等)。

(3) 应用的丰富性。数以亿计的应用程序及其大量相对应的应用数据，如小块的数据和连续流文件。

(4) 用户的多样性。移动云用户的丰富性已经远远超过传统的云，移动云用户包括人、机器设备和应用程序，尤其是移动应用程序及感知设备。

(5) 数据动态性。用户需要实时连接云中心，修改原始数据或生成新的数据，甚至访问正在修改中的数据流。

(6) 低电量性。目前所有的移动设备电量都是有限的，多以 mA 为单位。同时，移动云设备无法保证任何时刻都有电源可以连接，所以它需要用有限的电量来完成预定的计算和通信任务。

(7) 实时在线。移动设备的便捷性很大程度是因为其能够保持实时在线性，并获得多样化、定制化的云服务。

(8) 带宽的差异性。网络异构性带来不同的带宽，如何解决移动设备的实时连接，保证通信服务的质量是至关重要的。

在第 7 章中，一方面，云用户需要自己解决自身繁重的审计任务以达到验证自身数据完整性的目的。而且，云服务提供商与云用户之间的资源和能力相差巨大，对云服务提供商又缺乏监督。为了解决这个问题，就需要引入公正的第三方来弥补这种差距,实现良好云服务体验和数据完整性审计任务的平衡。另一方面，在分布式云存储网络中，数据任务的传输不再是一个接着一个地进行，而是并发地按批次进行，这就导致数据的审计任务也可以是并发的。

有一个简单方案就是对数据进行散列验证，该方案对大量数据的完整性审计十分高效，利用这种方案的实质就是用散列值来代表整个用户的数据消息。这种做法存在两个不足：①云服务提供商如果预先保留整个原始消息的散列值，用户在要求进行完整性审计时就可能收到不是最新状态下消息的散列值；②散列值的算法通常是公开的，难以保密，而隐私保护的关键诉求就是保证用户隐私敏感信息在交互过程中不被泄露，但该方案明显会导致用户的隐私泄露。一些学者通过密文搜索[14-16]、流量填充[17]、动态重加密[18]等技术完善了移动云中用户的隐私保护问题，但这些方案都忽视了云服务提供商对用户数据恶意篡改的问题。

移动云用户和云服务提供商作为不同的实体，二者本身就存在一个互信的问题。当移动云用户上传了自己的数据并删除本地备份数据后，这就意味着数据的掌控权主要归云服务提供商所有，而云服务提供商是一个非充分可信的实体。所以，需要完整性审计协议来保障移动云用户的数据不被云服务提供商篡改。

8.2　支持公众审计的数据完整性审计方案

图 8.1 为本章完整性隐私保护协议的概览。本章考虑三种实体参与者，分别为移动云、移动云用户和第三方审计者(third part auditor，TPA)。其中移动云是由数据存储服务器和密钥存储服务器组成的。TPA 负责解决用户审计任务的需求，其目的是检查云服务提供商是否修改用户的数据。用户大规模的数据会产生大量的完整性审计需求。为了减轻移动云用户的计算负担，用户需要依靠一个独立的第三方来实现公正的审计。

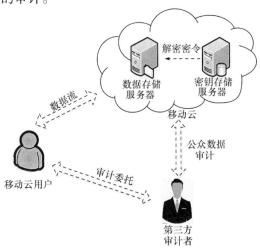

图 8.1　支持公众审计的云存储系统

8.2.1 公众审计

本章公众审计协议的具体步骤如下。

(1) $T_i \leftarrow$ Tag(pk, sk, m)：为了验证数据的完整性，移动云用户在本地保存关于已上传的消息文件的元数据。消息同样被等长分割处理为 k 个。用户按照如下公式计算每一块的标记：

$$T_i = (H(W_i)g^{m_i})^q \in G_1$$

其中，$W_i = h_{\text{ID}} \| (i, j)$，$h_{\text{ID}}$、$(i, j)$ 分别为 M 的标识符。

(2) Chal $\leftarrow$ Challenge(pk, T)：TPA 向服务器发送一个挑战值，选择一个随机数 i 和 $[1, n]$ 中的子集 $I = s_1, s_2, \cdots, s_c$，接着发送 Chal $\leftarrow (i, v_i)$ 给移动云。

(3) Ans $\leftarrow$ Answer(pk, T, m, Chal)：收到 Chal 后，云服务器使用以下函数获得一个 Ans 值：

$$\text{Ans} = r + \gamma\mu' \bmod N \text{ 以及 } T = \prod_{i \in I} T_i^{v_i}$$

其中，$\gamma = h(e(u, v)^r)$，$T_i = (H(W_i)g^{m_i})^q \in G_1$，$\mu' = v_i m_i$。

(4) {"success", "failure"} $\leftarrow$ Verify(pk, T, Chal, Ans)：当 TPA 收到 {Ans, T, R} 后，它独立按照以下公式计算 $h(e(u, v)^r)$ 并进行验证：

$$Re(T^\gamma, g) = e\left(\left(\prod_{i=s_1}^{s_c} H(W_i)^{v_i}\right)^\gamma u^{\text{Ans}}, v\right) \tag{8.1}$$

如果式(8.1)正确，那么函数 Verify 输出 "success"，否则输出 "failure"。其正确性证明如下：

$$Re(T^\gamma, g)$$

$$= e(u, v)^r e\left(\left(\prod_{i=s_1}^{s_c} (H(W_i)u^{m_i})^{xv_i}\right)^\gamma, g\right)$$

$$= e(u^r, v)e\left(\left(\prod_{i=s_1}^{s_c} (H(W_i)^{v_i}u^{v_i m_i})\right)^\gamma, g\right)^x$$

$$= e(u^r, v)e\left(\prod_{i=s_1}^{s_c} (H(W_i)^{v_i})^\gamma u^{\mu'\gamma}, v\right)$$

$$= e\left(\left(\prod_{i=s_1}^{s_c} H(W_i)^{v_i}\right)^\gamma u^{\mu'(\gamma+r)}, v\right)$$

$$= e\left(\left(\prod_{i=s_1}^{s_c} H(W_i)^{v_i}\right)^{\gamma} u^{\text{Ans}}, v\right)$$

8.2.2 安全公众审计系统

本章方案的总体存储系统采用第 7 章的分布式云存储主体架构。

令消息 M 等长分割成 k 个消息块 $M_i(i=1,2,\cdots,k)$。用户利用公钥加密 M_i 形成密文 $C_i=E(g^p, M_i)$。用户计算每个数据块标签 Tag(pk, sk, m) 并将其存储在本地。每一个 C_i 都随机存储在 v 个数据存储服务器上,数据存储服务器对其进行分布式纠删码编码。用户的密钥为 sk=(ssk, q),其中 ssk=p 分割成子秘密后存储在密钥存储服务器 KS_i 上。q 为用户独立保管的秘密参数。在通过 TPA 的完整性审计后,用户才会对密钥存储服务器发出数据恢复指令,进行数据恢复操作。

本章整体方案共分为如下三步。

(1) 系统设置:生成系统公共参数和用户的密钥对。

① 运行 Gen(1^λ) 生成 μ=(N, G_1, G_T, e, g, pk, sk)。

② 等长分割消息 $M \in G_T$ 形成数据块 M_i,并接着生成该消息 M 的唯一标识

$$h_{\text{ID}} = H(M_1 \| M_2 \| \cdots \| M_k)$$

③ 使用拉格朗日插值公式把用户私钥中的 $s=p$ 分割为 n 个 s_i,并将其存储在 m 个密钥存储服务器里,这样获得 $s_i=f(i)$:

$$f(z) = \text{ssk} + a_1 z + a_2 z^2 + \cdots + a_{t-1} z^{t-1} (\text{mod } p)$$

其中,$a_1, a_2, \cdots, a_{t-1} \in_R Z_p$。

④ 生成与数据块 M_i 相一致的密文 C_i:

$$C_i = (\delta_i, \varepsilon_i, \eta_i) = (M_i e(g^p, h_{\text{ID}}^{rq}), h_{\text{ID}}, g^{r_i})$$

其中,$r_i \in_R Z_p$, $i=1,2,\cdots,k$。

(2) 数据存储:该步骤与 3.3.2 节的数据存储步骤一致。每一个密文 C_i 随机存储到云服务器,每一个云服务器都独立产生与 C_i 相对应的 D_j。其中,$\alpha_j = \prod_{C_i \in N_j} \eta_i^{g_{i,j}}$,

$\beta_j = \prod_{C_i \in N_j} \delta_i^{g_{i,j}}$。

(3) 数据恢复:移动云用户外包完整性审计任务给 TPA,云服务提供商对 TPA 发起的 Challenge(pk, T_m) 产生一个应答 Answer(pk, T_m, m, Chal)。如果 Verify 输出结果为 "failure",那么停止数据恢复操作。否则,执行与 7.2.3 节相一致的数据恢复过程。

8.2.3 公众批量审计功能

移动云用户具有多样性、感知性和实时保持在线等特性,所以其数据几乎是

不间断产生的，这就产生大量的审计任务。如果能实现批量审计功能，那么必将降低很多通信开销和改善移动云用户的服务体验。本章假设 k 个用户拥有 k 个文件需要审计，所以前文的密钥对(sk, pk)就变为(sk_k, pk_k)，其中 k 是不同用户的编号。同理，Ans 与 T 分别修改为 $\mathrm{Ans}_k = r_k + \gamma_k \sum_{i=s_1,j=1}^{s_c,k} v_{ij} m_{k,ij} \bmod N$ 以及 $T_k = \prod_{i \in I} T_{k,ij}^{v_{ij}}$，其中$(k, ij)$表示第 k 个移动云用户在存储矩阵中的 $g_{i,j}$ 数据块。

TPA 审计过程如下：

$$Re\left(\prod_{k=1}^{K} T_k^{\gamma_k}, g\right) = \prod_{k=1}^{K} e\left(\left(\prod_{i=s_1}^{s_c} (H(W_{k,i})^{v_i})\right)^{\gamma_k} u^{\mathrm{Ans}_k}, v_k\right)$$

展开为

$$Re\left(\prod_{k=1}^{K} T_k^{\gamma_k}, g\right) = R_1 R_2 \cdots R_K \prod_{k=1}^{K} e(T_k^{\gamma_k}, g)$$

$$= \prod_{k=1}^{K} e\left(\left(\prod_{i=s_1}^{s_c} (H(W_{k,i})^{v_i})\right)^{\gamma_k} u^{\mathrm{Ans}_k}, v_k\right)$$

余下的公式展开如式(8.1)所示。那么 TPA 利用批量审计功能，就把原先 $2K$ 次的双线性对运算降低到 $K+1$ 次。

8.3　性能及安全性分析

本节分析计算代价、存储正确性、隐私保护性以及审计效率性能。在本章中，隐私保护意味着即使攻击者窃听 TPA 和用户之间的数据传输信道，也无法获知用户的具体内容。

8.3.1　计算代价

在本章中，计算代价主要包括以下运算：在 G_1 和 G_T 上的标量乘法和标量加法、在 G_1 和 G_T 上的乘法运算和加法运算、双线性对运算以及散列运算。分别使用以下符号来表示这些运算：Mep_1、Mep_2、Mul_1、Mul_2、Pairing、Hash、F_{p1} 及 F_{p2}。表 8.1 为本章方案的计算代价。

表 8.1　计算代价

操作	计算代价
消息加密	$k \cdot \text{Pairing} + 3k \cdot Mep_1 + k \cdot Mul_2$
标签生成	$k \cdot Mep_1 + k \cdot Mul_1$

续表

操作	计算代价
编码	$k \cdot \text{Mep}_1 + k \cdot \text{Mep}_2 + (k-1) \cdot \text{Mul}_1 + (k-1) \cdot \text{Mul}_2$
挑战	$O(1)F_{p1}$
应答	$1 \cdot \text{Hash} + 1 \cdot \text{Mul}_1 + 1 \cdot \text{Pairing}$
验证	$1 \cdot \text{Hash} + 2 \cdot \text{Mep}_1 + 1 \cdot \text{Mul}_1 + 1 \cdot \text{Mul}_2 + 2 \cdot \text{Pairing}$
部分解密	$t \cdot \text{Mep}_1$
消息组合	$k \cdot \text{Pairing} + k \cdot \text{Mul}_2 + O(t^2)F_{p2}$
解码	$k^2 \cdot \text{Mep}_2 + (k-1)k \cdot \text{Mul}_2 + O(1)F_{p1} + O(k^3)F_{p2}$

各运算含义如下。

Pairing：双线性对运算。

Hash：散列运算。

Mep_1：在 G_1 中的标量加法运算。

Mep_2：在 G_T 中的标量乘法运算。

Mul_1：在 G_1 中的加法运算。

Mul_2：在 G_T 中的乘法运算。

F_{p1}：在 GF(p)中的加法运算。

F_{p2}：在 GF(p)中的乘法运算。

8.3.2 存储正确性

定理 8.1 如果 Verify 输出的结果为 "success"，那么就存在一个提取者可以恢复出用户数据。

证明 如同文献[10]，云服务器被视为攻击者，提取者控制一个随机预言模型 $h(\cdot)$，该随机预言模型通过云服务器可对提取者发起的散列查询进行应答。提取器利用查询值 R，得到其对应的随机预言模型输出的 $\gamma=h(R)$，然后云服务器返回一个值 $P=(\text{Ans}, T, R)$。提取者退回到随机预言机输出 $\gamma=h(R)$ 的时刻。提取者输出 $\gamma^*=h(R)$ 并令 $\gamma^* \neq \gamma$。云服务器则返回相对应的证明 $P^*=(\text{Ans}^*, T, R)$。提取者利用 $\text{Ans} = r + \gamma\mu'$ 和 $\text{Ans}^* = r + \gamma^*\mu'$，就能得到 $\{T, \mu'=(\mu-\mu^*)/(\gamma-\gamma^*)\}$。根据文献[19]的定理 4.2，提取者就可以完整地恢复出数据。

8.3.3 隐私保护性

用户委托审计任务给 TPA，希望 TPA 进行公众审计的同时，却不能知道他们数据的具体内容。本章的方案使用零知识证明协议来保护用户的隐私，即在验证过程中，第三方将不能得到任何有关用户的数据信息。

在 Answer 的应答阶段，响应消息 Ans=$r+h(R)\mu'$ mod N 加入秘密散列 $h(R)$。因为攻击者不能计算 $h(R)$，所以用户数据块就具有隐私保护的特性。同时，在标签 Ans 中加入了随机数，因此提高了目标数据块标签的隐私性，即 TPA 无法获得用户的数据块的详细信息。

为了抵抗云服务器和密钥存储服务器之间的共谋攻击，本章还使用一个秘密参数 q 以抵抗恶意攻击者通过公开数据传输信道而获取用户解密后的数据块。

8.3.4　仿真结果

本章仿真平台基于双线性对库(版本 0.5.12)[20]，仿真环境的详细参数如表 8.2 所示。假设用户有 k 个数据块需要上传到服务器以及进行完整性审计。实验选择 $|p|$=512bit、$|v_i|$=80bit 以及 160bit 长度的嵌入次数为 6 的 *MNT* 曲线。散列函数选择 SHA-1 安全散列算法[21]。

表 8.2　仿真环境详细参数

系统	Ubuntu 10.10
CPU	Intel Core i5 2310
内存	4GB RAM
硬盘	500GB，5400r/min
程序语言	C

考虑一个比较复杂的情况：用户拥有 200 个数据样本块需要上传和审计。本方案的云服务器的响应时间是 324ms，TPA 计算时间是 212ms，图 8.2 显示了少于 200 个样本数据块的批量审计和单个任务审计的时间开销，其中 ts 为审计任务的数量。

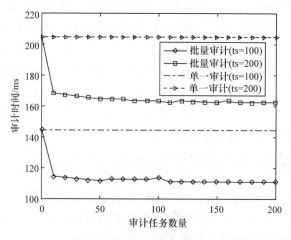

图 8.2　在不同的审计任务下批量审计和单一审计的性能对比

8.4　本　章　小　结

本章提出了一个分布式云存储的安全公众审计协议，通过该协议可以有效提高 TPA 的审计效率。方案利用用户的公钥预先加密待上传的数据，减少了移动用户的加密计算量。此外，本章还利用门限加密技术来提高系统的机密性和鲁棒性。最后，仿真实验证明，该协议能有效降低审计的计算量，提高系统运行的效率。

参 考 文 献

[1] Sanaei Z, Abolfazli S, Gani A, et al. Heterogeneity in mobile cloud computing: Taxonomy and open challenges[J]. Communications Surveys and Tutorials, 2014, 1(5): 369-392.

[2] Dev D, Baishnab K L. A review and research towards mobile cloud computing[C]. IEEE International Conference on Mobile Cloud Computing, Services, and Engineering (Mobile Cloud), 2014: 252-256.

[3] Khan A R, Othman M, Madani S A, et al. A survey of mobile cloud computing application models[J]. Communications Surveys and Tutorials, 2014, 16(1): 393-413.

[4] Garg P, Sharma V. An efficient and secure data storage in mobile cloud computing through RSA and hash function[C]. International Conference on Issues and Challenges in Intelligent Computing Techniques, 2014: 334-339.

[5] Qi Q, Liao J, Cao Y. Cloud service-aware location update in mobile cloud computing[J]. Communications, 2014, 8(8): 1417-1424.

[6] Al Rassan I, Alshaher H. Securing mobile cloud computing using biometric authentication (SMCBA) [C]. International Conference on Computational Science and Computational Intelligence, 2014: 157-161.

[7] Yao C, Xu L, Huang X. A secure cloud storage system from threshold encryption[C]. IEEE International Conference on Intelligent Networking and Collaborative Systems, 2013: 541-545.

[8] Yang J, Cao J, Wu W, et al. Efficient algorithms for fault tolerant mobile agent execution[J]. International Journal of High Performance Computing and Networking, 2009, 6(2): 106-118.

[9] Jung E, Wang Y, Pirilepov I, et al. User-profile-driven collaborative bandwidth sharing on mobile phones[C]. Proceedings of the 1st ACM Workshop on Mobile Cloud Computing and Services: Social Networks and Beyond, 2010: 2-18.

[10] Wang C, Chow S S M, Wang Q, et al. Privacy-preserving public auditing for secure cloud storage[J]. IEEE Transactions on Computers, 2013, 62(2): 362-375.

[11] Kim D, Kwon H, Hahn C, et al. Privacy-preserving public auditing for educational multimedia data in cloud computing[J]. Multimedia Tools and Applications, 2016, 75(21): 13077-13091.

[12] Jin H, Jiang H, Zhou K. Dynamic and public auditing with fair arbitration for cloud data[J]. IEEE Transactions on Cloud Computing, 2018, 6(3): 680-693.

[13] Zhang J, Dong Q. Efficient ID-based public auditing for the outsourced data in cloud storage[J].

Journal of Clinical Ultrasound, 2016, 6(6): 1-14

[14] Ananthi S, Sendil M S, Karthik S. Privacy preserving keyword search over encrypted cloud data[C]. Advances in Computing and Communications, 2011: 480-487.

[15] Hu H, Xu J, Ren C, et al. Processing private queries over untrusted data cloud through privacy honomorphism[C]. The 27th International Conference on Data Engineering, 2011: 601-612.

[16] Gao N, Wang C, Li M, et al. Privacy-preserving multi-keyword ranked search over encrypted cloud data[J]. IEEE Transactions on Parallel and Distributed Systems, 2014, 25(1): 222-233.

[17] Zhang G, Yang Y, Yuan D, et al. A trust-based noise injection strategy for privacy protection in cloud[J]. Software: Practice and Experience, 2012, 42(4): 431-445.

[18] Tysowski P K, Hasan M A. Re-encryption-based key management towards secure and scalable mobile applications in clouds[J]. IACR Cryptology ePrint Archive, 2011: 672-683.

[19] Shacham H, Waters B. Compact proofs of retrievability[C]. Advances in Cryptology—ASIACRYPT 2008: 90-107.

[20] Lynn B. PBC Library—The Pairing-Based Cryptography[EB/OL]. http://crypto.stanford.edu/pbc [2018-5-9].

[21] NIST. Federal Information Processing Standards Publication 180-4. Secure Hash Standard(SHS)[S]. Gaithersburg: NIST, 2015.

第9章　支持完整性审计的安全存储协议

在云存储网络环境中，数据的安全性和完整性是用户最关心的问题之一。现有的云存储方案缺乏对云存储网络环境特性的考虑，没有尽可能地降低服务器的通信开销和存储开销，缺少安全协议保障用户数据的安全性。针对上述不足，本章基于可证明数据持有(provable data possession, PDP)模型，提出一种适用于云存储的安全存储协议(secure store protocol, SSP)，该协议可以有效地验证云存储数据的完整性，并抵抗恶意服务器欺骗和恶意客户端攻击，从而提高整个云存储系统的可靠性和稳定性，仿真实验数据表明该协议以较低的存储、通信及时间开销实现了数据的完整性保护。

9.1　背景及相关工作

近年来，数据存储的安全性[1]和完整性[2]是云计算环境下的研究热点。在传统存储系统[3,4]的基础上，结合云计算的网络环境，开始研究适合云存储的安全存储方案。如 Chen 等[5]提出了一种安全的存储框架，Srinivas 和 Kumar[6]用动态令牌的方式实现了数据的安全传输。

同时，能够提供数据完整性审计的存储方案吸引了人们的关注。常见的方案是基于挑战和应答的方法，由客户端提出挑战某些数据块，服务器来生成数据完整性的证据，最后由客户端来判断结果，如 Ateniese 等提出了 PDP 模型[7-13]，但该模型没有考虑数据在传输过程中的安全性。

Zhu 等[14]还提出了一种分层混合云模型，能有效利用不同云服务提供商提供的云资源来协作存储用户的数据，同时将这个模型划分成三层，即解释层、服务层和存储层，在一定程度上增加了系统的可靠性，同时额外增加了一些存储的开销。还有一种思想是惠普公司 Shah 等[15]提出的审计方案，该方案将用户的检查任务交给可信第三方来完成，但是这势必会增加原云服务提供商的代价，而且很可能泄露信息，从而带来新的安全隐患。

随着计算机网络的不断发展，人们对数据存储的要求也越来越高，特别是在云计算兴起的背景下，基于海量数据的云存储系统成为人们关注的热点。很多网络服务商，包括国外的 Dropbox 以及国内的金山快盘等,都开始提供云存储服务，帮助用户实现任意地点、任意时间、任意数据的访问，不仅给人们带来了方便和效益，同时节约了社会的资源与能源。但是，因为云存储的安全性、可靠性及服务水平等还存在众多问题亟待解决，所以云存储仍未得到广泛认可与使用。数据存放在云服务器中，用户最关心的问题之一是数据如何安全完整地保存。当云服务提供商可以有效地对用户提供数据完整性审计，并不断提高服务水平时，云存储将获得广泛的应用。

现有的云存储方案缺乏对云存储网络环境特性的考虑，没有尽可能地降低服务器的通信开销和存储开销，缺少安全协议保障用户数据的安全性。针对上述不足，本章基于 PDP 模型，提出一种适用于云存储的 SSP。客户端在把数据文件及其校验标签上传到云服务器后，通过随机抽查的方式，让服务器生成指定数据块的验证证据并返回，由客户端判断数据文件的完整性。同时，该协议具有适应性，对于较小的文件，可以通过检查所有的数据块来保证结果的有效性；而对于较大的文件，可以检查部分数据块以一定的概率来保证数据的完整性，从而减少系统资源和网络带宽的消耗。

9.2　支持完整性审计的安全存储方案

9.2.1　方案综述

本方案参考谷歌文件系统(GFS)[16]的设计，如图 9.1 所示，系统实体分为：云用户(cloud user，CU)、主服务器(main server，MS)、接口服务器(access server，AS)以及存储服务器(storage server，SS)。当 CU 想要把一个文件 F 保存在云存储系统中时，可以与 AS 进行交互，上传或者下载数据文件，这样能最大限度地简化客户端的执行流程。而 MS 则是整个云存储的中心枢纽，它不但负责所有存储资源 SS_1，SS_2，SS_3，…的分配和调度，而且在存储目录中保存用户的存储信息。这样的设计实现了控制流和数据流的分离，AS 和 MS 之间只有控制流，没有数据流，从而降低了主服务器的负担[17]。由于文件被分成多个数据块保存在存储服务器上，所以 CU 与 AS 以及 AS 与 SS_1，SS_2，SS_3，…之间可以并行地传输数据，有效提高系统的吞吐量。

SSP 的流程概述如下：首先，CU 与 AS 进行相互认证，获取会话密钥；接着 CU 生成用于校验的公私钥对，并为每个待上传的数据块生成相应的标签，利用其同态特性来唯一地标记对应的数据块；然后 CU 向 AS 申请访问云存储系统，AS 告知主服务器 MS，MS 根据系统当前的状况分配存储资源 SS_1，SS_2，SS_3，…给 CU，接着 CU 就上传 F 给 AS，AS 根据 MS 的分配将数据块传送到相应的存储服务器。

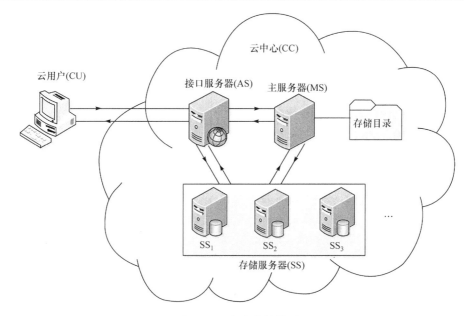

图 9.1　云安全存储模型

另外，SSP 还支持用户数据的完整性审计，CU 发起一个校验的挑战，MS 根据存储目录中用户的存储信息，通知相应的存储服务器，把校验标签发送给 AS，并由 AS 将标签和验证信息返回给 CU，CU 根据保存在本地的私钥来验证数据是否完整。至此，整个云存储中数据完整性的审计流程结束。用户在任何时间如果需要再进行数据验证，可以随时执行验证阶段的任务。

9.2.2　方案设计

SSP 不仅能为云用户提供安全存储服务，还能根据需求提供完整性审计服务，因而 SSP 分为存储(store)阶段协议(SSP-S)和验证(verify)阶段协议(SSP-V)，协议中的实体与图 9.1 中的一致。假设服务器之间相互信任，同时为了实现用户的认证，防止恶意用户的攻击，SSP 基于 X.509 公钥认证框架[18]，参考了三向认证协议网，CU 和 AS 都拥有自己的公私钥对，且事先已经获得对方的公钥。这里 CU 的认证公私钥对是(PK_{CU}, SK_{CU})，AS 的认证公私钥对是(PK_{AS}, SK_{AS})。

协议 9.1　存储阶段协议(SSP-S)。

(1) CU→AS：$E_{PK_{AS}}(r_{CU}, AS, K_1), Sig_{SK_{CU}}(h(r_{CU}, AS, K_1))$。

(2) AS→CU：$E_{PK_{CU}}(r_{AS}, CU, r_{CU}, K_2), Sig_{SK_{AS}}(h(r_{AS}, CU, r_{CU}, K_2))$。

(3) CU→AS：$E_{PK_{AS}}(r_{AS}, AS), Sig_{SK_{CU}}(h(r_{AS}, AS))$。

(4) CU→AS：$E_K(F, size, N), Sig_{SK_{CU}}(h(F, size, N))$。

(5) AS→MS：　CU,F,size,N。

(6) MS→AS：　n,SS(i)~BlockNumber。

(7) AS→CU：　$E_K(n)$,$\text{Sig}_{\text{SK}_{\text{AS}}}(h(n))$。

(8) CU→AS：　$E_K(\text{Block}(i))$,$\text{Sig}_{\text{SK}_{\text{CU}}}(h(\text{Block}(i)))$。

(9) AS→SS(i)：　CU,F,Block(i)。

(10) SS(i)→MS：　CU,F,BlockNumber,IndexNumber。

(11) AS→CU：　{"success","failure"}。

如图 9.2 所示，协议 9.1 的说明如下：

(1) CU 选取随机数 r_{CU} 和临时会话密钥 K_1，对 r_{CU}、AS、K_1 加密，并对它们的散列值做签名。

(2) AS 验证签名和散列值，若通过，则 AS 选取随机数 r_{AS} 和临时会话密钥 K_2，对 r_{AS}、CU、r_{CU}、K_2 加密，并对它们的散列值做签名。

(3) CU 验证签名和散列值，检查 r_{CU} 是否是自己发送的随机数，若通过，则 CU 对 r_{AS}、AS 加密并对它们的散列值做签名；AS 验证签名和散列值，检查 r_{AS} 是否是自己发送的随机数；如果双方都通过认证，那么可以根据已获取的 K_1 和 K_2，通过单向散列函数计算得到最终的会话密钥 $K \leftarrow h_{K_1}(K_2)$。

(4) CU 运行算法 Key 生成用于文件校验的参数 (N,sk)，并对文件名 F、文件大小 size 和模数 N 的散列值做签名。

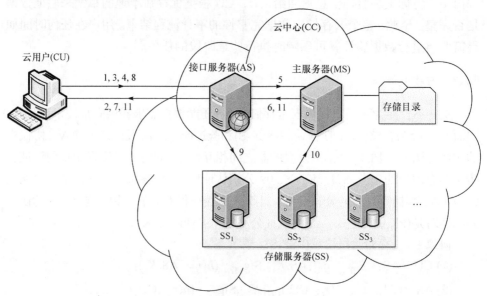

图 9.2　存储阶段协议(SSP-S)

(5) AS 验证签名和散列值，把 CU、F、size、N 发送给 MS。

(6) MS 根据云存储系统当前的状况，计划将文件 F 分成 n 块上传到存储服务器 SS(i)，并把存储服务器 SS(i)需要存储的块号信息发送给 AS。

(7) AS 发送 n 给 CU 告知其要分成几个数据块上传，并对 n 的散列值做签名。

(8) CU 验证签名和散列值，把 F 分成 n 块，即 $m_1,m_2,\cdots,m_n$，运行算法 Tag 为每一个文件块 m_i 计算对应的标签数据 T_i，每个数据块由块号、文件块和标签块组成，即 Block(i)=$i\|m_i\|T_i$，并对数据块的散列值做签名。

(9) AS 验证签名和散列值，将 Block(i)、CU、F 发送给相应的存储服务器 SS(i)。

(10) SS(i)收到数据块后，为其生成一个索引号 IndexNumber 便于以后查找并告知 MS。

(11) MS 在存储目录中更新 CU 有关 F 的所有信息后，返回协议的运行结果。

协议 9.2　验证阶段协议(SSP-V)。

(1) CU→AS：$E_K(F,u,K_3,K_4),\mathrm{Sig}_{SK_{CU}}(h(F,u,K_3,K_4))$。

(2) AS→MS：CU,F,i_j,a_j。

(3) MS→AS：CU,F,N。

(4) MS→SS(i)：IndexNumber,i_j,a_j,N。

(5) SS(i)→AS：T_{i_j}，$m_{i_j}^{a_j} \bmod N$。

(6) AS→CU：$E_K(V),\mathrm{Sig}_{SK_{AS}}(h(V))$。

如图 9.3 所示，协议 9.2 的说明如下：

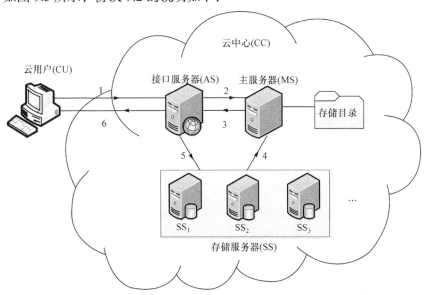

图 9.3　验证阶段协议(SSP-V)

(1) CU 生成抽查数 $u(u=1,2,\cdots,n)$以及挑战密钥 K_3 和 K_4，对 F、u、K_3、K_4 的

散列值做签名。

(2) AS 验证签名和散列值，然后用伪随机置换函数得到随机抽查的块号 $i_j = p_{K_3}(j)$，用伪随机函数生成混淆系数 $a_j = f_{K_4}(j)$，将 CU、F、i_j、a_j 发送给 MS。

(3) MS 找到保存在存储目录中客户端 CU 的文件 F 对应的模数 N 发送给 AS。

(4) MS 根据 CU、F、i_j 找到被挑战块对应的服务器号 SS(i) 和索引号 IndexNumber 并告知 SS(i)。

(5) SS(i) 根据索引号找到相应的数据块，计算数据块当前信息 $m_{i_j}^{a_j} \bmod N$，连同标签块 T_{i_j} 一起发送给 AS。

(6) AS 运行算法 Proof 生成验证信息 V，CU 运行算法 Verify 校验文件的完整性。

9.2.3 算法设计

本节重点介绍在 9.2.2 节中 SSP 用到的四个多项式时间算法：Key、Tag、Proof 和 Verify。

算法 9.1 Key：$(N,\mathrm{sk}) \leftarrow \mathrm{Key}(1^k)$ /*生成用于文件校验的参数*/

(1) 产生满足 RSA 假设的参数 (N,e,d)；

(2) $r \xleftarrow{R} \{0,1\}^k$；

(3) $\mathrm{sk} \leftarrow (e,d,r)$；

(4) Output (N,sk)。

算法 9.1 由 CU 执行，其时间复杂度为 $O(1)$，生成了基于 RSA 假设的安全参数 N、e、d：首先选择两个大的安全素数 p 和 q，计算 RSA 模数 $N=pq$，欧拉函数 $\varphi(N)=(p-1)(q-1)$，然后选择一个整数 e 满足 $1<e<\varphi(N)$ 并且 $\gcd(e,\varphi(N))=1$，令 $d=e^{-1}\bmod\varphi(N)$，生成一个 k 位的随机数 r，并让 e、d、r 作为密钥，最后输出 (N,sk)。

算法 9.2 Tag：$(T_1,T_2,\cdots,T_n) \leftarrow \mathrm{Tag}(\mathrm{pk},\mathrm{sk},m)$ /*为每个文件块生成标签块*/

(1) for $(i=1; i\leqslant n; i++)$；

(2) $\{W_i=r \times i, T_i=[h(W_i) \times m_i]^e \bmod N\}$；

(3) Output $(T_1,T_2,\cdots,T_n)$。

算法 9.2 由 CU 执行，其时间复杂度为 $O(n)$，为每个文件块生成对应的标签块。W_i 是一个由 r 和 i 组成的秘密参数，把它的散列值乘以 m_i 使其与对应的文件块关联上，再用 e 和 N 对结果进行加密，就得到了标签块，最后输出所有标签块信息。

算法 9.3 Proof：$V \leftarrow \mathrm{proof}(m_{i_j}^{a_j} \bmod N, T_{i_j}, \mathrm{pk})$ /*生成文件校验的证据*/

(1) $T = \sum_{y=1}^{u} T_{i_j}^{a_j} = \left[h(w_{i_1})^{a_1} \times \cdots \times h(w_{i_u})^{a_u} \times m_{i_1}^{a_1} \times \cdots \times m_{i_u}^{a_u} \right]^e \bmod N$；

(2) $P = h(m_{i_1}^{a_1} \times \cdots \times m_{i_u}^{a_u} \bmod N)$；

(3) Output $V=(T, P)$。

算法 9.3 由 AS 执行，其时间复杂度为 $O(1)$，利用同态特性将被检查的标签合并，得到原始状态 T，然后求系统当前文件的散列值，得到当前状态 P，最后将(T, P)作为数据完整性的证据 V 输出。

算法 9.4　Verify：$\{\text{"success"}, \text{"failure"}\}\leftarrow\text{Verify}(N,\text{sk},u,K_3,K_4,V)$/*对证据进行验证*/

(1) $t=T^d \bmod N$；

(2) for$(j=1; j\leqslant u; j++)$；

(3) $i_j = p_{K_3}(j); a_j = f_{K_4}(j); w_{i_j} = r \times i_j; t = t/h(w_{i_j})^{a_{i_j}} \bmod N$；

(4) if $h(t)=P$ Output "success"；

(5) else Output "failure"。

算法 9.4 由 CU 执行，其时间复杂度为 $O(n)$，用密钥 d 对 T 进行处理，然后计算 i_j、a_j 和 w_{i_j}，接着将 t 除以 $(w_{i_j})^{a_{i_j}}$ 得到 $m_{i_1}^{a_1} \times \cdots \times m_{i_u}^{a_u} \bmod N$，如果 $h(t)=P$，表明云服务器完整地保存用户文件 F。

9.3　性能分析

为了对比 SSP 与传统远程数据完整性审计(remote integrity checking，RIC)协议[19]在相同条件下的性能，在 Intel Pentium Dual E2140 @1.60GHz CPU、1GB 内存的 Windows XP 系统中，用 Visual C++ 6.0 设计 SSP 的仿真程序，程序的运行界面如图 9.4 所示。其中散列函数使用的是 SHA-1[20]，其输出结果为 160bit，网络延迟假设为 42ms，客户端和服务器之间数据传输速率为 100KB/s，服务器之间数据传输

图 9.4　SSP 的仿真程序

速率为 10MB/s，文件分块大小为 64KB，则每个标签占用空间为 0.125KB。

9.3.1　时间开销分析

多次运行 SSP 仿真程序，得到 SSP 存储阶段和验证阶段的运行时间，如图 9.5 所示，存储一个文档的时间随文件的增大而增多，但仍处于可以接受的范围，同时验证所消耗的时间却相当少，因而 SSP 能适用于海量的云存储环境。

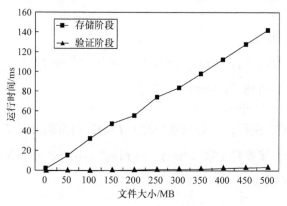

图 9.5　SSP 的运行时间

9.3.2　存储开销分析

CU 需要存储的信息有 AS 的标识符及公钥、用于认证的公私钥和用于文件校验的公私钥，AS 要保存 CU 的标识符及公钥和用于认证的公私钥，MS 要在存储目录里保存 CU 的标识符、文件名、文件公钥、块号、服务器号和索引号等信息，SS 则保存索引号和文件数据块。其中密钥长度为 1024bit，其他信息长度为 128bit。与 RIC 协议相比，SSP 可以把校验标签保存在服务器，而 RIC 协议则保存在本地，各实体的存储情况如表 9.1 所示，可知 SSP 减轻了客户端的存储开销。

表 9.1　实体的存储开销对比

协议实体	云用户(CU)	接口服务器(AS)	主服务器(MS)	存储服务器(SS)
RIC	$O(n)$	$O(1)$	$O(n)$	$O(n)$
SSP	$O(1)$	$O(1)$	$O(n)$	$O(n)$

9.3.3　通信开销分析

与 RIC 协议相比，SSP 利用了同态标签的优势，可将校验标签合并后返回，从而节约了部分通信开销。计算不同文件大小情况下，完成一次验证过程中协议通信的数据总和，如图 9.6 所示，可知 SSP 降低了验证所需的通信开销。

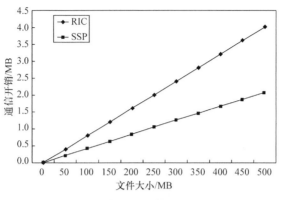

图 9.6　协议的通信开销对比

9.4　安全性分析

在云计算的网络环境中，可能存在着各种威胁网络安全的恶意行为，本节重点讨论两种可能存在的恶意行为，分析 SSP 的安全性。

9.4.1　恶意服务器欺骗

假设有一组不诚实的服务器，它可能在数据不完整的情况下对客户端进行恶意欺骗，声称依然完好无损地保存着数据，使得 SSP 的运行结果仍然为 "success"。

SSP 是基于概率模型的，支持对数据的任意块进行抽样检查。假设一个文件 F 包含 n 个数据块，服务器删除或丢失了其中的任意 t 个数据块，CU 随机抽查 n 中的 u 个数据块。设随机变量 X 表示 CU 检测到文件数据有丢失，则其概率

$$P_X = P\{X \geqslant 1\} = 1 - P\{X = 0\} = 1 - \frac{n-t}{n}\frac{n-1-t}{n-1}\cdots\frac{n-u+1-t}{n-u+1}$$ 。因为 $\dfrac{n-i-t}{n-i} \geqslant$

$\dfrac{n-i-1-t}{n-i-1}$，所以 P_X 的值域是 $\left[1-\left(\dfrac{n-t}{n}\right)^u, 1-\left(\dfrac{n-u+1-t}{n-u+1}\right)^u\right]$。

由此可知 P_X 的下界决定了 SSP 的有效性，即至少有 $1-\left(\dfrac{n-t}{n}\right)^u$ 的概率检测

到数据丢失。假设 n 中有 1% 的数据丢失，即 $t=0.01n$，则 $1-\left(\dfrac{n-t}{n}\right)^u=0.99^u$，同

理可得 $t=0.03n$ 和 $t=0.005n$ 的情况下，随机抽查的个数 u 与成功检测数据丢失的概率 P_X 之间的关系。由图 9.7 可知，P_X 与 n 无关，当 n 很大时，u 仍然可以保持一个较小的值，使得 S^* 很难进行成功的欺骗。

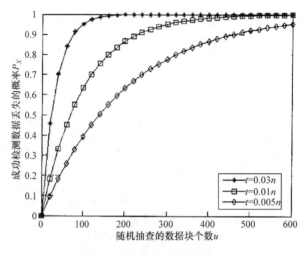

图 9.7　SSP 的概率有效性

同时 SSP 能根据用户的需求灵活运用，当 $u=n$ 时，表示对每一个数据块都进行检查，即用户对精度要求比较高时，SSP 也能以 100% 的概率证明数据的完整性。

9.4.2　恶意客户端攻击

假设客户端 M(Malice)是恶意用户，它可能利用两种攻击手段：直接攻击和间接攻击。直接攻击是指 M 截获客户端(CU)发送给接口服务器(AS)的认证信息，企图向 AS 发动重放攻击(replay attack，RA)，来通过服务器的认证，使 AS 误以为是 CU 与其进行通信；间接攻击是指 M 通过各种技术手段切入 CU 和 AS 之间，从而发动中间人(man-in-the-middle，MITM)攻击，进行信息篡改和信息窃取。

SSP 准备阶段的前三个步骤就是用来进行身份认证的。其中随机数用于防止重放攻击；身份标识符用来标识通信的主体；临时会话密钥用于通信双方生成最终会话密钥；对消息的签名是消息发送方对消息的认证，用于抵抗中间人攻击。该协议通过三向认证后，通信的双方都能确定对方的身份，并防止恶意用户的非法访问。下面使用 SVO 逻辑来分析 SSP 认证部分的安全性。

描述

M1：CU→AS：$\{r_{\mathrm{CU}}, \mathrm{AS}, K_1\}_{K_{\mathrm{AS}}}, \{h(r_{\mathrm{CU}}, \mathrm{AS}, K_1)\}_{K_{\mathrm{CU}}^{-1}}$。

M2：AS→CU：$\{r_{\mathrm{AS}}, \mathrm{CU}, r_{\mathrm{CU}}, K_2\}_{K_{\mathrm{CU}}}, \{h(r_{\mathrm{AS}}, \mathrm{CU}, r_{\mathrm{CU}}, K_2)\}_{K_{\mathrm{AS}}^{-1}}$。

M3：CU→AS：$\{r_{\mathrm{AS}}, \mathrm{AS}\}_{K_{\mathrm{AS}}}, \{h(r_{\mathrm{AS}}, \mathrm{AS})\}_{K_{\mathrm{CU}}^{-1}}$。

条件

A1：基本假设为协议的运行环境是不安全的。

A2：每个主体的公钥是公开的。

A3：每个主体的私钥仅为其所知。

A4：CU believes fresh (r_{CU})。

A5：AS believes fresh (r_{AS})。

A6：CU controls M1/M3。

A7：AS controls M2。

A8：CU believes PK(AS,K) $\wedge$ CU received $X_{K^{-1}} \supset$ CU believes (AS said X)。

A9：AS controls $X \wedge$ AS says $X \supset$ AS believes X。

目标

G1：AS believes CU believes K_1。

G2：CU believes AS believes K_2。

证明

由 M2、A2、A3、A8 得

$$F1：CU \text{ believes AS said } (r_{AS},CU,r_{CU},K_2)$$

由 F1、A4 得

$$F2：CU \text{ believes AS says } (r_{AS},CU,r_{CU},K_2)$$

由 F2、A7、A9 得

$$F3：CU \text{ believes AS believes } K_2 \text{ (证得 G1)}$$

由 M3、A2、A3、A5 得

$$F4：AS \text{ believes fresh } (r_{AS},AS)$$

由 M1、A2、A3、A8 得

$$F5：AS \text{ believes CU said } (r_{CU},AS,K_1)$$

由 F4、F5 得

$$F6：AS \text{ believes CU says } (r_{CU},AS,K_1)$$

由 F6、A6、A9 得

$$F7：AS \text{ believes CU believes } K_1 \text{ (证得 G2)}$$

在 SVO 逻辑下可以证明得到目标 G1 和 G2 并且没有发现漏洞，由此可见，SSP 认证部分能有效抵抗恶意客户端的攻击，同时保证 CU 和 AS 正确交换临时会话密钥 K_1 和 K_2，从而得到最终的会话密钥 K，使得 CU 与 AS 安全地通信。

9.5　本章小结

本章提出的云计算中安全存储协议(SSP)为云用户存储数据提供了一种安全有效的方案，并且支持检查文件的完整性，从而提高整个云存储系统的可靠性和稳定性。仿真结果表明，系统只需少量的存储开销和通信开销，就能保证该协议的有效执行，并且随着文件的增大，存储所花的时间可以接受，验证所花的时间保持在较低的值，因而该协议适用于云计算中的海量数据存储。SSP 中使用了基本的三向认证来确认云用户的身份，对于安全性需求更高的云服务，可以使用第10 章介绍的方案进行认证。

参 考 文 献

[1] Chen W, Zhao Y L, Long S Q, et al. Research on cloud storage security[J]. Applied Mechanics and Materials, 2012, 263-266: 3068-3072.

[2] George R S, Sabitha S. Survey on data integrity in cloud computing[J]. International Journal of Advanced Research in Computer Engineering & Technology, 2013, 2: 123-125.

[3] Yumerefendi A R , Chase J S. Strong accountability for network storage[J]. ACM Transactions on Storage, 2007, 3(3): 77-92.

[4] Maheshwari U, Vingralek R, Shapiro W. How to build a trusted database system on untrusted storage[C].The 4th Conference on Symposium on Operating System Design & Implementation, 2000, 4: 1-10.

[5] Chen G Y, Miao J J, Xie F, et al. A framework for storage security in cloud computing[J]. Applied Mechanics and Materials, 2013, 278-280: 1767-1770.

[6] Srinivas P, Kumar K R. Secure data transfer in cloud storage systems using dynamic tokens[J]. International Journal of Research in Computer and Communication Technology, 2013, 2: 6-10.

[7] Ateniese G, Burns R, Curtmola R, et al. Provable data possession at untrusted stores[C]. The 14th ACM Conference on Computer and Communications Security, 2007: 598-609.

[8] Ateniese G, Pietro R D, Mancini L V, et al. Scalable and efficient provable data possession[C]. The 4th International Conference on Security and Privacy in Communication Networks, 2008, 9: 1-10.

[9] Ateniese G, Kamara S, Katz A J. Proofs of storage from homomorphic identification protocols[C]. The 15th International Conference on the Theory and Application Cryptology and Information Security, 2009: 319-333.

[10] Curtmola R, Khan O, Burns R, et al. MR-PDP: Multiple-replica provable data possession[C]. The 28th International Conference on Distributed Computing Systems, 2008: 411-420.

[11] Wang Q, Wang C, Ren K, et al. Enabling public auditability and data dynamics for storage security in cloud computing[J]. IEEE Transactions on Parallel and Distributed Systems, 2011, 22(5): 847-859.

[12] Wang C, Chow S S M, Wang Q, et al. Privacy-preserving public auditing for secure cloud storage[J]. IEEE Transactions on Computers, 2013, 62(2): 362-375.

[13] Yu J, Ren K, Wang C, et al. Enabling cloud storage auditing with key-exposure resistance[J]. IEEE Transactions on Information Forensics and Security, 2015, 10(6): 1167-1179.

[14] Zhu Y, Hu Z, Hu Z, et al. Efficient provable data possession for hybrid clouds[C]. The 17th ACM Conference on Computer and Communications Security, 2010: 756-758.

[15] Shah M A, Baker M, Mogul J C, et al. Auditing to keep online storage services honest[C]. The

11th USENIX Workshop on Hot Topics in Operating Systems, 2007: 1-6.

[16] Ghemawat S, Gobioff H, Leung S T. The Google file system[C]. The 19th ACM Symposium on Operating Systems Principles, 2003: 29-43.

[17] 刘鹏. 云计算[M]. 北京: 电子工业出版社, 2010.

[18] 冯登国. 安全协议——理论与实践[M]. 北京: 清华大学出版社, 2011.

[19] Deswarte Y, Quisquater J J, Saïdane A. Remote integrity checking[C]. IFIP International Federation for Information Processing, 2004: 1-11.

[20] RFC. RFC 3174. US Secure Hash Algorithm 1 (SHA-l)[S]. IETF, 2001.

第 10 章　支持群体协作的基于属性加密协议及其在安全云存储中的应用

随着生活水平的提高，新一代网络对访问控制机制的设计提出了新的要求，大规模开放式网络环境的出现，伴随着大量的新型安全需求，需要密码算法为基础构建满足这些要求的安全访问控制机制。为了解决开放式网络环境下的访问控制要求，提出了基于属性的访问控制。基于属性加密的访问控制机制具有抗合谋攻击的特性，即不同的用户即使合谋也不能解密一个他们各自之前都不能解密的密文，从而防止攻击者的合谋攻击。这一特性使得用户在紧急情况下无法互相合作去访问数据。但在实际生活中，却存在需要用户(有条件地)合作起来联合他们的属性访问数据的场景。本章提出一种支持群体协作的基于属性加密(group-oriented attribute-based encryption，GO-ABE)方案，并利用 GO-ABE 方案构造适用于医疗云环境的支持远程数据完整性审计的安全存储协议。

10.1　背景及相关工作

密码技术是保证物联网和云环境中数据安全性的基石，也是访问控制模型得以实现的基础。基于属性的访问控制机制的提出，正是为了实现物联网和云环境下数据的可信存储、用户隐私信息的可靠保护和细粒度访问控制[1-4]。基于属性的访问控制机制可以通过基于属性加密[5-7]和基于属性签名[8-11]来实现。该框架下设计的机制都具有抗合谋攻击的特性：不同的用户即使合谋也不能伪造出一个他们各自之前都不能生成的签名，也不能解密一个他们各自之前都不能解密的密文。

具有抗合谋攻击的安全性是基于属性加密和基于属性签名的一般要求。这一特性使得用户在紧急情况下也无法互相合作去满足访问条件。然而，在实际生活中，存在着一些需要用户(有条件地)合作起来联合他们的属性访问数据的场景。例如，在医疗系统中，为了让不同的诊所和医院共享同一个患者信息数据库，一个集中式的保健云系统(centralized health cloud system)被提出。应用于该系统的基于属性的访问控制机制要求一个用户只有满足一定的访问结构才能访问存储在云端的数据。尽管这样能够确保患者的隐私，但没有考虑紧急状况下读取数据的需求。假设现在有一个患者，其心和肺都存在一些病症。由于心肺疾病都是非常复杂和严重的疾病,患者需要心脏病科医生和胸腔科医生联合诊断他的疾病。因此,患者个人医疗信息中基于属性的访问结构发布为"心脏病科医生、胸腔科医生"。然而,几乎没有一个医生既是心脏病科医生又是胸腔科医生。如果采用传统的基于属性的访问控制系统,就没有人能满足该访问结构。在现实生活中常常需要两位或多位医生联合诊断一个患者,合理的做法是允许来自同一个群(如同一家医院)的心脏病科医生和胸腔科医生共同合作,满足访问结构访问存储在云端的患者的健康记录。类似这样的场景需要把用户分成多个群体,同一个合法群体内的用户能够合并其属性密钥进行数据访问。综上所述,研究支持群体协作的基于属性的密码系统及其应用在安全需求日益增强的今天显得尤为重要。

2005 年, Sahai 和 Waters[12]首次提出了基于属性加密,他们在文献[12]中提出了模糊的基于身份加密(fuzzy identity-based encryption, FIBE)的机制。FIBE 是基于属性加密的雏形。FIBE 用的是集合重叠度这样的概念,该方案可以看成一个门限结构的基于属性的加密算法。该方案中, 密文是和属性集合一一对应的, 用户的解密密钥也是和属性集合一一对应的, 当用户的属性与加密限定的属性的交集属性个数满足一定条件时, 就可以解密密文。

2006 年, Goyal 等[13]首次将基于属性加密分为两类: 密钥策略的基于属性加密(KP-ABE)和密文策略的基于属性加密(CP-ABE)。在 KP-ABE(如文献[14]~[16])中, 用户的密钥和访问结构相关联, 密文与属性集合相关联。最近, 一些学者[15,16]将 KP-ABE 用于云的安全外包数据, 这样一来云数据拥有者就能加密其数据, 通过分发基于属性访问结构的密钥, 与多个授权用户共享数据。在 CP-ABE(如文献[17]~[23])中, 密文与访问结构相关联, 用户的密钥则与属性集合相关联。2007 年, Bethencourt 等[5]提出了第一个 CP-ABE 算法, 自此, CP-ABE 被看成前景可观的下一代访问控制方法之一。Qian 等[24]把基于属性加密应用于云环境下个人医疗档案隐私保护中。

基于属性加密非常重要的安全需求之一就是抗合谋攻击特性。如果不同用户想要进行合谋,他们是无法有效地合并其私钥进行解密的。也就是说, 这些用户即使合并了他们的属性(以及相应的私钥), 他们仍无法解密一个他们单独无法满足的访问结构所加密而成的密文。在现有的基于属性加密设计中, 用户必须用自己的属性各自解密数据。尽管这是基于属性加密的基本需求, 但在实际生活中这种方案可能不是最合适的。本章提出一种支持群体协作的基于属性加密(GO-ABE)方案, 在该方案中, 来自同一个群的用户能够合并他们的属性和私钥以匹配解密策略。如果他们的属性集的并集能够匹配解密策略, 那么他们就能协作解密, 但来自不同群体的用户无法协作解密。然后利用类似第 4 章的基于属性加密的存储协议, 结合文献[25]的远程数据完整性审计方案, 提出一个支持远程数据完整性审计的医疗云环境下的安全存储协议。

10.2　支持群体协作的基于属性加密协议的定义和安全模型

本节主要描述 GO-ABE 方案的定义和安全需求。

10.2.1　支持群体协作的基于属性加密协议的定义

在 GO-ABE 协议中，用户也是以群体划分的。隶属于同一个群体的用户能够联合属性匹配加密所用属性集 α 协作解密，而隶属于不同群体的用户则无法协作解密。

协议的定义描述如下。

定义 10.1　GO-ABE 加密机制包含以下算法。

(1) 系统初始化(Setup)。该算法是随机化算法，输入系统安全参数，输出系统的公共参数 PK 和主密钥 MK。

(2) 加密(Encryption)。输入消息 $m \in M$、公共参数 PK 和属性集 α，并给定门限 d，输出密文 E：

$$E \leftarrow \text{Encryption}(\text{PK}, m, \alpha)$$

(3) 密钥生成(KeyGeneration)。输入一个访问的属性集 A、群身份标识 g、主密钥 MK、公共参数 PK 和门限 d，输出解密密钥 D_A^g：

$$D_A^g \leftarrow \text{KeyGeneration}(A, g, \text{MK}, \text{PK}, d)$$

(4) 解密(Decryption)。输入以属性集 α 加密的密文 E 和公共参数 PK，以及一组隶属于群 g 的用户(每个用户都持有一个属性集 $A_i, i = 1, 2, \cdots, N$)，$D_{A_i}^g$ 为每个用户的属性私钥。需要注意的是，每个用户的属性私钥只有用户自身可知。如果 $|\alpha \cap S| \geqslant d$ (门限)，其中 $S = A_1 \bigcup A_2 \bigcup \cdots \bigcup A_N$，则输出明文消息 m：

$$m \leftarrow \text{Decryption}(E, \alpha, S, D_S^g, \text{PK})$$

其中，$D_S^g = \left\{ D_{A_1}^g, D_{A_2}^g, \cdots, D_{A_N}^g \right\}$ 是进行协作解密的用户属性私钥的集合。

10.2.2　支持群体协作的基于属性加密协议的 Selective-Set 安全模型

定义 GO-ABE 的安全目标是在 Selective-Set 模型下达到选择明文攻击的不可区分性安全。该模型是由模糊的基于身份加密的 Selective-Set 模型[12]演变而成的。以下是攻击者和挑战者之间的攻击游戏。

初始化：攻击者 υ 声明他想要受到挑战的属性集 α。

创建：挑战者运行 GO-ABE 的 Setup 算法，并将公共参数 PK 发送给攻击者。

第一阶段：攻击者 υ 可以选定来自任意群 g 的任意属性集 A 进行私钥 D_A^g 的询问。

令 $S_{g_i} = A_1^{g_i} \bigcup A_2^{g_i} \bigcup \cdots \bigcup A_j^{g_i}$ 表示攻击者 υ 询问过的有相同群身份标识 g_i 的属性集合的并集。对于任何 i，都必须满足 $\left| S_{g_i} \bigcap \alpha \right| < d$。

挑战：攻击者 υ 提交两个长度一样的消息 M_0 和 M_1。随后挑战者随机选择其中一个 $M_b(b \in \{0,1\})$ 以属性集 α 进行加密。然后将密文传达给攻击者。

第二阶段：此阶段重复第一阶段的操作，并且要求在与第一阶段相同的条件下执行。

猜测：攻击者输出对 b 的猜测 $b' \in \{0,1\}$。

攻击者 υ 在该攻击中的优势定义为 $\left| \Pr[b'=b] - \dfrac{1}{2} \right|$。

定义 10.2　对于所有多项式时间的攻击者，如果在上述攻击游戏中的优势都是可以忽略不计的，那么 GO-ABE 机制在上述安全模型下是安全的。

10.3　支持群体协作的基于属性加密协议

如前所述，方案构造的核心就是增加群身份标识来反映支持群体协作加密这一功能。该方案的构造是通过扩展文献[12]中的构造，增加群身份标识演变而来的。当创建私钥时，授权中心为每个来自群 g 的用户选取一个随机的 $d-1$ 次多项式 $q_g(x)$，其中的约束条件为每个多项式在 $x=0$ 的值都相同。

G_1 是阶为 p 的线性群，g 为群 G_1 的一个生成元。双线性对 $e: G_1 \times G_1 \to G_2$。安全参数 k 用来确定群的大小。定义拉格朗日系数 $\varDelta_{i,S}$，S 是属于 Z_p 的成员集：

$$\varDelta_{i,S}(x) = \prod_{j \in S, j \neq i} \frac{x-j}{i-j}$$

用户的属性是属性域 A 的元素子集。本方案具体构造如下。

10.3.1　系统初始化

简单起见，取 Z_p^* 的前 $|A|$ 个元素，也就是整数集 $1, 2, \cdots, |A| (\bmod p)$，作为可能的属性域。

均匀地在 Z_p 中随机选取 $t_1, t_2, \cdots, t_{|A|}$，再随机选取 $y \in Z_p$。

公共参数为

$$\mathrm{PK} = \left[T_1 = g^{t_1}, g^{t_2}, \cdots, T_{|A|} = g^{t_{|A|}}, Y = e(g,g)^y \right]$$

主密钥为

$$\mathrm{MK} = \left[t_1, t_2, \cdots, t_{|A|}, y \right]$$

10.3.2　加密

消息空间 M 取为 G_2。假设要加密消息 $m \in G_2$，并用属性集 α 标记，选取一个随机值 $s \in Z_p$。然后计算密文：

$$E = \left(\alpha, E' = mY^s, \left\{ E_i = T_i^s \right\}_{i \in \alpha} \right)$$

10.3.3　密钥生成

属性集 A 的持有者来自群 g。为了生成该属性的属性私钥，首先随机选择一个 $d-1$ 次多项式 q_g，令 $q_g(0) = y$。

属性密钥包括多个组件，其中对于任意 $i \in A$，$D_i = g^{\frac{q_g(i)}{t_i}}$。返回属性密钥如下：

$$D_A^g = \left\{ D_i = g^{\frac{q_g(i)}{t_i}} \mid i \in A \right\}$$

10.3.4　解密

输入以属性集 α 加密的密文 E，一组来自群 g 的用户(每个用户各自拥有一个属性集 A_i)，使得 $|\alpha \cap S| \geqslant d$，其中 $S = A_1 \bigcup A_2 \bigcup \cdots \bigcup A_N$。令 $D_{A_i}^g$ 为 S 中每个用户的属性私钥。这里需要注意的是，每个用户的属性私钥都是保密的，只有用户自己可知。

首先，选择 $\alpha \cap S$ 的任意 d 个元素的子集 S；然后，每个用户用其属性私钥计算并发布：对于任意 $i \in S$，$d_i = e(D_i, E_i)^{4,s(0)}$；最后，通过以下计算解密得出明文消息 m：

$$E' \Big/ \prod_{i \in S} d_i$$

$$= E' \Big/ \prod_{i \in S} \left(e(D_i, E_i) \right)^{4,s(0)}$$

$$= me(g,g)^{sy} \Big/ \prod_{i \in S} \left(e\left(g^{\frac{q_g(i)}{t_i}}, g^{st_i} \right) \right)^{4,s(0)}$$

$$= me(g,g)^{sy} \Big/ \prod_{i \in S} \Big(e(g,g)^{sq_g(i)} \Big)^{\Delta_{i,s}(0)}$$

$$= me(g,g)^{sy} \Big/ e(g,g)^{s \sum_{i \in S} q_g(i)\Delta_{i,s}(0)}$$

$$= me(g,g)^{sy} \Big/ e(g,g)^{sq_g(0)}$$

$$= m$$

10.4　支持群体协作的基于属性加密协议的应用

本节利用上述 GO-ABE 方案来构造适用于医疗云环境的支持远程数据完整性审计的安全存储协议。在医疗云环境中，医生只负责加密上传下载数据，不负责密钥管理分发和数据管理，因此假定由专门的管理机构(密钥生成器)负责密钥生成和医疗档案管理。同时，医疗数据的完整性认证也由密钥生成器完成。本节的方案由初始化、加密、密文编码、数据完整性编码、数据完整性审计、获取属性私钥、解密、解码等八个算法组成，具体描述如下。

10.4.1　初始化

该算法由密钥生成器完成。在 10.3.1 节的基础上随机选取 $\theta \in Z_p$，选择一个散列函数 $H:\{0,1\}^* \to G_1$，签名算法 SSig，对应的签名密钥对(spk,ssk)，公共参数增加 $T_0 = g^\theta$、SSig、spk、H 四项，主密钥增加 θ、ssk 两项。

10.4.2　加密

该算法由加密用户完成。要加密消息 $m = \{m_1, m_2, \cdots, m_k\}$，选择一个文件名 name，计算一个统一的消息标识码 $h_{ID} = H(name\|m_1\|m_2\|\cdots\|m_k)$。对每一消息分组 m_ζ，利用 10.3.2 节的加密算法计算得到密文 $E_\zeta = (\alpha, \beta, \gamma_\zeta, \eta_\zeta) = \Big(\alpha, h_{ID}, m_\zeta Y^{s_\zeta}, \Big\{ E_{\zeta,i} = T_i^{s_\zeta} \Big\}_{i \in \alpha} \Big)$ $(\zeta = 1, 2, \cdots, k)$。

10.4.3　密文编码

该算法由密钥生成器完成。加密用户把密文发送给密钥生成器，密钥生成器首先从 n 个存储服务器中随机选择 v 个服务器，其次把每个密文 $E_\zeta (\zeta = 1, 2, \cdots, k)$ 重复地分配给这 v 个服务器。利用类似 4.3.4 节的分布式编码算法得到分配给第 τ 个存储服务器 SS_τ 的密文编码 $\sigma_\tau = \Big(\alpha, h_{ID}, B_\tau, D_\tau, (g_{1,\tau}, g_{2,\tau}, \cdots, g_{k,\tau}) \Big)$ $(\tau = 1, 2, \cdots, n)$，

其中，$B_\tau = \prod\limits_{C_\zeta \in N_\tau} \gamma_\zeta^{g_{\zeta,\tau}} (\bmod\, p)$，$D_\tau = \prod\limits_{C_\zeta \in N_\tau} \eta_\zeta^{g_{\zeta,\tau}} (\bmod\, p)$。事实上，$\sigma_\tau$ 是 $\prod\limits_{\zeta=1}^{k} m_\zeta^{g_{\zeta,\tau}}$ 的"密文"。

10.4.4　数据完整性编码

该算法由密钥生成器完成。类似文献[25]的远程数据完整性审计方案，密钥生成器将分配给每一个服务器 SS$_\tau$ 的密文分成 w 个小块，记做 $C_{\tau i}(i=1,2,\cdots,w)$。选择 $u_1,u_2,\cdots,u_w \in G_1$，计算 t_0=name$\|v\|u_1\|u_2\|\cdots\|u_w$，$t=t_0\|$SSig$_{ssk}(t_0)$。计算 $\gamma_\tau = \left(H(\text{name} \| \tau) \prod\limits_{i=1}^{w} u_i^{C_{\tau i}} \right)^\theta$，并将 $(C_{\tau i}, \gamma_\tau)$ 发送给服务器 SS$_\tau$。

10.4.5　数据完整性审计

该算法由密钥生成器(也可以是密钥生成器指定用户)与云服务器合作完成。类似文献[25]的远程数据完整性审计方案，数据完整性审计由以下三个步骤组成。

(1) 密钥生成器选择 $\{1,2,\cdots,w\}$ 的子集 J，对于每一个 $\tau \in \Psi$，随机选择 $\delta_\tau \in Z_p$，将 (τ,δ_τ) 发送给每一个存储服务器 SS$_\tau$。

(2) 对于每一个 $i=1,2,\cdots,w$，存储服务器 SS$_\tau$ 计算 $\mu_{\tau i} = \delta_\tau C_{\tau i}$，$\gamma_\tau' = \gamma_\tau^{\delta_\tau}$，将 $(\mu_{\tau i}, \gamma_\tau')$ 发送给密钥生成器。

(3) 密钥生成器收到所有服务器的值，计算 $\mu_i = \sum\limits_{\tau \in \psi} \mu_{\tau i}$，$\gamma = \prod\limits_{\tau \in \psi} \gamma'$，验证

$$e(\gamma,g) = e\left(\prod\limits_{\tau \in \psi} H(\text{name} \| \tau)^{\delta_\tau} \prod\limits_{i=1}^{w} u_i^{u_i}, T_0 \right)$$

是否成立，若成立，则数据完整，否则数据不完整。

10.4.6　属性私钥获取

同 10.3.3 节密钥生成算法。

10.4.7　解密

利用 10.3.4 节的解密算法，解密来自存储服务器 SS$_\tau$ 的密文 $\sigma_\tau = (\alpha, h_{\text{ID}}, B_\tau, D_\tau, (g_{1,\tau}, g_{2,\tau}, \cdots, g_{k,\tau}))$，得到明文 $\prod\limits_{\zeta=1}^{k} m_\zeta^{g_{\zeta,\tau}}$。

10.4.8　解码

与 4.3.7 节解码过程基本一样。

10.5　安全性证明

本节主要列出 GO-ABE 算法设计的安全性证明,证明在 GO-ABE 的 Selective-Set 安全模型下该机制的安全性是规约到决策性 MBDH(修改的判定双线性 Diffie-Hellman)假设上的。

定理 10.1　如果一个攻击者能够在 GO-ABE 的 Selective-Set 模型下攻破 GO-ABE 方案,那么其可以以一个不可忽略的优势构造一个模拟器来解决决策性 MBDH 难题。

证明　假设存在一个多项式时间的攻击者 υ,在 GO-ABE 的 Selective-Set 模型中可以以 ε 的优势攻破 GO-ABE 方案。可以构造一个模拟器 B 能以至少 $\varepsilon/2$ 的优势解决决策性 MBDH 难题。

首先,让挑战者设定群 G_1、G_2,一个高效的双线性对 e 和 G_1 的生成元 g。挑战者避开模拟器 B,私下投掷一枚硬币,值赋给 μ。如果 $\mu = 0$,则挑战者设置 $(A, B, C, Z) = \left(g^a, g^b, g^c, e(g,g)^{\frac{ab}{c}}\right)$,否则设置 $(A, B, C, Z) = \left(g^a, g^b, g^c, e(g,g)^z\right)$,其中 a、b、c、z 都是随机的。

由于本章方案原理与文献[12]中的类似,所以能够以类似的方式获得证明,其中模拟器做的修改就是当回复私钥询问时需要维护一组多项式(以确保使用相同的群体身份标识的用户共享相同的多项式)。证明细节如下。

系统初始化:模拟器运行攻击者算法 υ,攻击者选定想挑战的属性集 α,并将其发送给模拟器。

创建:模拟器设定如下公钥参数。首先,分配 $Y = e(g, A) = e(g,g)^a$,并且对于所有的 $i \in A$ 按以下方式指定 T_i:对于任意的 $i \in \alpha$,模拟器选择一个随机的 $\beta_i \in Z_p$,并计算 $T_i = C^{\beta_i} = g^{c\beta_i}$;除此之外,若 $i \in A - \alpha$,则选择一个随机 $\omega_i \in Z_p$,并计 $T_i = g^{\omega_i}$。

然后将公共参数给攻击者 υ。注意,构造中所有的参数都是随机选择的。

第一阶段:攻击者 υ 可以适应性地选择一些属性集进行属性私钥询问,前提是请求密钥的属性集属性与 α 之间的匹配值要小于门限 d。

假设攻击者做出一个属性集 A 的私钥查询,该属性集来自群 $g \in G$ 且属性集必须满足 $|A \cap \alpha| < d$。首先定义三个集合 Γ、Γ'、S 如下:

$$\Gamma = A \bigcap \alpha$$

Γ' 为满足 $\Gamma \subseteq \Gamma' \subseteq A$ 和 $|\Gamma'| = d-1$ 的任意集合,即

$$S = \Gamma' \cup \{0\}$$

接着，定义解密密钥元件 $D_i (i \in \Gamma')$ 如下：

当 $i \in \Gamma$ 时，$D_i = g^{s_i}$，其中 s_i 是 Z_p 中的随机值；

当 $i \in \Gamma' - \Gamma$ 时，$D_i = g^{\frac{\lambda_i}{\omega_i}}$，其中 λ_i 是 Z_p 中的随机值。

选择随机 $d-1$ 次多项式 $q_g(x)$，并随机选择多项式的值，使得 $d-1$ 个点都有 $q_g(0) = a$。

当 $i \in \Gamma$ 时，$q_g(i) = c\beta_i s_i$；

当 $i \in \Gamma' - \Gamma$ 时，$q_g(i) = \lambda_i$。

由于模拟器 B 已知 $T_i (i \notin \alpha)$ 的离散对数，所以模拟器可以计算其他 D_i，$i \notin \Gamma'$。模拟器通过下面的操作计算得出：

当 $i \notin \Gamma'$ 时，有

$$D_i = \left(\prod_{j \in \Gamma} C^{\frac{\beta_j s_j \Delta_{j,S}(i)}{\omega_i}} \right) \left(\prod_{j \in \Gamma' - \Gamma} g^{\frac{\lambda_j \Delta_{j,S}(i)}{\omega_i}} \right) Y^{\frac{\Delta_{0,S}(i)}{\omega_i}}$$

模拟器利用插值计算 $D_i = g^{\frac{q_g(i)}{t_i}} (i \notin \Gamma')$，$q_g(x)$ 是通过随机分配其他 $d-1$ 个变量 $D_i \in \Gamma$ 和变量 Y 而定义得到的。

因此，模拟器可以构造出属性集合 A 的私钥，并且产生的私钥与原始方案生成的私钥的分布是相同的。

在第一阶段的最后，询问过的来自群 g 的属性集的并集 $S_i = A_1 \cup A_2 \cup \cdots \cup A_N$ 也要满足 $|S_i \cap \alpha| < d$。

挑战：攻击者 υ 提交两个挑战消息 M_0、M_1，模拟器抛掷随机硬币 ν，返回要加密的 M_ν。然后输出密文：

$$E = \left(\alpha, E' = M_\nu Z, \left\{ E_i = B^{\beta_i} \right\}_{i \in \alpha} \right)$$

如果 $\mu = 0$，那么 $Z = e(g,g)^{\frac{ab}{c}}$。若 $r' = \frac{b}{c}$，则有

$$E_0 = M_\nu Z = M_\nu e(g,g)^{\frac{ab}{c}} = M_\nu e(g,g)^{ar'} = M_\nu Y^{r'}$$

$$E_i = B^{\beta_i} = g^{b\beta_i} = g^{\frac{b}{c}c\beta_i} = (T_i)^{r'}$$

否则，如果 $\mu = 1$，那么 $Z = e(g,g)^z$，$E' = M_\nu e(g,g)^z$。由于 z 是一个随机值，所以在攻击者看来这里的 E' 也只是 G_2 中的一个随机值，不包含 M_ν 的任何有用的信息。

第二阶段：模拟器在与第一阶段同等条件下，重复第一阶段的操作。

猜测：攻击者 υ 提交一个对 v 的猜测 v'。如果 $v'=v$，那么模拟器输出 $\mu'=0$ 表明被挑战的是一个 MBDH-元组；否则输出 $\mu'=1$ 表明被挑战的是一个随机的 4-元组。

如果 $\mu=1$，攻击者 υ 得不到任何关于 v 的信息。结果得到概率 $\Pr[v'\neq v\,|\,\mu=1]=\dfrac{1}{2}$，因为当 $v'\neq v$ 时，模拟器猜测 $\mu'=1$，概率为

$$\Pr[\mu'=\mu\,|\,\mu=1]=\frac{1}{2}$$

在 $\mu=0$ 的情况下，攻击者 υ 看到了一个加密的 M_v，攻击者的优势定义为 ε。所以概率 $\Pr[v'=v\,|\,\mu=0]=\dfrac{1}{2}+\varepsilon$。由于 B 猜测当 $v'=v$ 时，$\mu'=0$，有

$$\Pr[\mu'=\mu\,|\,\mu=0]=\frac{1}{2}+\varepsilon$$

故模拟器 B 在决策性 MBDH 游戏中的总体优势为

$$\begin{aligned}
&\frac{1}{2}\Pr[\mu'=\mu\,|\,\mu=0]+\frac{1}{2}\Pr[\mu'=\mu\,|\,\mu=1]-\frac{1}{2}\\
&=\frac{1}{2}\left(\frac{1}{2}+\varepsilon\right)+\frac{1}{2}\times\frac{1}{2}-\frac{1}{2}\\
&=\frac{1}{2}\varepsilon
\end{aligned}$$

10.6　实　验　仿　真

本节就时间复杂度分析 GO-ABE 机制的有效性。这一方案的仿真同样通过测试加密方案中各个子算法的运行时间，即基于双线性对库函数(版本 0.5.12)的基本操作的时间代价，来分析该方案的性能。

10.6.1　仿真环境

本节通过测试不同的基于双线性对库函数(版本 0.5.12)的基本操作的时间代价来仿真 GO-ABE 的性能。表 10.1 列出了仿真环境的详细参数。

表 10.1　仿真环境详细参数

系统	Ubuntu 10.10
CPU	Pentium(R) G640
内存	3.33GB RAM
硬盘	500GB，5400r/min
程序语言	C

10.6.2 仿真结果

考虑这样一个例子,加密所用的属性集为 $\{A,B,C\}$,密钥策略为 $(A,B,C,2)$,其中门限 $d=2$。加密消息(随机选择于 G_2)的算法运行时间为 0.038643s,解密时间代价为 0.017258s,整个算法总的运行时间为 0.075061s。

在另外一个稍复杂的例子中,加密属性集为 $\{A,B,C,D,E\}$ 以及门限策略为 $(A,B,C,D,E,4)$,产生密文的时间为 0.059703s,解密时间为 0.037463s。表 10.2 和表 10.3 中列出了其他示例的门限策略和运行时间代价。

表 10.2　门限策略

策略标号	策略内容
P_1	(A,B,C,2)
P_2	(A,B,C,D,3)
P_3	(A,B,C,D,E,4)
P_4	(A,B,C,D,E,F,4)
P_5	(A,B,C,D,E,F,G,H,I,6)
P_6	(A,B,C,D,E,F,G,H,I,8)

表 10.3　加密和解密时间代价　　　　　　　(时间: s)

策略标号	加密时间	解密时间	总时间
P_1	0.038643	0.017258	0.075061
P_2	0.043418	0.029257	0.104937
P_3	0.059703	0.037463	0.131487
P_4	0.061065	0.038982	0.137241
P_5	0.088309	0.065393	0.207727
P_6	0.087002	0.078800	0.246870

由策略 (P_2,P_3) 以及 (P_5,P_6) 的仿真结果可以看出,运行时间随着门限 d 的增大而增加。门限 d 对运行时间的影响比属性数量对运行时间的影响更明显。

10.7　本　章　小　结

本章提出了一种门限结构的支持群体协作的基于属性加密(GO-ABE)协议,在该协议中,用户以群划分,来自同一个群的用户能够合并他们的属性和私钥以匹配解密策略。如果他们属性集的并集能够匹配解密策略,那么他们就能协作解密,但来自不同群的用户无法协作解密。本章给出了 GO-ABE 协议的安全模型，该模型由基于身份的 Selective-Set 模型演变而成。本章还构造了有效的 GO-ABE 算法，算法的构造核心就是增加群身份标识来反映支持群体协作加密这一功能。本章证明了算法的安全性，在本章的最后还通过实验数据验证了该算法的有效性。本章最后利用提出的 GO-ABE 方案构造了适用于医疗云环境的支持远程数据完整性审计的安全存储协议。

参 考 文 献

[1] 钱明茹. 物联网中基于属性的安全访问控制研究[D]. 沈阳: 辽宁大学硕士学位论文, 2013.

[2] 任方, 马建峰, 郝选文. 物联网感知层—一种基于属性的访问控制机制[J]. 西安电子科技大学学报, 2012, 39(2): 66-72.

[3] 吕志泉, 张敏, 冯登国. 云存储密文访问控制方案[J]. 计算机科学与探索, 2011, 5(9): 835-844.

[4] 杨庚, 王东阳, 张婷, 等. 云计算环境中基于属性的多权威访问控制方法[J]. 南京邮电大学学报(自然科学版), 2014, 34(2): 1-9.

[5] Bethencourt J, Sahai A, Waters B. Ciphertext-policy attribute-based encryption[C]. IEEE Symposium on Security and Privacy, 2007: 321-334.

[6] Garg S, Gentry C, Halevi S, et al. Fully secure attribute based encryption from multilinear maps[J]. IACR Cryptology ePrint Archive, 2014: 622.

[7] Hohenberger S, Waters B. Online/offline attribute-based encryption[C]. International Workshop on Public Key Cryptography, 2014: 293-310.

[8] Maji H K, Prabhakaran M, Rosulek M. Attribute-based signatures[C]. Cryptographers' Track at the RSA Conference, 2011: 376-392.

[9] Okamoto T, Takashima K. Efficient attribute-based signatures for non-monotone predicates in the standard model[J]. IEEE Transactions on Cloud Computing, 2014, 2(4): 409-421.

[10] Herranz J. Attribute-based signatures from RSA[J]. Theoretical Computer Science, 2014, 527: 73-82.

[11] 孙昌霞. 基于属性的数字签名算法设计与分析[D]. 西安: 西安电子科技大学博士学位论文, 2013.

[12] Sahai A, Waters B. Fuzzy identity-based encryption[C]. Annual International Conference on the Theory and Applications of Cryptographic Techniques, 2005: 457-473.

[13] Goyal V, Pandey O, Sahai A, et al. Attribute-based encryption for fine-grained access control of encrypted data[C]. Proceedings of the 13th ACM Conference on Computer and Communications Security, 2006: 89-98.

[14] Attrapadung N, Libert B, de Panafieu E. Expressive key-policy attribute-based encryption with constant-size ciphertexts[C]. International Workshop on Public Key Cryptography, 2011: 90-108.

[15] Yu S, Wang C, Ren K, et al. Achieving secure, scalable, and fine-grained data access control in cloud computing[C]. Proceedings IEEE INFOCOM, 2010: 1-9.

[16] Yu S, Wang C, Ren K, et al. Attribute based data sharing with attribute revocation[C]. Proceedings of the 5th ACM Symposium on Information, Computer and Communications Security, 2010: 261-270.

[17] Emura K, Miyaji A, Nomura A, et al. A ciphertext-policy attribute-based encryption scheme with constant ciphertext length[C]. International Conference on Information Security Practice and Experience, 2009: 13-23.

[18] Lewko A, Okamoto T, Sahai A, et al. Fully secure functional encryption: Attribute-based encryption and (hierarchical) inner product encryption[C]. Annual International Conference on the Theory and Applications of Cryptographic Techniques, 2010: 62-91.

[19] Liu Z, Cao Z. On efficiently transferring the linear secret-sharing scheme matrix in ciphertext-policy attribute-based encryption[J]. IACR Cryptology ePrint Archive, 2010: 374.

[20] Waters B. Ciphertext-policy attribute-based encryption: An expressive, efficient, and provably secure realization[C]. International Workshop on Public Key Cryptography, 2011: 53-70.

[21] Lewko A, Waters B. Decentralizing attribute-based encryption[C]. Annual International Conference on the Theory and Applications of Cryptographic Techniques, 2011: 568-588.

[22] Li J, Yao W, Zhang Y, et al. Flexible and fine-grained attribute-based data storage in cloud computing[J]. IEEE Transactions on Services Computing, 2017, 10(5): 785-796.

[23] Li J, Yao W, Han J, et al. User collusion avoidance CP-ABE with efficient attribute revocation for cloud storage[J]. IEEE Systems Journal, 2018, 12(2): 1767-1777.

[24] Qian H, Li J, Zhang Y, et al. Privacy-preserving personal health record using multi-authority attribute-based encryption with revocation[J]. International Journal of Information Security, 2015, 14(6): 487-497.

[25] Shacham H, Waters B. Compact proofs of retrievability[C]. Advances in Cryptology—ASIACRYPT, 2008: 90-107.

第 11 章　基于身份的不可否认的动态数据完整性审计

在云存储环境中，外包数据脱离了用户的控制，如何保障数据的完整性成为用户最关心的问题之一。现有的云存储审计方案大多是针对诚实用户的场景，没有考虑恶意用户的情形。本章针对恶意用户情形，从保护云服务器利益出发，兼顾简化密钥管理和动态操作，利用改进的映射版本号表(map-version table, MVT)，提出基于身份的不可否认的动态可证明数据持有(PDP)方案，把基于身份的 PDP 方案扩展到基于身份的不可否认的动态 PDP 方案。通过分析说明，本章提出的方案不仅可以抵抗只存储散列值攻击、插入-删除攻击、篡改云端返回值攻击，而且可以解决时间同步问题，并且执行效率较高。

11.1　背景及相关工作

由于云存储的低价、容易升级、便捷等特点，云存储发展迅速[1]。在云存储环境中[2]，用户把自己的数据外包给谷歌 Drive 或者 Amazon S3 等云服务提供商。然而，在这种情况下，用户失去了对自己数据的控制权，外包数据存在数据隐私、数据完整性、数据恢复的脆弱性等安全隐患[3]，因此如何保护存储在云端数据的安全性成为相关科研人员的热门话题。

为了保护存储在云端数据的完整性，Ateniese 等[4]于 2007 年提出了 PDP 模型：在没有取回远程数据的前提下，验证者可以以很高的概率验证远程数据的完整性。Shacham 和 Waters[5]于 2008 年提出了可恢复证明(proof of retrievability, POR)模型：如果云服务提供商能够通过验证者的验证，那么这些数据一定能够被恢复出来。本章主要致力于 PDP 模型。

在文献[4]工作的基础上，Ateniese 等[6]提出了动态 PDP 模型，并构造了一个不具备插入操作功能的方案实例。Erway 等[7]基于验证翻转表(authenticated flip table)提出了一个全动态的 PDP 方案。之后，很多动态 PDP 方案被提出，它们大多数是基于秩的认证跳跃表(rank-based authentication skip list)[8]或者 Merkle 散列树(Merkle hash tree, MHT)[9-11]。然而，在上述动态 PDP 方案中，每次动态更新，用户都需要花费较高的计算代价计算许多散列值，不利于计算资源受限的用户。

因此，文献[2]、[12]、[13]提出了 MVT 的动态 PDP 方案。然而，文献[2]引入了时间戳，具有时间同步问题；Ni 等[14]指出文献[2]不能抵抗篡改云端返回值攻击，将在 11.4.1 节第三部分中详细描述；并且发现文献[12]、[13]不能抵抗插入-删除攻击，将在 11.2.2 节中详细描述。

为了简化证书管理，Wang 等[15]于 2014 年提出了基于身份的 PDP 方案。文献[16]和[17]分别将文献[15]扩展到分布式多云存储和代理云存储方案中。Liu 等[18]指出文献[16]不能抵抗只存储散列值攻击，将在 11.4.1 节第一部分中详细描述；Ming 和 Wang[19]指出文献[16]不能抵抗篡改云端返回值攻击，将在 11.4.1 节第三部分中详细描述。Zhang 和 Dong[20]提出了另一个基于身份的 PDP 方案，然而，He 等[21]指出文献[20]的方案有一些安全缺陷。Yu 等[22]利用 RSA 签名提出了基于身份的 PDP 方案。Zhang 等[23]提出了标准模型下基于身份的 PDP 方案。目前人们看到的已有的基于身份的 PDP 方案都是静态的。

所有上述方案都是在用户是诚实的假设之上的，也就是说，上述方案是以保护用户的权益，防止云服务提供商的违规行为为目的，而不能保护云服务提供商的权益，防止恶意用户的违规行为。例如，有一个恶意用户，虽然存储在云端的数据能够通过数据完整性审计，但是他却声称自己的数据丢失了(甚至他根本没有存储这个数据)，云端没有办法证明这个用户是不是存储过这部分数据，即使借助于可信第三方也没有办法解决争端。为了解决这个问题，Mo 等[24]于 2014 年提出了基于 Merkle 散列树的不可否认(non-repudiable)PDP 方案。Wang 等[1]利用 Pedersen 承诺函数和 RSA 密码机制提出了一个不可否认 PDP 方案。在 Wang 等[1]的方案中，用户需要对每一个数据块计算额外的承诺值，计算代价比较高。

因此，本章专注于动态和不可否认的基于身份的 PDP 方案，利用 MVT 结构和 Galindo 和 Garcia[25]的基于身份签名，提出基于身份的不可否认动态数据完整性审计(identity-based non-repudiable dynamic provable data possession，ID-NP-DPDP)方案，主要贡献如下：

(1) 指出文献[12]、[13]中的动态结构 MVT 存在的安全缺陷，即不能抵抗插入-删除攻击；同时不具有单调性，不能适用于不可否认动态 PDP 方案。在此基础上改进已有的 MVT 动态结构，使其不仅能够抵抗插入-删除攻击，而且具有单调性。

(2) 利用改进的 MVT 动态结构构造一个基于身份的不可否认动态 PDP 方案，把基于身份的 PDP 方案扩展到基于身份不可否认动态 PDP 方案。

(3) 通过分析表明，本章构造的方案在没有增加存储计算代价的情况下，不仅可以抵抗只存储散列值攻击、插入-删除攻击、篡改云端返回值攻击等，而且能解决时间同步问题。

11.2　基于身份的不可否认的动态数据完整性审计模型

本节主要介绍基于身份的不可否认动态数据完整性审计模型以及改进的 MVT。

11.2.1　ID-NP-DPDP 的结构

在 ID-NP-DPDP 方案中有四个实体,分别是私钥生成器(private key generator,PKG)、云服务器(cloud server)、用户(client)和法官(judge)。用户和云服务器都信任 PKG 和法官。PKG 负责生成系统参数和密钥,法官负责解决用户和云服务器的争端,云服务器拥有自己的公私钥,具有大量的存储和计算资源,负责存储用户的数据。云服务器是一个拥有巨大存储资源和计算资源的实体,可以为用户提供数据存储服务。用户是消费者,希望把自己的数据存储到云服务器上。

在一个 ID-NP-DPDP 方案中,一般包含 Setup、Extract、TagGeneration、DynamicOpertation、Proof 和 Judgment 六个算法。实体和算法之间的关系如图 11.1 和下面的描述所示。

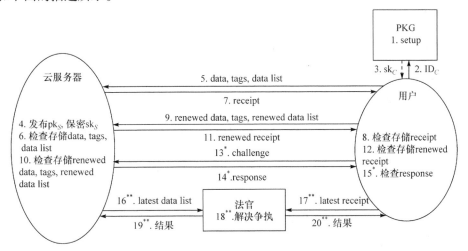

图 11.1　ID-NP-DPDP 的结构
-- ▶ 和 ◀-- 表示安全信道, ── ▶ 和 ◀── 表示公开信道,
第 13~15 步也可以由用户授权的审计者执行,
如果没有发生争执,第 16~20 步可以删除掉

Setup 算法由 PKG 执行。给定安全参数,生成系统公开参数 pp 和系统主密钥 msk。

　　Extract 算法由 PKG 执行。给定用户的身份 ID_C，生成密钥 sk_C。注意，此处云服务器用的是传统的公钥密码系统，公私钥分别是 pk_S、sk_S。

　　TagGeneration 算法由用户和云服务器共同执行。用户利用自己的密钥 sk_C 和数据，生成标签和数据列表，并把数据 data、标签 tags 和数据列表 data list 上传到云服务器。云服务器利用用户的身份 ID_C 和数据，检查标签和数据列表的有效性。若无效，则拒绝，否则存储数据、标签和数据列表，返回收据。用户利用云服务器的公钥 pk_S，检查收据的有效性，若无效，则拒绝，否则删除本地存储的数据和标签，存储收据。

　　DynamicOpertation 算法由用户和云服务器共同执行。用户利用自己的密钥 sk_C 和需要更新的数据 renewed data，生成标签 tags 和更新数据列表 renewed data list，并把需要更新的数据、标签和更新数据列表上传到云服务器。云服务器利用用户的身份 ID_C、数据，检查标签和更新数据列表的有效性。若无效，则拒绝，否则存储更新的数据、标签和更新数据列表，返回更新收据。用户利用云服务器的公钥 pk_S，检查更新收据的有效性，若无效，则拒绝，否则删除本地存储的需要更新的数据和标签，存储更新收据。

　　Proof 算法由用户(或由用户授权的审计者)执行。用户发送挑战 challenge 给云服务器，云服务器返回响应 response 给用户(审计者)。用户(审计者)检查响应的有效性。

　　Judgment 算法由用户、云服务器和法官共同执行。当争议发生时，用户发送最新的数据列表，将从云服务器接收的响应和最新的收据给法官，云服务器发送最新的数据列表给法官。法官解决争议，并把结果分别发送给用户和云服务器。

11.2.2　映射版本号表

　　MVT 是一个动态数据结构，同时存储在云服务器端和用户端。在 MVT[13]中有 3 列，分别是序列号(serial number，SN)、数据块号(block number，BN)和数据块版本号(block version，BV)。SN 是数据块在存储器中的存储顺序号，BN 是数据块在文件中所处位置的顺序号，BV 是该数据块被修改的次数。最后一行是 MVT 的结束标识，此处 BV 的值恒为 "0"。MVT 的操作也可见图 11.2。

　　文献[13]中没有结束标识，会带来一定的安全缺陷。当删除 BN 为最大值的数据块，然后插入(附加)一个新的数据块时，新插入的数据块和删除的数据块具有相同的 BN 值。若删除的数据块的 BV 值为 1，则两者的 BV 值也相同。若删除的数据块的 BV 值大于 1，则新插入的数据块与被删除的数据块没有被修改之前的 BV 值相同。这样，在审计时，云服务器返回之前的数据块和标签，不会被用户(审计者)发现。虽然文献[2]有添加一列时间戳，可以解决此问题，但会增加比较大的存储空间，并引入了时间同步问题。增加最后一行的结束标识，可以有效地解决这个问题。

SN	BN	BV	SN	BN	BV	SN	BN	BV	SN	BN	BV	SN	BN	BV	SN	BN	BV
1	1	1	1	1	1	1	1	1	1	1	1	1	1	1	1	1	1
2	2	1	2	2	1	2	2	1	2	2	1	2	2	1	2	2	1
3	3	1	3	3	1	3	3	1	3	3	1	3	4	1	3	4	1
4	4	1	4	4	1	4	4	1	4	4	1	4	5	1	4	5	1
5	5	1	5	5	1	5	5	1	5	5	1	5	6	1	5	6	1
6	6	1	6	6	2	6	6	1	6	6	1	6	8	1	6	8	1
7	7	1	7	7	1	7	7	1	7	7	1	7	7	1	7	7	1
8	8	0	8	8	0	8	7	1	8	7	1	8	9	1	8	10	0
						9	9	0	9	9	1	9	10	0			
									10	10	0						
(a) 初始化			(b) 在位置 6 处 修改数据块			(c) 在位置 6 后 面插入数据块			(d) 追加一个数 据块			(e) 在位置 3 处 删除数据块			(f) 在位置 8 处 删除数据块		

图 11.2　版本映射号表

另外,改进的动态结构 MVT 具有单调性,也就是说,给定两个动态结构 MVT_1 和 MVT_2,能够说明两个动态结构出现的先后顺序。如果 MVT_1 出现得比 MVT_2 早,那么称 $MVT_1<MVT_2$,如果 MVT_1 出现得比 MVT_2 晚,那么称 $MVT_1>MVT_2$,如果 MVT_1 与 MVT_2 同时出现,那么称 $MVT_1=MVT_2$。在改进的两个动态结构 MVT_1 和 MVT_2 中,先比较结束标识行处 BN 的值,大的为后出现的;若 BN 值相同,则比较结束标识行处 SN 的值,小的为后出现的;若 SN 的值也相同,则比较 BV 列的和,大的为后出现的;若 BV 列的和也相等,则两个表格完全一样(按照表格生成规则,不会出现其他情况),即两个为同时出现。

11.3　基于身份的不可否认的动态数据完整性审计方案

本节给出 ID-NP-DPDP 方案,该方案包含 6 个算法,它们分别是 Setup、Extract、TagGeneration、DynamicOpertation、Proof 和 Judgment。详细描述如下。

Setup 算法由 DKG 执行。设 q 是一个大素数,G_1 是一个以 P 为生成元的 q 阶加法群,G_2 是一个 q 阶乘法群,$e:G_1×G_1→G_2$ 是双线性映射[26],$h(\cdot):\{0,1\}^*→Z_q^*,h'(\cdot):\{0,1\}^*→Z_q^*$ 是两个散列函数,$\pi_{key}(\cdot):key×\{0,1\}^{\log_2(m)}→\{0,1\}^{\log_2(m)}$ 是一个伪随机置换,$\psi_{key}(\cdot):key×\{0,1\}^*→Z_q$ 是一个伪随机函数,$H(\cdot):\{0,1\}^*→G_1$ 是一个映射到椭圆曲线上的点的散列函数。私钥生成器(PKG)选择随机数 $x\in Z_q^*$ 作为主密钥

msk=x，计算 $X=xP$。设 IDSign($\cdot,\cdot$)和 IDVeri($\cdot,\cdot,\cdot$)是文献[1]所述的基于身份的签名验证算法，将在 TagGeneration 阶段第 5 步和第 8 步详细描述；Sign($\cdot,\cdot$)和 Veri($\cdot,\cdot,\cdot$)是传统公钥签名验证算法，如数字签名标准(DSS)[27]。PKG 公布公开参数 pp=$\{G_1,G_2,q,P,e,\pi_{\text{key}}(\cdot),\psi_{\text{key}}(\cdot),h(\cdot),\ h'(\cdot),\ H(\cdot),\ X,\ \text{IDSign}(\cdot,\cdot),\ \text{IDVeri}(\cdot,\cdot,\cdot),\ \text{Sign}(\cdot,\cdot),$ Veri($\cdot,\cdot,\cdot$)$\}$，并保密系统主密钥 msk=x。

Extract：给定用户的身份 ID_C，PKG 选择随机数 $r_C \in_R Z_q^*$，计算 $R_C=r_C P$，$\tau_C=r_C+xh(\text{ID}_C\|R_C)$ mod q，然后 PKG 把用户的密钥 $\text{sk}_C=(R_C,\tau_C)$通过安全通道发送给用户，用户检查式子 $\tau_C P=R_C+h(\text{ID}_C\|R_C)X$ 是否成立，如果成立，则接受密钥，否则拒绝。

TagGeneration：给定一个文件 F，用户执行如下第 1~7、9 步，云服务器执行第 8 步。

(1) 从 Z_q 中选择一个随机数 FN 作为文件名。

(2) 把文件 F 分割成 n 块，即 $F=(F_1,F_2,\cdots,F_n)$，然后把每一块 $F_i(i = 1, 2, \cdots, n)$ 分割成 s 部分，即 $F_i=(F_{i1},F_{i2},\cdots,F_{is})$。

(3) 如图 11.2(a)所示初始化 MVT。

(4) 随机选择 $U_1,U_2,\cdots,U_s \in G_1$，记作 $U=(U_1,U_2,\cdots,U_s)$。

(5) 计算签名 $\sigma_C=\text{IDSign}(\text{sk}_C,\text{FN}\|U\|\text{MVT})$(注：$\text{IDSign}(\text{sk}_C,m)=(K,\sigma',R_C)=(kP,$ $k+\tau h'(\text{ID}\|K\|m)$ mod $q,R_C)$，其中 m 为待签名的消息，$k \in Z_q^*$ 为随机数，详见文献[1])。

(6) 计算 $T_i = \tau_C\left(H(\text{FN}\|i\|i_{\text{BV}}\|U)+\sum_{j=1}^{s}F_{ij}U_j\right)(i=1,2,\cdots,n)$，其中 i 是 MVT 中 SN 列的值，在 MVT 初始化时和 BN 列的值相等，i_{BV} 是相应 BV 列的值。

(7) 把数据和标签$\{F_i,T_i\}$ $(i=1,2,\cdots,n)$、数据列表(FN,U,MVT,σ_C)上传到云服务器。

(8) 云服务器分别利用公式 $e\left(\sum_{i=1}^{n}T_i,P\right)=e\left(\sum_{i=1}^{n}H(\text{FN}\|i\|i_{\text{BV}}\|U)+\sum_{j=1}^{s}\left(\sum_{i=1}^{n}F_{ij}\right)U_j,\right.$

$\left. R_C+h(\text{ID}_C\|R_C)X\right)$和 $1=\text{IDVeri}(\text{ID}_C,\text{FN}\|U\|\text{MVT},\sigma_C)$检查 T_i $(i=1,2,\cdots,n)$ 和 σ_C的有效性，若其中至少有一个无效，则停止；否则，云服务器存储这些值，计算 $\sigma_S=$ Sign (sk_S,σ_C)，返回收据 σ_S 给用户(注：$1=\text{IDVeri}(\text{ID}_C,m,\sigma_C)$ 等价于 $\sigma'P=K+$ $h'(\text{ID}_C\|K\|m)\cdot(R_C+h(\text{ID}_C\|R_C)X)$，其中，$(\text{ID}_C,m,\sigma_C=(K,\sigma',R_C))$为待验证的签名者的身份、消息及签名，详见文献[1])。

(9) 用户利用公式 $1=\text{Veri}(\text{ID}_C,\sigma_C,\sigma_S)$检查 σ_S 的有效性，若无效，则停止，否则在当地存储 FN、MVT、U、σ_C、σ_S，删除$\{F_i,T_i\}$ $(i=1,2,\cdots,n)$。

DynamicOpertation 包含以下几个子算法。

(1) Modify：用户想把某一数据块 F_i 修改为 F_i'。

① 以图 11.2(b) 中 $i=6$ 的情况为例，通过令 $i_{BV}'=i_{BV}+1$ 把 MVT 更新为 MVT′。

② 把数据块 F_i' 分成 s 个部分，即 $F_i'=(F_{i1}',F_{i2}',\cdots,F_{is}')$。

③ 计算 $T_i'=\tau_C\left(H(\text{FN}\|i\|i_{BV}'\|U)+\sum_{j=1}^{s}F_{ij}'U_j\right)$。

④ 计算签名 $\sigma_C'=\text{IDSign}(\text{sk}_C,\text{FN}\|U\|\text{MVT}')$。

⑤ 上传更新的数据和标签 $\{F_i',T_i'\}$，更新的数据列表 $(\text{FN},U,\text{MVT}',\sigma_C')$ 给云服务器。

⑥ 云服务器通过分别验证公式 $e(T_i',P)=e\left(H(\text{FN}\|i\|i_{BV}'\|U)+\sum_{j=1}^{s}F_{ij}'U_j,\right.$

$\left.R_C+h(\text{ID}_C\|R_C)X\right)$ 和 $1=\text{IDVeri}(\text{ID}_C,\text{FN}\|U\|\text{MVT}',\sigma_C')$ 是否成立检查 T_i' 和 σ_C' 的有效性，若至少有一个无效，则停止，否则云服务器把 F_i、T_i、MVT、σ_C 替换为 F_i'、T_i'、MVT′、σ_C'，计算签名 $\sigma_S'=\text{Sign}(\text{sk}_S,\sigma_C')$，并且返回收据 σ_S' 给用户。

⑦ 用户利用公式 $1=\text{Veri}(\text{ID}_C,\sigma_C',\sigma_S')$ 检查 σ_S' 的有效性，若无效，则停止，否则把 MVT、σ_C、σ_S 替换为 MVT′、σ_C'、σ_S'，删除 $\{F_i',T_i'\}$。

(2) Insert：用户想在位置 i 后面插入一个新的数据块 F^*，其中 i 为 MVT 的 SN 列的值。

① 以图 11.2(c) 中 $i=6$ 且 $n=7$ 的情况为例，通过令 $i'=n+1$ 且 $i_{BV}'=1$ 把 MVT 更新为 MVT′。

② 把数据块 F^* 分成 s 个部分，即 $F^*=(F_1^*,F_2^*,\cdots,F_s^*)$。

③ 计算 $T_{n+1}=\tau_C\left(H(\text{FN}\|(n+1)\|1\|U)+\sum_{j=1}^{s}F_j^*U_j\right)$。

④ 计算签名 $\sigma_C'=\text{IDSign}(\text{sk}_C,\text{FN}\|U\|\text{MVT}')$。

⑤ 上传更新的数据和标签 $\{F^*,T_{n+1}\}$，将更新的数据列表 $(\text{FN},U,\text{MVT}',\sigma_C')$ 给云服务器。

⑥ 云服务器通过分别验证公式 $e(T_{n+1},P)=e\left(H(\text{FN}\|(n+1)\|1\|U)+\sum_{j=1}^{s}F_j^*U_j,\right.$

$\left.R_C+h(\text{ID}_C\|R_C)X\right)$ 和 $1=\text{IDVeri}(\text{ID}_C,\text{FN}\|U\|\text{MVT}',\sigma_C')$ 是否成立检查 T_{n+1} 和 σ_C' 的有效性，若至少有一个无效，则停止，否则云服务器把 F_i、T_i、MVT、σ_C 替换为 F_i'、T_i'、MVT′、σ_C'，计算签名 $\sigma_S'=\text{Sign}(\text{sk}_S,\sigma_C')$，并且返回收据 σ_S' 给用户。

⑦ 用户利用公式 $1=\text{Veri}(\text{ID}_C,\sigma_C',\sigma_S')$ 检查 σ_S' 的有效性，若无效，则停止，否则把 MVT、σ_C、σ_S 替换为 MVT′、σ_C'、σ_S'，删除 $\{F^*,T_{n+1}\}$。

(3) Append：用户想在数据的最后附加数据块 F^*。

① 以图 11.2(d)中 $n=8$ 的情况为例，通过令 $i'=n+1$ 且 $i'_{\text{BV}}=1$ 把 MVT 更新为 MVT'。

② 其他操作与 Insert 操作类似。

(4) Delete：用户想删除位置在 i 处的数据块，其中 i 为 MVT 的 SN 列的值。

① 以图 11.2(e)中 $i=3$ 且 $n=9$ 的情况或图 11.2(f)中 $i=8$ 且 $n=8$ 的情况为例，通过删除位置 i 所在的行把 MVT 更新为 MVT'。

② 计算签名 $\sigma'_C=\text{IDSign}(\text{sk}_C,\text{FN}\|U\|\text{MVT}')$。

③ 上传更新的数据列表(FN,U,MVT',σ'_C)给云服务器。

④ 云服务器通过验证公式 $1=\text{IDVeri}(\text{ID}_C,\ \text{FN}\|U\|\text{MVT}',\sigma'_C)$是否成立检查 σ'_C 的有效性，若无效，则停止，否则计算签名 $\sigma'_S=\text{Sign}(\text{sk}_S,\sigma'_C)$，并且返回收据 σ'_S 给用户。

⑤ 用户利用公式 $1=\text{Veri}(\text{ID}_C,\ \sigma'_C,\ \sigma'_S)$检查 σ'_S 的有效性，若无效，则停止，否则把 MVT、σ_C、σ_S 替换为 MVT'、σ'_C、σ'_S，删除$\{F^*,T_{n+1}\}$。

⑥ 用户利用公式 $1=\text{Veri}(\text{ID}_C,\ \sigma'_C,\ \sigma'_S)$检查 σ'_S 的有效性，若无效，则停止，否则把 MVT、σ_C、σ_S 替换为 MVT'、σ'_C、σ'_S。

Proof：用户(或者用户授权的审计者)发送挑战给云服务器，云服务器返回响应给用户，用户验证响应的有效性。

(1) 为了审计文件 FN，用户选择 $c(c=1,2,\cdots,n),k_1,k_2\in_R Z^*_q$，计算 $K_2=k_2P$，$\sigma_C=\text{IDSign}(\text{sk}_C,c\|k_1\|K_2\|\text{FN})$，发送挑战 Chal=$(c,k_1,K_2,\text{FN},\sigma_C)$给云服务器。

(2) 收到挑战 Chal，云服务器停止文件 FN 的动态操作，选择 $k_3\in_R Z^*_q$，计算 $K_3=k_3P$，$K=k_3K_2$，$v_i=\pi_{k_1}(i)\ (i=1,2,\cdots,c),a_l=\psi_K(l),\hat{F}_j=\sum_{l\in L}a_lF_{lj}\ (l=1,2,\cdots,s),\hat{T}=\sum_{l\in L}T_l,\hat{\sigma}_S=\text{Sign}(\text{sk}_S,K_3\|\text{MVT}\|\hat{F}_1\|\hat{F}_2\|\cdots\|\hat{F}_s\|\hat{T})$，其中 MVT 是最新的映射版本号表，$l$ 是 MVT 中 BN 列的值，v_i 是对应的 VN 列的值，所有的 l 构成集合 L。云服务器发送响应 resp=$\{K_3,\text{MVT},\hat{F}_1,\hat{F}_2,\cdots,\hat{F}_s,\hat{T},\hat{\sigma}_S\}$给用户。

(3) 收到响应 resp=$\{K_3,\text{MVT},\hat{F}_1,\hat{F}_2,\cdots,\hat{F}_s,\hat{T},\hat{\sigma}_S\}$，用户计算 $K=k_2K_3$，$v_i=\pi_{k_1}(i)(i=1,2,\cdots,c),a_l=\psi_K(l)$，其中 MVT 是最新的映射版本号表，$l$ 是 MVT 中 BN 列的值，v_i 是对应的 VN 列的值，所有的 l 构成集合 L。用户检查 MVT 的新鲜性，并通过公式 $e(\hat{T},P)=e\left(\sum_{l\in L}a_lH(\text{FN}\|l\|l_{\text{BV}}\|U)+\sum_{j=1}^s\hat{F}_jU_j,R_C+h(\text{ID}_C\|R_C)X\right)$

和 $1=\text{Veri}(\text{ID}_S,K_3\|\text{MVT}\|\hat{F}_1\|\hat{F}_2\|\cdots\|\hat{F}_s\|\hat{T},\hat{\sigma}_S)$检查响应 resp 的有效性。如果 MVT 是新鲜的并且响应 resp 是有效的，表明数据没有被篡改，否则说明数据被篡改。

Judgment：当争执发生时，法官执行 Judgment 算法解决争执。

（1）用户发送存储在本地服务器上的最新动态结构 MVT_C 以及对应的收据 σ_S。

（2）云服务器发送接收到的用户的挑战 $Chal=(c,k_1,K_2,FN,\sigma_C)$ 和自己的响应 $resp=\{K_3,MVT,\hat{F}_1,\hat{F}_2,\cdots,\hat{F}_s,\hat{T},\hat{\sigma}_S\}$、$K$，以及 MVT 的签名 σ_C。

（3）法官检查 σ_S 的有效性，若无效，则云服务器赢；否则检查 σ_C 和 Chal 的有效性，若至少有一个无效，则用户赢；否则比较 MVT 与 MVT_C 的先后顺序，若 $MVT_C>MVT$，则用户赢，否则云服务器赢。

11.4　性能及安全性分析

11.4.1　安全性分析

本节分析所提出方案的安全性，主要包括只存储散列值攻击、插入-删除攻击、篡改云端返回值攻击和不可否认性。

1. 只存储散列值攻击

Wang[16]提出了分布式多云存储环境下的基于身份可证明数据拥有方案。在这个方案中，作者利用数据块的散列值代替数据块本身生成标签。由于散列值比数据本身存储量小很多，所以云服务器更乐意存储散列值而不是数据本身以节省空间。Liu 等[18]指出如果云服务器只存储散列值而不是数据本身，那么利用此方案，外包的数据可以通过用户的审计。称这种攻击方法为只存储散列值攻击。

在本章方案中，用户的认证标签是利用数据块本身生成的，因而可以抵抗只存储散列值攻击。

2. 插入-删除攻击

在 11.2.2 节中，指出 Barsoum 和 Hasan[13]的方案不能抵抗插入-删除攻击。我们的方案在 MVT 中增加了结束标识。当删除 BN 为最大值(不含结束标识行)的数据块时，结束标识中 BN 的值不变，然后插入(附加)一个新的数据块所对应的 BN 的值变为原来结束标识中 BN 的值，新的结束标识中 BN 的值变为原结束标识的 BN 值加 1。也就是说，删除的数据块与新插入的数据块的 BN 值不同。因此，本章方案能够抵抗插入-删除攻击。

3. 篡改云端返回值攻击

文献[14]和[19]提出了一种新的针对 PDP 的攻击方法。在他们的攻击方法中，攻击者首先修改存储在云服务器中的数据，当用户需要审计数据时，用户发送挑战给云服务器，云服务器返回响应给用户。攻击者截获并修改响应使得其通过用户的验证。称这种攻击为篡改云端返回值攻击。

在本章方案中，$a_l = \psi_K(l)(l \in L)$依赖于l和K，而K是 Diffie-Hellman 密钥协商协议生成的会话密钥，攻击者不知道K，不能计算出$a_l = \psi_K(l)(l \in L)$。因此，本章方案可以抵抗篡改云端返回值攻击。

4. 不可否认性

本章方案可以保护恶意用户环境下的云服务提供商的利益。如果某个用户没有更新他的数据，而自己声称已经更新了，法官可以利用 11.3 节中的 Judgment 算法解决这个问题。如果用户没有更新数据，那么他就不能提供云服务器返回的收据，法官判定云服务器赢。

11.4.2 效率分析

在动态 PDP 方案中，用户更关心动态操作的效率，因此本节主要讨论本章方案动态操作的效率。

文献[12]、[13]指出 MVT 存储代价小于数据大小的 0.05%，而文献[2]中 MVT 由于多了一列时间戳，因而存储会比文献[12]、[13]中的 MVT 存储代价大，同时会引入时间同步问题。改进的方案只比文献[12]、[13]多一行，存储量和文献[12]、[13]基本一样，而且没有时间同步问题。

11.4.3 与其他方案的比较

本节把本章方案与 Wang 等[9]基于 MHT 的动态 PDP 方案、Barsoum 和 Hasan[13]的基于 MVT 的动态 PDP 方案、Yang 和 Jia[2]的基于带时间戳 MVT 的动态 PDP 方案、Mo 等[24]的基于 MHT 的不可否认动态 PDP 方案，以及 Wang[16]的基于身份的 PDP 方案作比较。从表 11.1 可以看出，本章方案是基于身份的不可否认 PDP 方案，利用改进的 MVT 动态结构，本章方案不仅可以抵抗只存储散列值攻击、插入-删除攻击、篡改云端返回值攻击，而且解决了时间同步问题。

表 11.1　与其他几个方案的比较

方案	文献[9]	文献[13]	文献[2]	文献[24]	文献[16]	本章方案
基于身份	N	N	N	N	Y	Y
动态结构	MHT	MVT	带时间戳 MVT	带时间戳 MHT	—	改进的 MVT
不可否认	N	N	N	Y	N	Y

续表

方案	文献[9]	文献[13]	文献[2]	文献[24]	文献[16]	本章方案
抵抗只存储散列值攻击	Y	Y	Y	Y	N	Y
抵抗插入-删除攻击	Y	N	Y	Y	Y	Y
抵抗篡改云端返回值攻击	N	N	Y	N	N	Y
时间同步问题	N	N	Y	Y	N	N

11.5　本章小结

在云存储环境中，如何保护存储在云端数据的完整性是用户最关心的问题之一，而 PDP 是一个重要的检查云端数据完整性的方法。已有的映射版本号表(MVT)不能抵抗插入-删除攻击，并给出了一个改进的 MVT，改进的 MVT 不仅能够抵抗插入-删除攻击，而且具有单调性，可适用于不可否认 PDP 方案。在此基础上，提出了基于身份的不可否认动态 PDP 方案，该方案不仅把基于身份的 PDP 方案扩展到基于身份的不可否认动态 PDP 方案，而且可以抵抗只存储散列值攻击、插入-删除攻击、篡改云端返回值攻击，并解决了时间同步问题。

参 考 文 献

[1] Wang H, Zhu L, Xu C, et al. A universal method for realizing non-repudiable provable data possession in cloud storage[J]. Security & Communication Networks, 2016, 9(14): 2291-2301.

[2] Yang K, Jia X. An efficient and secure dynamic auditing protocol for data storage in cloud computing[J]. IEEE Transactions on Parallel & Distributed Systems, 2013, 24(9): 1717-1726.

[3] Ali M, Khan S U, Vasilakos A V. Security in cloud computing: Opportunities and challenges[J]. Information Sciences, 2015, 305: 357-383.

[4] Ateniese G, Burns R, Curtmola R, et al. Provable data possession at untrusted stores[C]. Proceedings of the 14th ACM Conference on Computer and Communications Security, 2007: 598-609.

[5] Shacham H, Waters B. Compact proofs of retrievability[C]. Proceedings of 14th International Conference on the Theory and Application of Cryptology and Information Security, 2008: 90-107.

[6] Ateniese G, Pietro R D, Mancini L V, et al. Scalable and efficient provable data possession[C]. Proceedings of the 4th International Conference on Security and Privacy in Communication Networks, 2008: 1-10.

[7] Erway C C, Papamanthou C, Tamassia R. Dynamic provable data possession[J]. ACM Transactions on Information and System Security, 2015, 17(4): 15.

[8] Sookhak M, Talebian H, Ahmed E, et al. A review on remote data auditing in single cloud server: Taxonomy and open issues[J]. Journal of Network & Computer Applications, 2014, 43(5): 121-141.

[9] Wang Q, Wang C, Ren K, et al. Enabling public auditability and data dynamics for storage security in cloud computing[J]. IEEE Transactions on Parallel and Distributed Systems, 2011, 22(5): 847-859.

[10] Wang C, Chow S S M, Wang Q, et al. Privacy-preserving public auditing for secure cloud storage[J]. IEEE Transactions on Computers, 2013, 62(2): 362-375.

[11] Yu J, Ren K, Wang C, et al. Enabling cloud storage auditing with key-exposure resistance[J]. IEEE Transactions on Information Forensics and Security, 2017, 10(6):1167-1179.

[12] Yan H, Li J, Han J, et al. A novel efficient remote data possession checking protocol in cloud storage[J]. IEEE Transactions on Information Forensics and Security, 2017, 12(1): 78-88.

[13] Barsoum A F, Hasan M A. Provable multicopy dynamic data possession in cloud computing systems[J]. IEEE Transactions on Information Forensics and Security, 2017, 10(3): 485-497.

[14] Ni J, Yu Y, Mu Y, et al. On the security of an efficient dynamic auditing protocol in cloud storage[J]. IEEE Transactions on Parallel & Distributed Systems, 2014, 25(10): 2760-2761.

[15] Wang H, Wu Q, Qin B, et al. Identity-based remote data possession checking in public clouds[J]. Information Security IET, 2014, 8(2): 114-121.

[16] Wang H. Identity-based distributed provable data possession in multicloud storage[J]. IEEE Transactions on Services Computing, 2015, 8(2): 328-340.

[17] Wang H, He D, Tang S. Identity-based proxy-oriented data uploading and remote data integrity checking in public cloud[J]. IEEE Transactions on Information Forensics and Security, 2016, 11(6): 1165-1176.

[18] Liu H, Mu Y, Zhao J, et al. Identity-based provable data possession revisited: Security analysis and generic construction[J]. Computer Standards & Interfaces, 2017, 54(1): 10-19.

[19] Ming Y, Wang Y. On the security of three public auditing schemes in cloud computing[J]. International Journal of Network Security, 2015, 17(6): 795-802.

[20] Zhang J, Dong Q. Efficient ID-based public auditing for the outsourced data in cloud storage[J]. Information Sciences, 2016, 343-344: 1-14.

[21] He D, Wang H, Zhang J, et al. Insecurity of an identity-based public auditing protocol for the outsourced data in cloud storage[J]. Information Sciences, 2017, 375: 48-53.

[22] Yu Y, Xue L, Man H A, et al. Cloud data integrity checking with an identity-based auditing mechanism from RSA[J]. Future Generation Computer Systems, 2016, 62: 85-91.

[23] Zhang J, Li P, Mao J. IPad: ID-based public auditing for the outsourced data in the standard model[J]. Cluster Computing, 2016, 19(1): 127-138.

[24] Mo Z, Zhou Y, Chen S, et al. Enabling non-repudiable data possession verification in cloud storage systems[C]. Proceedings of the 7th International Conference on Cloud Computing, 2014: 232-239.

[25] Galindo D, Garcia F D. A Schnorr-like lightweight identity-based signature scheme[C]. Proceedings of 2nd International Conference on Cryptology in Africa, 2009: 135-148.

[26] Wang F, Chang C C, Chou Y C. Group authentication and group key distribution for ad hoc networks[J]. International Journal of Network Security, 2015, 17(2): 199-207.

[27] NIST. Federal Information Processing Standards Publication 186. Announcing the Standard for Digital Signature Standard (DSS)[S]. Gaithersburg: NIST, 1994.

第四部分 访问控制服务

在网络技术应用中，要保证通信的可信和可靠首先必须正确地识别通信双方的身份。身份认证是一个实体确认通信的另一个实体满足它所声明的认证策略的过程，是验证实体真实性的过程。由于网络具有复杂性和多变性，认证策略会随着网络环境的变化而变化。面对各种各样的用户，会根据实时需求改变其认证策略。在传统的认证系统中，由于用户的身份是公开的，所以无论策略如何变化，网络服务器可以直接判断用户的身份是否符合认证策略。然而，在具有隐私保护的认证系统中，实现动态认证有一定的困难性。随着信息技术的发展，像互联网网络结构图、公司职位关系结构图以及军事指挥链系统等图状数据也进入大数据时代。传递签名是一种具有特殊性质的签名，能够高效解决云存储中图状数据的认证问题。

本部分以此为背景，利用数字签名、模糊控制理论、图论等知识，设计几种安全认证及访问控制方案。第 12 章设计一种安全认证签名，保障在 SaaS 模型中的安全性和公平性，防止参与者不诚实行为的发生；第 13 章利用模糊控制，设计安全访问策略，提供可变的访问决策来控制云计算资源的利用；第 14 章基于 M2SDH 困难假设，构造一种高效的无向无状态的传递签名方案；第 15 章提出广义指定验证者传递签名，并以此为基础设计两个能够实现云存储中图状大数据的安全认证方案。

第 12 章　云存储中的安全认证服务

云计算能够为云用户提供许多应用服务，软件即服务(SaaS)模型是一个重要的组成部分。作为一种商业模型，SaaS 会涉及很多参与者，他们当中可能存在恶意或者不诚实的人。如何防止这些恶意或者不诚实的人获取服务是保障 SaaS 服务商利益的重要内容。本章基于身份的代理签名，设计安全认证签名(secure authentication signature, SAS)，来处理 SaaS 中的安全认证问题，保障各方的利益。

12.1　背景及相关工作

在云计算环境中，为了获取系统提供的云服务，对用户进行认证是十分重要的一个环节。研究人员在这方面做了很多研究工作，例如，Yassin 等[1]利用匿名的一次加密设计了云认证的方案，Wang 等[2]构造了一个轻量级的认证协议。

在传统公钥密码机制(traditional public key infrastructure, traditional PKI)中，管理和使用证书是相当消耗资源的。Shamir[3]第一个提出基于身份的公钥密码机制，简化了传统 PKI 中证书的管理。在基于身份的公钥密码机制中，公钥是某个人公开已知的信息，如地址或电话，因此就没有必要再使用证书了，而所对应的私钥是由可信第三方的私钥生成器(PKG)生成的。

Boneh 和 Franklin[4]利用椭圆曲线上的 Weil 对，描述了第一个实用的基于身份的加密方案，此后人们用线性对构造了很多基于身份的加密和签名方案[5-8]。

Mambod 等[9]第一个介绍了代理签名的概念，这种签名允许代理签名者代替原始签名者对消息进行签名，并且验证者能验证该签名的正确性和有效性。接着，很多代理签名方案[10,11]也被设计出来。

综合上述两种思想，一种基于身份的代理签名引起了人们的关注和研究。Xu 等[12]最先给出了基于身份代理签名的形式化定义，接着 Wu 等[13]提出了改进方案降低了计算开销。此外，Li 和 Chen[14]利用线性对构造了一个基于身份的签名方案。实践表明，基于身份的代理签名可以用在很多地方发挥用途，如 Cao 等[15]在云计算中利用基于身份的代理签名，实现安全认证服务。

云计算是一种通过网络来传递的服务，它提供包括硬件资源和软件资源在内的计算资源。基于分布式和并行计算的技术，云计算能够像电网等基础设施一样，带来规模效益。美国国家标准与技术研究院将云计算定义为[16]：一种按使用量计费的模型，能够根据需要方便快捷地提供网络访问，来获取所需的网络、服务器、存储、应用、服务等计算资源，只需通过很少的管理或者交互过程，这些资源就能够被迅速配置和发布。

当前，针对不同的使用环境，人们提出了很多不同的云计算类型，如基础设施即服务(IaaS)、平台即服务(PaaS)、软件即服务(SaaS)、存储即服务(storage-as-a-service, STaaS)和安全即服务(security-as-a-service, SECaaS)等。其中，随着 Web2.0技术的发展，SaaS 通过云计算为用户提供了丰富的软件服务。云用户(CU)不需要了解云计算底层的工作原理，也不需要手动进行复杂的配置，只需使用计算机上的网络浏览器或者手机上的应用程序，登录某个类似苹果商店或者安卓市场的云中心(CC)，就能轻松享受不同软件提供商(SP)提供的互联网服务，如图 12.1 所示。

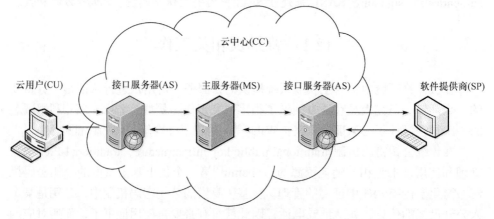

图 12.1　云安全认证模型

近年来，学术界和工业界都开始研究云计算和软件即服务这个热门话题[17-19]。然而，随着云计算技术的发展和流行，安全问题日益凸显，研究云计算和软件即服务中存在的安全问题显得尤为重要[20,21]。SaaS 作为一种商业模型，它需要按照服务的使用量来付费，涉及云用户、云中心和软件提供商三者的利益关系。假设某云用户不诚实，他可能想否认使用过云服务的事实，来享受免费的软件服务；如果某云中心不诚实，它可能想虚报软件的使用次数，这样就能少分利润给软件提供商。

为了保护 SaaS 中各方的利益，可以使用基于传统公钥密码机制的数字签名方案。参与者可以通过一个可信的认证中心(CA)，获取一个公私钥对，来绑定自己的身份。然后，他就能用自己的私钥来生成一个有效的数字签名，这个数字签名能通过对应的公钥进行验证。和传统的手写签名一样，一个有效的数字签名能够确认所签消息的真实性和完整性，并且该签名具有法律效力[22]。

为了实现不可否认性，数字签名必须满足一些安全需求，包括签名算法的密码长度(如存在不可伪造性)、签名密钥的管理(如密钥撤销)以及用于生成签名的设备[23]。本章提出一种具有不可否认特性的安全认证签名(SAS)方案，来解决云计算中的安全认证问题。

12.2　安全认证签名方案

12.2.1　方案设计

在云计算的 SaaS 中，一个完整的认证过程需要满足以下两个目标：

(1) 云中心获得云用户确认使用云服务的签名；

(2) 软件提供商获得云中心统计云服务次数的签名。

在云服务的交互过程中，可能存在否认和假冒等欺骗行为。为了自身的利益，云用户可能否认使用过云中心提供的云服务，云中心也可能谎报云服务的使用次数，这样就能对软件提供商少付费。这里使用基于身份的代理签名来解决这些情形可能产生的争端，图 12.2 展示了整个模型的概览。为了方便，用 A 代表云用户，用 B 代表云中心，用 C 代表软件提供商。

下面详细描述 SAS 方案。

1. 阶段 I

本阶段在服务开始前执行，生成系统参数，C 将委托签名认证的权利给 B，具体由以下几个算法组成。

1) Generation(生成系统参数)

(1) 令 k 为安全参数，n 为密钥的长度。

(2) PKG 选择 q 阶群 G 和 V，P 是 G 的生成元，$\hat{e}: G \times G \to V$ 是双线性映射。

(3) PKG 随机生成一个主密钥 $s \in Z_q^*$，计算公钥 $P_{pub}=sP \in G$，选择一个安全对称加密解密算法(E,D)以及散列函数 $H_1,H_2,H_3,H_4,H_5,H_6,H_7,H_8:\{0,1\}^* \to G$。

(4) PKG 秘密地保存 s，然后公开 $\Psi=(G,V,\hat{e},P,P_{pub},n,E,D,H_1,H_2,H_3,H_4,H_5,H_6,H_7,H_8)$作为公钥。

2) Extraction(分配密钥)

(1) 给定一个身份 ID，PKG 计算其公钥 $Q_{ID}=H_1(ID) \in G$ 和私钥 $d_{ID}=sQ_{ID} \in G$。

(2) PKG 通过安全信道发送私钥 d_{ID} 给对应用户。

3) WarrantSign(委托签名)

(1) 为了认证委托信息 m_w，C 随机选取 $r_w \in Z_q^*$；计算 $U_w=r_wP$，$H_w=H_2(ID_C,m_w,U_w)$，$V_w=d_C+r_wH_w$。

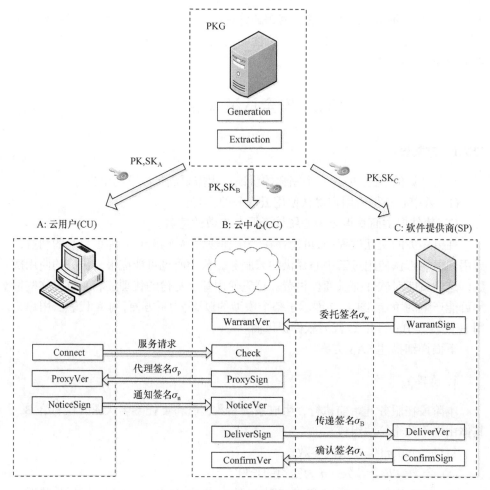

图 12.2　安全认证签名

(2) 发送 m_w 和 (U_w, V_w) 作为委托签名 σ_w 发送给 B。

4) WarrantVer(委托验证)

(1) 为了验证 C 发来的 σ_w，B 计算 $Q_C = H_1(\mathrm{ID}_C)$ 和 $H_w = H_2(\mathrm{ID}_C, m_w, U_w)$。

(2) B 认为 σ_w 是一个有效的委托签名当且仅当 $\hat{e}(P, V_w) = \hat{e}(P_{\mathrm{pub}}, Q_C)\hat{e}(U_w, H_w)$。

2. 阶段 II

本阶段在服务运行期执行，B 代理 C 对服务签名，A 对使用云服务的情况进行认证，具体由以下几个算法组成。

1) Check(检查服务)

(1) 当 A 提交一个云服务请求时，B 检查 $\mathrm{List}^{C1}(\mathrm{ID}, \mathrm{number})$。

(2) 若 ID_A 的未付费次数达到系统的容忍上限，则该请求会被拒绝"reject"。

(3) 否则，B 接受 A 的服务请求。

2) ProxySign(代理签名)

(1) 为了认证代理信息 m_p，B 随机选取 $r_p \in Z_q^*$，计算 $U_p = r_p P$，$H_p = H_3(ID_B, m_p, U_p)$，$V_p = d_C + r_w H_w + d_B + r_p H_p$。

(2) B 发送 m_p 和 (m_w, U_w, U_p, V_p) 作为代理签名发送给 A。

3) ProxyVer(代理验证)

(1) 为了验证 σ_p，A 计算 $Q_B = H_1(ID_B)$，$Q_C = H_1(ID_C)$，$H_w = H_2(ID_C, m_w, U_w)$，$H_p = H_3(ID_B, m_p, U_p)$。

(2) A 认为 σ_p 是一个有效的代理签名并开始使用云服务当且仅当 $\hat{e}(P, V_p) = \hat{e}(P_{pub}, Q_B)\hat{e}(P_{pub}, Q_C)\hat{e}(U_w, H_w)\hat{e}(U_p, H_p)$。

4) NoticeSign(通知签名)

(1) 云服务结束后，云服务信息更新为 m。

(2) 为了认证 m，A 随机选取 $r_A \in Z_q^*$，$r_k \in Z_q^*$，$r_n \in Z_q^*$，计算 $U_A = r_A P$，$U_k = r_k P$，$U_n = r_n P$，$H_A = H_4(ID_A, m, U_A)$，$V_A = d_A + r_A H_A$，$k_A = \hat{e}(d_A, Q_C)$，$c = E_{k_A}(U_A, V_A)$，$H_k = H_5(ID_A, c)$，$t = d_A + r_k H_k$，$V_k = \hat{e}(P, t)$，$H_n = H_6(ID_A, m\|c\|U_k\|V_k, U_n)$，$V_n = d_A + r_n H_n$。

(3) A 发送 $m\|c\|U_k\|V_k$ 和 (U_n, V_n) 作为通知签名 σ_n 发送给 B。

5) NoticeVer(通知验证)

(1) 云服务结束后，B 更新 ID_A 的使用次数 number 为 number+1。

(2) 在 A 为这次服务付费后，令 number−1。

(3) 为了验证 σ_n，B 计算 $Q_A = H_1(ID_A)$，$H_n = H_6(ID_A, m\|c\|U_k\|V_k, U_n)$。

(4) B 认为 σ_n 是一个有效的通知签名当且仅当 $\hat{e}(P, V_n) = \hat{e}(P_{pub}, Q_A)\hat{e}(U_n, H_n)$。

6) DeliverSign(传递签名)

(1) B 随机选取 $r_B \in Z_q^*$，计算 $U_B = r_B P$，$H_B = H_7(ID_B, c\|U_k\|V_k, U_B)$，$V_B = d_B + r_B H_B$。

(2) 然后 B 发送 $c\|U_k\|V_k$ 和 (U_B, V_B) 作为传递签名 σ_B 发送给 C。

3. 阶段 III

本阶段在云服务结束后执行，B 把 A 使用软件服务的情况告知 C，C 将 A 的认证信息解密后发送给 B，具体由以下几个算法组成。

1) DeliverVer(传递验证)

(1) 为了验证 σ_B，C 计算 $Q_B = H_1(ID_B)$ 和 $H_B = H_7(ID_B, c\|U_k\|V_k, U_B)$。

(2) C 认为 σ_B 是有效的 B 认证的签名当且仅当 $\hat{e}(P, V_B) = \hat{e}(P_{pub}, Q_B)\hat{e}(U_B, H_B)$。

(3) ID_B 的软件服务次数 $List^{C2}(ID, number)$ 将像算法 Check 一样被更新。

(4) 有了签名σ_B，C 就能证明他为 B 提供了软件服务。

2) ConfirmSign(确认签名)

(1) 为了解签密 c，C 计算 $Q_\mathrm{A}=H_1(\mathrm{ID_A})$，$Q_\mathrm{C}=H_1(\mathrm{ID_C})$，$k_\mathrm{C}=\hat{e}(Q_\mathrm{A},d_\mathrm{C})$，$U_\mathrm{A}\|V_\mathrm{A}=D_{k_\mathrm{C}}(c)$，$H_k=H_5(\mathrm{ID_A},c)$。

(2) 若 $V_k \neq \hat{e}(P_\mathrm{pub},Q_\mathrm{A})\hat{e}(U_k,H_k)$，则算法结束。

(3) 否则，C 认为 c 是一个有效的签密信息并且发送 A 的认证信息给 B:

① 随机选取 $r_\mathrm{C} \in Z_q^*$，计算 $U_\mathrm{C}=r_\mathrm{C}P$，$H_\mathrm{C}=H_8(\mathrm{ID_C},U_\mathrm{A}\|V_\mathrm{A},U_\mathrm{C})$，$V_\mathrm{C}=d_\mathrm{C}+r_\mathrm{C}H_\mathrm{C}$。

② 发送 $U_\mathrm{A}\|V_\mathrm{A}$ 和 $(U_\mathrm{C},V_\mathrm{C})$ 作为确认签名 σ_A 给 B。

3) ConfirmVer(确认验证)

(1) 为了验证 σ_A，B 计算 $Q_\mathrm{C}=H_1(\mathrm{ID_C})$，$H_\mathrm{C}=H_8(\mathrm{ID_C},U_\mathrm{A}\|V_\mathrm{A},U_\mathrm{C})$。

(2) 若 $\hat{e}(P,V_\mathrm{C})=\hat{e}(P_\mathrm{pub},Q_\mathrm{C})\hat{e}(U_\mathrm{C},H_\mathrm{C})$，则算法结束。

(3) 否则，B 继续验证云服务信息 m，计算 $Q_\mathrm{A}=H_1(\mathrm{ID_A})$ 和 $H_\mathrm{A}=H_4(\mathrm{ID_A},m,U_\mathrm{A})$。

① 如果 $\hat{e}(P,V_\mathrm{A})=\hat{e}(P_\mathrm{pub},Q_\mathrm{A})\hat{e}(U_\mathrm{A},H_\mathrm{A})$，B 认为 σ_A 是一个有效的确认签名并能证明自己为 A 提供了云服务。

② 否则，B 拒绝签名 σ_A。

12.2.2　方案证明

现在证明 SAS 方案中签名算法的正确性，在算法 WarrantVer 中，因为 $V_\mathrm{w}=d_\mathrm{C}+r_\mathrm{w}H_\mathrm{w}$，所以

$$\begin{aligned}\hat{e}(P,V_\mathrm{w}) &= \hat{e}(P,d_\mathrm{C})\hat{e}(P,r_\mathrm{w}H_\mathrm{w})\\ &= \hat{e}(P,sQ_\mathrm{C})\hat{e}(P,r_\mathrm{w}H_\mathrm{w})\\ &= \hat{e}(sP,Q_\mathrm{C})\hat{e}(r_\mathrm{w}P,H_\mathrm{w})\\ &= \hat{e}(P_\mathrm{pub},Q_\mathrm{C})\hat{e}(U_\mathrm{w},H_\mathrm{w})\end{aligned}$$

因此委托签名是有效的当且仅当 $\hat{e}(P,V_\mathrm{w})=\hat{e}(P_\mathrm{pub},Q_\mathrm{C})\hat{e}(U_\mathrm{w},H_\mathrm{w})$。

在算法 ProxyVer 中，因为 $V_\mathrm{p}=d_\mathrm{C}+r_\mathrm{w}H_\mathrm{w}+d_\mathrm{B}+r_\mathrm{p}H_\mathrm{p}$，所以

$$\begin{aligned}\hat{e}(P,V_\mathrm{p}) &= \hat{e}(P,d_\mathrm{B})\hat{e}(P,d_\mathrm{C})\hat{e}(P,r_\mathrm{w}H_\mathrm{w})\hat{e}(P,r_\mathrm{p}H_\mathrm{p})\\ &= \hat{e}(P,sQ_\mathrm{B})\hat{e}(P,sQ_\mathrm{C})\hat{e}(P,r_\mathrm{w}H_\mathrm{w})\hat{e}(P,r_\mathrm{p}H_\mathrm{p})\\ &= \hat{e}(sP,Q_\mathrm{B})\hat{e}(sP,Q_\mathrm{C})\hat{e}(r_\mathrm{w}P,H_\mathrm{w})\hat{e}(r_\mathrm{p}P,H_\mathrm{p})\\ &= \hat{e}(P_\mathrm{pub},Q_\mathrm{B})\hat{e}(P_\mathrm{pub},Q_\mathrm{C})\hat{e}(U_\mathrm{w},H_\mathrm{w})\hat{e}(U_\mathrm{p},H_\mathrm{p})\end{aligned}$$

因此代理签名是有效的当且仅当 $\hat{e}(P,V_\mathrm{p})=\hat{e}(P_\mathrm{pub},Q_\mathrm{B})\hat{e}(P_\mathrm{pub},Q_\mathrm{C})\hat{e}(U_\mathrm{w},H_\mathrm{w})\hat{e}(U_\mathrm{p},H_\mathrm{p})$。

在算法 NoticeVer 中，因为 $V_n=d_A+r_nH_n$，所以

$$\hat{e}(P,V_n) = \hat{e}(P,d_A)\hat{e}(P,r_nH_n)$$
$$= \hat{e}(P,sQ_A)\hat{e}(P,r_nH_n)$$
$$= \hat{e}(sP,Q_A)\hat{e}(r_nP,H_n)$$
$$= \hat{e}(P_{pub},Q_A)\hat{e}(U_n,H_n)$$

因此通知签名是有效的当且仅当 $\hat{e}(P,V_n) = \hat{e}(P_{pub},Q_A)\hat{e}(U_n,H_n)$。

在算法 DeliverVer 中，因为 $V_B=d_B+r_BH_B$，所以

$$\hat{e}(P,V_B) = \hat{e}(P,d_B)\hat{e}(P,r_BH_B)$$
$$= \hat{e}(P,sQ_B)\hat{e}(P,r_BH_B)$$
$$= \hat{e}(sP,Q_B)\hat{e}(r_BP,H_B)$$
$$= \hat{e}(P_{pub},Q_B)\hat{e}(U_B,H_B)$$

因此 B 的传递签名是有效的当且仅当 $\hat{e}(P,V_n) = \hat{e}(P_{pub},Q_B)\hat{e}(U_B,H_B)$。

在算法 ConfirmVer 中，$V_C=d_C+r_CH_C$，因为 $V_C=d_C+r_CH_C$，所以

$$\hat{e}(P,V_C) = \hat{e}(P,d_C)\hat{e}(P,r_CH_C)$$
$$= \hat{e}(P,sQ_C)\hat{e}(P,r_CH_C)$$
$$= \hat{e}(sP,Q_C)\hat{e}(r_CP,H_C)$$
$$= \hat{e}(P_{pub},Q_C)\hat{e}(U_C,H_C)$$

因此确认签名是有效的当且仅当 $\hat{e}(P,V_C) = \hat{e}(P_{pub},Q_C)\hat{e}(U_C,H_C)$。同时，因为 $V_A=d_A+r_AH_A$，所以

$$\hat{e}(P,V_A) = \hat{e}(P,d_A)\hat{e}(P,r_AH_A)$$
$$= \hat{e}(P,sQ_A)\hat{e}(P,r_AH_A)$$
$$= \hat{e}(sP,Q_A)\hat{e}(r_AP,H_A)$$
$$= \hat{e}(P_{pub},Q_A)\hat{e}(U_A,H_A)$$

因此 A 的认证签名是有效的当且仅当 $\hat{e}(P,V_A) = \hat{e}(P_{pub},Q_A)\hat{e}(U_A,H_A)$。

在解签密过程中，因为 $k_C = \hat{e}(Q_A,d_C)$，所以

$$k_C = \hat{e}(Q_A,d_C)$$
$$= \hat{e}(d_A,Q_C)$$
$$= k_A$$

因此软件提供商可以获取与 k_A 对应的解密密钥 k_C。同时，因为 $t=d_A+r_kH_k$，$V_k = \hat{e}(P,t)$，所以

$$V_k = \hat{e}(P,t) = \hat{e}(P,d_A)\hat{e}(P,r_kH_k)$$
$$= \hat{e}(P,sQ_A)\hat{e}(P,r_kH_k)$$

$$= \hat{e}(sP, Q_A)\hat{e}(r_k P, H_k)$$
$$= \hat{e}(P_{pub}, Q_A)\hat{e}(U_k, H_k)$$

通过 $V_k = \hat{e}(P, t) = \hat{e}(P_{pub}, Q_A)\hat{e}(U_k, H_k)$，软件提供商就可以认证签名信息。

12.3　性　能　分　析

Lynn[24]设计了一种可以进行线性对运算的基于对的密码学(pairing-based cryptography, PBC)库，该库可以使用在开源的Ubuntu操作系统中。本节在1.66GHz (双核)CPU和2048MB RAM的计算机上，利用PBC库运行SAS方案的仿真程序，各个算法的运行时间如表12.1所示。实验数据表明，SAS方案各个算法的运行时间是合理的。

表 12.1　SAS 方案各个算法的运行时间

算法	运行时间/ms
WarrantSign	48
WarrantVer	373
ProxySign	112
ProxyVer	640
NoticeSign	619
NoticeVer	399
DeliverSign	115
DeliverVer	427
ConfirmSign	763
ConfirmVer	732

在 SAS 方案中，线性对运算(P)和指数运算(E)是消耗最大的两种运算，因而它们的运算次数就决定了算法的效率。由方案可知，$\hat{e}(P, P_{pub})$、$\hat{e}(P_{pub}, Q_A)$、$\hat{e}(P_{pub}, Q_B)$、$\hat{e}(P_{pub}, Q_C)$、$\hat{e}(Q_A, d_C)$、$\hat{e}(d_A, Q_C)$ 这些线性对运算与消息和随机数无关，因此它们可以事先就计算好。另外，委托消息 m_w 并不经常更换，因而 $\hat{e}(P, V_w)$ 和 $\hat{e}(U_w, H_w)$ 这两个线性对运算也可以被看成事先就计算好的。如果直接使用 Xu 等[12]的代理签名方案和 Li 等[14]的代理签密方案来解决本章的认证问题，就可以得到 Xu+Li 方案。由表 12.2 可知，SAS 方案的性能整体上优于 Xu+Li 方案，软件提供商可以少算一次 P 和两次 E，但用户在少算三次 E 的同时要多计算一次 P。

表 12.2　SAS 方案和 Xu+Li 方案的对比

参与者	SAS 方案	Xu+Li 方案
云用户	$3P$	$2P+3E$
云中心	$6P$	$6P$
软件提供商	$3P$	$4P+2E$

12.4　安全性分析

12.4.1　选择消息攻击

为了证明 SAS 方案能在随机预言模型下抵抗选择消息攻击，定义一个攻击者 A 发起攻击实验，描述如下。

(1) 挑战者 C 运行 Generation 算法，然后把系统参数 Φ 传递给 A。

(2) 设置 List^E、List^W、List^P、List^N、List^D、$\text{List}^C \leftarrow \varnothing$。

(3) 攻击者 A 可以适应性地发起以下请求或者查询：

① Extraction。此预言机以云用户的身份 ID_i 作为输入，返回对应的私钥 d_i，当 A 获取 d_i 后设置 $\text{List}^E \leftarrow \text{List}^E \cup \{(\text{ID}_i, d_i)\}$。

② WarrantSign。此预言机以委托者的身份 ID_w 和委托信息 m_w 作为输入，输出一个委托签名 σ_w，当 A 获取 σ_w 后设置 $\text{List}^W \leftarrow \text{List}^W \cup \{(\text{ID}_w, m_w, \sigma_w)\}$。

③ ProxySign。此预言机以代理者的身份 ID_p 和代理信息 m_p 作为输入，输入一个代理签名 σ_p，当 A 获取 σ_p 后设置 $\text{List}^P \leftarrow \text{List}^P \cup \{(\text{ID}_p, m_p, \sigma_p)\}$。

④ NoticeSign。此预言机以云用户的身份 ID_n 和通知消息 m_n 作为输入，输出一个通知签名 σ_n，当 A 获取 σ_n 后设置 $\text{List}^N \leftarrow \text{List}^N \cup \{(\text{ID}_n, m_n, \sigma_n)\}$。

⑤ DeliverSign。此预言机以云中心的身份 ID_d 和传递消息 m_d 作为输入，输出一个传递签名 σ_d，当 A 获取 σ_d 后设置 $\text{List}^D \leftarrow \text{List}^D \cup \{(\text{ID}_d, m_d, \sigma_d)\}$。

⑥ ConfirmSign。此预言机以软件提供商的身份 ID_c 和确认信息 m_c 作为输入，输出一个确认签名 σ_c，当 A 获取 σ_c 后设置 $\text{List}^C \leftarrow \text{List}^C \cup \{(\text{ID}_c, m_c, \sigma_c)\}$。

(4) A 输出 $(\text{ID}_w, m_w, \sigma_w), (\text{ID}_p, m_p, \sigma_p), (\text{ID}_n, m_n, \sigma_n), (\text{ID}_d, m_d, \sigma_d), (\text{ID}_c, m_c, \sigma_c)$。

(5) $\text{Exp}_A^{\text{SAS}}(k)$ 输出：

① 若 WarrantVer$(\cdot)$ 验证通过并且 $(\text{ID}_w, m_w, \sigma_w) \notin \text{List}^W \wedge (\text{ID}_w, \cdot) \notin \text{List}^E$，则输出 1。

② 若 ProxyVer$(\cdot)$ 验证通过并且 $(\text{ID}_p, m_p, \sigma_p) \notin \text{List}^P \wedge (\text{ID}_p, \cdot) \notin \text{List}^E$，则输出 2。

③ 若 NoticeVer(·)验证通过并且 $(ID_n, m_n, \sigma_n) \notin List^N \wedge (ID_n, \cdot) \notin List^E$，则输出 3。

④ 若 DeliverVer(·)验证通过并且 $(ID_d, m_d, \sigma_d) \notin List^D \wedge (ID_d, \cdot) \notin List^E$，则输出 4。

⑤ 若 ConfirmVer(·)验证通过并且 $(ID_c, m_c, \sigma_c) \notin List^C \wedge (ID_c, \cdot) \notin List^E$，则输出 5。

⑥ 否则，输出 0。

安全性的证明由以下 5 个引理组成。

引理 12.1　基于 (t', ε')-k-CBDH 假设，在随机预言模型中，委托签名是存在性不可伪造的，能够在 $(t, q_E, q_{WS}, q_{H_1}, q_{H_2}, \varepsilon)$ 范围内抵抗适应性选择消息攻击，对于时间 t 和概率 ε，满足

$$\varepsilon \leqslant 4e(q_E+1)\varepsilon', \quad t \leqslant t' + C_G(q_{H_1} + q_{H_2} + 2q_E + 2q_{WS})$$

其中，C_G 是与 G 相关的常数；e 是自然对数的底数。

证明　假设 A 是一个有 $(t, q_E, q_{WS}, q_{H_1}, q_{H_2}, \varepsilon)$ 能力伪造委托签名的攻击算法。为了以 (P, P_{pub}, Q_i) 为输入时，通过 WarrantVer 算法的验证，C 在给定 $U_w^* = a_1 P$ 和 $H_w^* = a_2 P$ 的情况下，计算 $V_w^* = a_3 P$ 使得 $\hat{e}(P, V_w^*) = \hat{e}(P_{pub}, Q_i)\hat{e}(U_w^*, H_w^*)$ 成立，此时 C 解决 k-CBDH 问题。算法 C 模拟挑战者与 A 进行以下交互。

(1) H_1 Queries。算法 C 维护一张列表 $List^{H_1}(ID_i, Q_i, \alpha_i, \beta_i)$，给定一个身份 ID，C 按照如下步骤工作：

① 若所查询 ID 已经存在于列表 $List^{H_1}$ 的第 i 个元组，则 C 返回 Q_i。

② 否则，C 生成一个随机数 $\beta \in \{0, 1\}$ 满足 $Pr[\beta=0]=1/(q_E+1)$。

③ C 选取一个随机数 $\alpha \in Z_q^*$：如果 $\beta=0$，则令 $Q=\alpha P_{pub}$，如果 $\beta=1$，则令 $Q=\alpha P$。

④ C 添加元组 (ID, Q, α, β) 到列表 $List^{H_1}$，然后发送 Q 给 A。

(2) H_2 Queries。算法 C 维护一张列表 $List^{H_2}(ID_i, m_{wi}, U_{wi}, H_{wi}, \chi_i, \delta_i)$。给定一个输入 (ID, m_w, U_w)，C 按照如下步骤工作：

① 若查询 (ID, m_w, U_w) 已经存在于列表 $List^{H_2}$ 的第 i 个元组，C 返回 H_{wi}。

② 否则，C 生成一个随机参数 $\delta \in \{0, 1\}$ 满足 $Pr[\delta=0]=1/2$。

③ C 选取一个随机数 $\chi \in Z_q^*$，若 $\delta=0$，则令 $H_w=\chi P_{pub}$；若 $\delta=1$，则令 $H_w=\chi P$。

④ C 添加元组 $(ID, m_w, U_w, \chi, \delta)$ 到列表 $List^{H_2}$，然后发送 H_w 给 A。

(3) Extraction Queries。当 A 查询 ID_i 的私钥时，算法 C 从列表 $List^{H_1}$ 中找到相应的元组 $(ID_i, Q_i, \alpha_i, \beta_i)$，若 $\beta_i=0$，则 C 返回 0 并且终止，若 $\beta_i=1$，则 C 发送私钥

$d_i=s\alpha_iP=\alpha_iP_{\text{pub}}$ 给 A。

(4) WarrantSign Queries。当 A 查询 ID_i 的委托签名时，算法 C 从列表 List^{H_2} 中找到相应的元组 $(\text{ID}_i,m_{\text{w}i},U_{\text{w}i},\chi_i,\delta_i)$，并且选择一个随机数 $r_{\text{w}}\in Z_q^*$，若 $\delta_i=1$，则 C 令 $V_{\text{w}i}=b_iP_{\text{pub}}+r_{\text{w}i}\chi_iP$；若 $\delta_i=0$，则 C 令 $V_{\text{w}i}=(b_i+r_{\text{w}i}\chi_i)P_{\text{pub}}$。C 返回 $U_{\text{w}i}$、$V_{\text{w}i}$ 作为签名 $\sigma_{\text{w}i}$。

(5) Output。最终，算法 A 生成一个身份为 ID_i 并且还未查询过的消息签名对 $(m_{\text{w}}^*,\sigma_{\text{w}}^*)$。若这个签名是有效的，则当 $V_{\text{w}}^*=\alpha_iP_{\text{pub}}+r_{\text{w}}^*H_{\text{w}}^*$、$U_{\text{w}}^*=r_{\text{w}}^*P$、$H_{\text{w}}^*=\chi_iP$ 时，由 $\hat{e}(P,V_{\text{w}}^*)=\hat{e}(P,\alpha_iP_{\text{pub}})\hat{e}(P,r_{\text{w}}^*H_{\text{w}}^*)=\hat{e}(P_{\text{pub}},Q_i)\hat{e}(U_{\text{w}}^*,H_{\text{w}}^*)$ 可知，该签名须满足 $\hat{e}(P,V_{\text{w}}^*)=\hat{e}(P_{\text{pub}},Q_i)\hat{e}(U_{\text{w}}^*,H_{\text{w}}^*)$。

算法 C 的成功，需要满足以下事件。

$\theta 1$：C 没有在 Extraction Queries 的过程中终止。

$\theta 2$：C 没有在 WarrantSign Queries 的过程中终止。

$\theta 3$：A 生成了一个有效的消息签名对。

$\theta 4$：事件 $\theta 3$ 成立并且 $\delta=1$，$\beta=0$。

声明 12.1　算法 C 在进行一次 Extraction Queries 查询时没有终止的概率至少是 $1-1/(q_E+1)$，因而 $\Pr[\theta 1]\geqslant(1-1/(q_E+1))^{q_E}\geqslant 1/\mathrm{e}$。

声明 12.2　算法 C 在 WarrantSign Queries 查询时没有终止的概率是 1/2，因而 $\Pr[\theta 2|\theta 1]\geqslant 1/2$。

声明 12.3　如果算法 C 没有在 WarrantSign Queries 查询时终止，即在实际攻击中从 A 的角度看也是一样的，因而 $\Pr[\theta 3|\theta 2\wedge\theta 1]\geqslant\varepsilon$。

声明 12.4　算法 C 在 A 生成一个有效的伪造签名后没有终止的概率至少是 $1/[2(q_E+1)]$，因而 $\Pr[\theta 4|\theta 3\wedge\theta 2\wedge\theta 1]\geqslant 1/[2(q_E+1)]$。

当上述事件都成立时，算法 C 的攻击成功，其概率为 $\Pr[\theta 4\wedge\theta 3\wedge\theta 2\wedge\theta 1]=\Pr[\theta 1]\Pr[\theta 2|\theta 1]\Pr[\theta 3|\theta 2\wedge\theta 1]\Pr[\theta 4|\theta 3\wedge\theta 2\wedge\theta 1]$，即 C 成功的概率为 $\varepsilon'\geqslant\varepsilon/[4\mathrm{e}(q_E+1)]$。算法 A 的运行时间包含 C 的运行时间、$(q_{H_1}+q_{H_2}+q_E+q_{\text{WS}})$ 的散列查询时间、q_E 密钥查询时间以及 q_{WS} 的签名查询时间，因而 t 至多为 $t'+C_G(q_{H_1}+q_{H_2}+2q_E+2q_{\text{WS}})$。引理 12.1 证毕。

引理 12.2　基于 (t',ε')-k-CBDH 假设，在随机预言模型中，代理签名是存在性不可伪造的，能够在 $(t,q_E,q_{\text{WS}},q_{\text{PS}},q_{H_1},q_{H_2},q_{H_3},\varepsilon)$ 范围内抵抗适应性选择消息攻击，对于时间 t 和概率 ε，满足

$$\varepsilon\leqslant 8\mathrm{e}(q_E+1)^2\varepsilon',\quad t\leqslant t'+C_G(q_{H_1}+q_{H_2}+q_{H_3}+2q_E+2q_{\text{WS}}+2q_{\text{PS}})$$

引理 12.3　基于(t',ε')-k-CBDH 假设，在随机预言模型中，通知签名是存在性不可伪造的，能够在$(t,q_E,q_{NS},q_{H_1},q_{H_4},q_{H_5},q_{H_6},\varepsilon)$范围内抵抗适应性选择消息攻击，对于时间 t 和概率 ε，满足

$$\varepsilon \leqslant 4\mathrm{e}(q_E+1)\varepsilon', \quad t \leqslant t' + C_G(q_{H_1}+q_{H_4}+q_{H_5}+q_{H_6}+2q_E+2q_{NS})$$

引理 12.4　基于(t',ε')-k-CBDH 假设，在随机预言模型中，传递签名是存在性不可伪造的，能够在$(t,q_E,q_{DS},q_{H_1},q_{H_7},\varepsilon)$范围内抵抗适应性选择消息攻击，对于时间 t 和概率 ε，满足

$$\varepsilon \leqslant 4\mathrm{e}(q_E+1)\varepsilon', \quad t \leqslant t' + C_G(q_{H_1}+q_{H_7}+2q_E+2q_{DS})$$

引理 12.5　基于(t',ε')-k-CBD 假设，在随机预言模型中，委托签名是存在性不可伪造的，能够在$(t,q_E,q_{CS},q_{H_1},q_{H_8},\varepsilon)$范围内抵抗适应性选择消息攻击，对于时间 t 和概率 ε，满足

$$\varepsilon \leqslant 4\mathrm{e}(q_E+1)\varepsilon', \quad t \leqslant t' + C_G(q_{H_1}+q_{H_8}+2q_E+2q_{CS})$$

引理 12.2～引理 12.5 的证明过程与引理 12.1 的证明过程类似，故此处省略。

由引理 12.1～引理 12.5，可以得到如下定理。

定理 12.1　基于(t',ε')-k-CBD 假设，在随机预言模型中，SAS 方案中的各签名算法是存在性不可伪造的，能够在一定范围内抵抗适应性选择消息攻击。

12.4.2　选择密文攻击

下面考虑云用户所做的签密信息的安全性。假设云中心是一个恶意攻击者 B，试图获取云用户的签密信息 $U_A\|V_A$，这样云中心就可以不用告知软件提供商真实的软件服务情况。攻击者 B 通过与挑战者 D 的交互，发起一次攻击实验 $\mathrm{Exp}_B^{SAS}(k)$，描述如下。

(1) 挑战者 D 运行 Generation 算法，然后将系统参数 $\varPhi$ 发送给 B。

(2) 设置 $\mathrm{List}^C \leftarrow \varnothing$。

(3) 攻击者 B 可以适应性地发起 Extraction 查询，此预言机以云用户的身份 ID_i 作为输入，返回对应的私钥 d_i，当 B 获取 d_i 后设置 $\mathrm{List}^E \leftarrow \mathrm{List}^E \bigcup \{(\mathrm{ID}_i,d_i)\}$。

(4) B 输出 ID_A 签密信息 c_A，进而可以获取云用户的认证信息(U_A,V_A)。

(5) $\mathrm{Exp}_B^{SAS}(k)$ 输出：

① 若 $\mathrm{ConfirmVer}(\cdot)$ 验证通过并且 $\mathrm{ID}_A \notin \mathrm{List}^E$，则输出 1。

② 否则，输出 0。

通过这个实验，可以得到如下定理。

定理 12.2　基于(t',ε')-k-CBDH 假设，在随机预言模型中，SAS 方案中的签密

消息在 $(t,q_E,q_{CS},q_{H_1},q_{H_8},\varepsilon)$ 范围内，能够抵抗适应性选择密文攻击，对于时间 t 和概率 ε，满足

$$\varepsilon \leqslant \mathrm{e}\varepsilon', \quad t \leqslant t' + C_G(q_{H_1} + 2q_E)$$

其中，C_G 是与 G 相关的常数；e 是自然对数的底数。

证明　假设 B 是一个有 $(t,q_E,q_{H_1},\varepsilon)$ 能力伪造签密信息的攻击算法。为了以 (P,P_{pub},Q_i) 为输入时通过 ConfirmVer 算法的验证，D 在给定 $U_A^* = a_1P$ 和 $H_A^* = a_2P$ 情况下，计算 $V_A^* = a_3P$ 使得 $\hat{e}(P,V_A^*) = \hat{e}(P_{\mathrm{pub}},Q_i)\hat{e}(U_A^*,H_A^*)$ 成立，此时 D 解决了 k-CBDH 问题。算法 D 模拟挑战者与 B 进行如下交互。

(1) H_1 Queries。算法 D 维护一张列表 $\mathrm{List}^{H_1}(\mathrm{ID}_i,Q_i,\eta_i,\xi_i)$，给定一个身份 ID，D 按照如下步骤来工作：

① 若所查询 ID 已经存在于列表 List^{H_1} 的第 i 个元组，则 D 返回 Q_i。

② 否则，D 生成一个随机数 $\xi \in \{0,1\}$ 满足 $\Pr[\xi=0]=1/(q_E+1)$。

③ D 选取一个随机数 $\eta \in Z_q^*$：若 $\xi=0$，则令 $Q=\eta P_{\mathrm{pub}}$；若 $\xi=1$，则令 $Q=\eta P$。

④ D 添加元组 (ID,Q,η,ξ) 到列表 List^{H_1}，然后发送 Q 给 B。

(2) Extraction Queries。当 B 查询 ID_i 的私钥时，算法 D 从列表 List^{H_1} 中找到相应的元组 $(\mathrm{ID}_i,Q_i,\eta_i,\xi_i)$，若 $\xi_i=0$，则 D 返回 0 并且终止；若 $\xi_i=1$，则 D 发送私钥 $d_i=s\eta_iP=\eta_iP_{\mathrm{pub}}$ 给 B。

(3) Output。最终，算法 B 生成一个身份为 ID_i 并且还未查询过的签名信息 (c^*)。若这个签名是有效的，则解密数据 U_A^*,V_A^* 须满足 $\hat{e}(P,V_A^*) = \hat{e}(P_{\mathrm{pub}},Q_i)\hat{e}(U_A^*,H_A^*)$。

算法 D 的成功，需要满足以下事件。

$\theta5$：D 没有在 Extraction Queries 的过程中终止。

$\theta6$：B 生成了一个有效的签名信息。

声明 12.5　算法 D 在进行一次 Extraction Queries 查询时没有终止的概率至少是 $1-1/(q_E+1)$，因而 $\Pr[\theta5] \geqslant (1-1/(q_E+1))^{q_E} \geqslant 1/\mathrm{e}$。

声明 12.6　如果算法 D 没有在 Extraction Queries 查询时终止，即在实际的攻击中从 B 的角度看也是一样的，因而 $\Pr[\theta6|\theta5] \geqslant \varepsilon$。

当上述事件都成立时，算法 D 的攻击成功，其概率为 $\Pr[\theta5 \wedge \theta6]=\Pr[\theta5]\Pr[\theta6|\theta5]$，即 D 成功的概率为 $\varepsilon' \geqslant \varepsilon/\mathrm{e}$。算法 B 的运行时间包含 D 的运行时间、$(q_{H_1}+q_E)$ 的散列查询时间以及 q_E 的密钥查询时间，因而 t 至多为 $t'+C_G(q_{H_1}+2q_E)$。定理 12.2 证明完毕。

12.5　方案改进

Shamir 和 Tauman[25]介绍了一种在线/离线技术，可以将一些开销较大的运算放在离线的时候事先计算好，可以用这种在线/离线方法来改进 SAS 方案。将 SAS 方案改进成在线/离线模式后，并不会降低原有方案的安全性。下面以阶段 I 中的委托签名为例，介绍在线/离线签名方案(I',S',V')的构造。

1. I'(初始化算法)

(1) 运行 Generation 算法，生成系统参数 Ψ。

(2) 构造一个散列函数 Trapdoor Hash Family。

① 随机选取一个安全素数 $p \in \{0,1\}^k$、一个 q 阶元素 $g \in Z_p^*$ 和一个参数 $x \in Z_q^*$，计算 $y=g^x \pmod{p}$，令 (p,g,y) 作为散列函数密钥 HK，x 作为门限密钥 TK。

② 定义散列函数 TH 为 $h_{(HK)}(m,r) \stackrel{\mathrm{def}}{=\!=} g^m y^r \pmod{p}$。

③ 令 d_{ID} 作为签名密钥 SK，ID_C 作为验证密钥 VK。

(3) 公开 Ψ 和 HK，利用 Extraction 算法分配密钥对给每一个参与者。

2. S'(签名算法)

给定(SK,HK,TK)，则签名算法分为如下两个步骤。

(1) 离线步骤。

① 随机选取 m_w' 和 r_w'。

② 计算门限散列值 $th = h_{HK}(m_w', r_w')$。

③ 计算签名 $U_w' = r_w'P$，$H_w' = h_2(ID_C, th, U_w')$，$V_w' = d_C + r_w'H_w'$。

④ 保存门限散列值和签名 (U_w', V_w')。

(2) 在线步骤。

① 为了给消息 m_w 签名，从存储器中取回 th 和 (U_w', V_w')。

② 寻找一个参数 $r_w \in R$ 直到满足 $h_{HK}(m_w, r_w)=th$。

③ 发送 (r_w, U_w', V_w') 作为 m_w 的签名。

3. V'(验证算法)

给定密钥(VK,HK)，计算 $th=h_{HK}(m_w, r_w)$ 和 $H_w' = h_2(ID_C, th, U_w')$，则 (r_w, U_w', V_w') 是一个有效的签名当且仅当 $\hat{e}(P, V_w') = \hat{e}(P_{pub}, Q_C)\hat{e}(U_w', H_w')$。

因为 $V_w' = d_C + r_w'H_w'$，所以有

$$\hat{e}(P,V'_{\mathrm{w}}) = \hat{e}(P,d_{\mathrm{C}})\hat{e}(P,r'_{\mathrm{w}}H'_{\mathrm{w}})$$
$$= \hat{e}(P_{\mathrm{pub}},Q_{\mathrm{C}})\hat{e}(U'_{\mathrm{w}},H'_{\mathrm{w}})$$

使用同样的方法，(I',S',V')可以扩展到 SAS 方案的其他算法，把签名算法改进为在线/离线的方案。通常情况下，寻找一个参数的时间比生成一个签名的时间要短，因而改进的在线/离线方案能提高 SAS 方案的效率。

12.6　本 章 小 结

本章提出一种安全认证签名(SAS)方案，保障 SaaS 中的安全性和公平性，防止参与者不诚实行为的发生。SAS 方案是一种基于身份的代理签名方案，分析表明，该方案能有效加强云计算中认证的安全性，同时不会消耗太多的计算和通信开销。SAS 方案可以对不同的云服务进行认证，如果需要对这些云服务实现更精细化的控制，可以使用第 13 章所述的方案。

参 考 文 献

[1] Yassin A A, Jin H, Ibrahim A, et al. Cloud authentication based on anonymous one-time password[J]. Lecture Notes in Electrical Engineering, 2013, 214: 423-431.

[2] Wang S C, Liao W P, Yan K Q, et al. Security of cloud computing lightweight authentication protocol[J]. Applied Mechanics & Materials, 2013, 284-287: 3502-3506.

[3] Shamir A. Identity-based cryptosystems and signature schemes[J]. Lecture Notes in Computer Science, 1985, 196(2): 47-53.

[4] Boneh D, Franklin M K. Identity-based encryption from the Weil pairing[J]. SIAM Journal on Computing, 2003, 32(3): 586-615.

[5] Choon J C, Cheon J H. An identity-based signature from the gap Diffie-Hellman group[J]. Lecture Notes in Computer Science, 2002, 2567: 18-30.

[6] Hess F. Efficient Identity Based Signature Schemes Based on Pairings[M]//Nyberg K, Heys H. Selected Areas in Cryptography. Berlin: Springer, 2003: 310-324.

[7] Barreto P S L M, Mccullagh N, Quisquater J J. Efficient and provably-secure identity-based signatures and signcryption from bilinear maps[C]. International Conference on Theory and Application of Cryptology and Information Security, 2005: 515-532.

[8] Gu C, Zhu Y. An efficient ID-based proxy signature scheme from pairings[J]. Lecture Notes in Computer Science, 2006, 4990: 40-50.

[9] Mambo M, Usuda K, Okamoto E. Proxy signatures for delegating signing operation[C]. ACM Conference on Computer and Communications Security, 1996: 48-57.

[10] Kim S, Park S, Won D. Proxy signatures, revisited[C]. International Conference on Information and Communications Security, 1997: 223-232.

[11] Lee B, Kim H, Kim K. Strong proxy signature and its applications[C]. Proceedings OFS, 2001:

603-608.

[12] Xu J, Zhang Z, Feng D. ID-based proxy signature using bilinear pairings[C]. International Symposium on Parallel and Distributed Processing and Applications, 2005: 359-367.

[13] Wu W, Mu Y, Susilo W, et al. Identity-based proxy signature from pairings[J]. Autonomic and Trusted Computing, 2007, 4610: 22-31.

[14] Li X, Chen K. Identity based proxy-signcryption scheme from pairings[C]. IEEE International Conference on Services Computing, 2004: 494-497.

[15] Cao X, Xu L, Zhang Y, et al. Identity-based proxy signature for cloud service in SaaS[C]. The 4th International Conference on Intelligent Networking and Collaborative Systems, 2012: 594-599.

[16] Mell P, Grance T. The NIST definition of cloud computing[J]. Communications of the ACM, 2011, 53(6): 50.

[17] Park J H, Yang L T, Chen J. Research trends in cloud, cluster and grid computing[J]. Cluster Computing, 2013, 16(3): 335-337.

[18] Flahive A, Taniar D, Rahayu W. Ontology as a service (OaaS): Extracting and replacing sub-ontologies on the cloud[J]. Cluster Computing, 2013, 16(4): 947-960.

[19] Cusumano M. Cloud computing and SaaS as new computing platforms[J]. Communications of the ACM, 2010, 53: 27-29.

[20] Itani W, Kayssi A, Chehab A. SNUAGE: An efficient platform-as-a-service security framework for the cloud[J]. Cluster Computing, 2013, 16(4): 707-724.

[21] Yan X, Zhang X, Chen T, et al. The research and design of cloud computing security framework[J]. Advances in Computer, Communication, Control and Automation, 2012, 121: 757-763.

[22] Hollaar L , Asay A. Legal recognition of digital-signatures[J]. IEEE Micro, 1996, 16(3): 44-45.

[23] Zhou J Y. Non-repudiation in Electronic Commerce[M]. Prance: Lavoisier, 2001.

[24] Lynn B. The pairing-based sryptography library[EB/OL]. http://crypto.stanford.edu/pbc[2018-8-10].

[25] Shamir A, Tauman Y. Improved online/offline signature schemes[J]. Advances in Cryptology, 2001, 2139: 355-367.

第 13 章　安全访问服务

云计算为人们带来了丰富的服务体验，这就需要有灵活的访问策略来控制资源的利用。但是传统的访问控制策略只能做出简单的决策，如允许或者拒绝。本章基于模糊数学中的模糊集合和模糊控制，设计安全访问策略(secure access policy, SAP)，能为云计算提供可变的访问决策。该访问策略能提供细粒度并且动态的访问控制，可有效加强云计算中访问控制的可访问性和安全性。

13.1　背景及相关工作

针对不同的应用领域，人们提出许多访问控制策略来实现安全访问服务。基于角色的访问控制(role-based access control，RBAC)[1,2]是一种经典的访问控制模型，能够处理用户和角色之间多对多的映射关系。RBAC 的思想是将访问权限赋予某个角色，用户被分配为那个角色之后，就能获取相应的访问权限。在不同的需求背景下，人们提出了很多改进的 RBAC 模型[3-5]。对于管理者来说，这种角色的概念可能会限制他对资源细粒度的控制，这样就不可避免地导致有相同角色的人都共享相同的访问权限[6]。

从任务的角度来看，一种基于任务的授权控制(task-based authorization control，TBAC)[7]模型被提出。TBAC 模型利用操作系统中进程状态的概念，来描述权限分配的步骤，并且结合基于代理的分布式计算和工作流管理，实现主动的安全模型[8]。但是，TBAC 没有像 RBAC 那样对不同用户实现细粒度的访问权限分配。

RBAC 模型对云用户可以实现较好的控制，TBAC 模型可以对云服务实现较好的控制，但很难对复杂多变的访问做出选择。在云计算的背景下，访问控制向能够处理多属性的方向发展，如在基于云的内容分享网络中[9]使用基于属性的方法实现访问控制。

访问控制是保证信息系统安全的重心，它的功能在于控制访问主体(包括个人、进程、机器等)访问系统资源的权限[10]。设定访问控制策略，不仅能放行正常的访问行为，还能在一定程度上限制用户或者程序对系统造成的损害。

传统的访问控制策略习惯性地假设访问行为都是精确固定的，只能处理允许或者拒绝这两种情况。在云计算系统中，云用户和云服务的种类都很多，访问行为也充满了不确定性。因此，基于风险的访问控制模型引起人们的关注。Cheng 等[11]提出了一种将访问风险量化的方法，该方法能根据当前操作需求、环境和风险容忍情况，评估当前访问信息的风险值，从而动态地控制风险信息流。

在研究风险模型时，人们开始使用了模糊数学的概念。Ni 等[12]用模糊推理的方法提出了一种基于风险的访问控制系统，这种方法为访问控制的主体和目标设定隶属函数，来评估访问的风险值。同时，通过预定义一些规则，以满足系统的安全属性，例如，假设主体是未认证的，目标是保密的，则该访问的风险值就很高。

还有一种基于风险的选择模型(RBDM)[13,14]，其可以动态地计算每一个主体-目标对的可信值和风险值。每次访问结束后，系统给正常的访问奖励值，而给恶意的访问惩罚值，因而这些可信值和风险值能反映过去的访问行为。但是这种方法也存在漏洞，如果一个攻击者事先通过很多正常的访问行为，可以把可信值刷到很高，这样他就能轻易发起一次恶意的操作。

因此，与现有的网络安全访问策略相比，云计算环境下的访问控制策略需要满足四个目标：

(1) 可访问性。能够让已授权的访问请求通过，即使该访问缺少某些属性，但也能识别出该访问是一个正常的行为。

(2) 细粒度控制。能够同时对访问控制的主体和目标进行精细化的控制，满足实际的访问需求，赋予不同的访问权限。

(3) 动态性。能够根据访问记录和当前环境，实时更新系统信息，从而做出动态的决定，而不是固定不变的策略。

(4) 安全性。能够拒绝非法的访问操作，即使它们过去一直表现很正常，但如果可能，还能及时识别潜在的危险操作。

结合云计算的服务模型，本章设计一种云计算环境下的安全访问模型，如图 13.1 所示，系统实体分为：云用户(CU)、主服务器(MS)、接口服务器(AS)以及

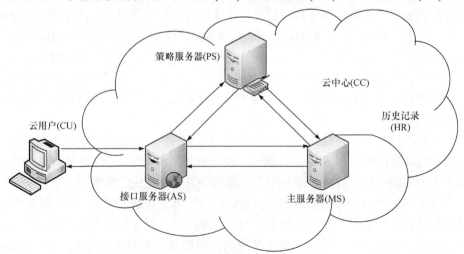

图 13.1　云安全访问模型

策略服务器(PS)。其中，历史记录(history record, HR)保存在 MS 中。

13.2　安全访问服务方案

13.2.1　策略模型

信息领域著名的结构化信息标准促进组织(OASIS)发布了一个访问控制模型XACML(eXtensible Access Control Markup Language)，该模型为访问控制的实现提供了一个框架。本节在此基础上进行扩展，提出一种云计算环境下的安全访问策略，其模型如图 13.2 所示。其中，策略服务器(PS)中的节点如下。

(1) 管理点(administration point, AP)：创建或管理策略。

(2) 决策点(decision point, DP)：根据策略以及访问信息，对访问进行评估并做出选择。

(3) 内容处理器(context handler, CH)：对信息内容进行处理和转发。

(4) 信息点(information point, IP)：汇集访问的信息。

(5) 历史点(history point, HP)：获取历史的信息。

(6) 当前点(current point, CP)：获取当前的信息。

(7) 最近点(recent point, RP)：获取最近的信息。

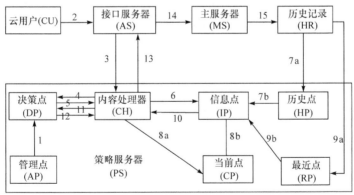

图 13.2　安全访问策略模型

SAP 的具体工作流程如下：

(1) 管理员通过 AP 设定访问策略，并将其应用到 DP 中。

(2) 云用户发起一个访问请求给 AS。

(3) AS 将访问请求发送给 CH。

(4) CH 创建一个请求通知给 DP。

(5) DP 发起一个信息查询给 CH。

(6) CH 转发这个查询给 IP。

(7) HP 从 HR 获取全部历史信息发送给 IP。

(8) CP 从 CH 获取当前访问的主体、环境和资源信息发送给 IP。

(9) RP 从 HR 获取最近历史信息发送给 IP。

(10) IP 汇集历史、当前和最近信息发送给 CH。

(11) CH 转发这些信息给 DP。

(12) DP 根据策略以及访问信息，对访问进行评估，然后将请求结果发送给 CH。

(13) CH 转发请求结果给 AS。

(14) AS 根据请求结果，拒绝该请求或者通知 MS 开始云服务。

(15) MS 在云服务结束后更新 HR。

13.2.2　策略设定

在初始化阶段，管理员可以通过 AP 设定系统的参数和访问策略。

(1) 定义总体恶意容忍度为 $\alpha=[t]_n/n$，n 是总共访问请求的次数，$[t]_n$ 是这 n 次访问中恶意请求的次数。

(2) 设置 L 为一个有序的安全等级集合，例如，l_1 代表最高的访问权限，S 是一个主体属性的集合，E 是一个环境属性的集合，R 是一个资源属性的集合。定义 $\tilde{P}_s$ 为 $S \times L$ 的模糊关系，$\tilde{P}_e$ 为 $E \times L$ 的模糊关系，$\tilde{P}_r$ 为 $R \times L$ 的模糊关系，这些策略由有经验的管理员事先设定，则策略集 $\tilde{P} = \tilde{P}_s \times \tilde{P}_e \times \tilde{P}_r$。计算 $\tilde{P}$ 中的某一条策略十分容易，因而不需要事先计算和存储 $\tilde{P}$。

(3) $R(r \leqslant z)$ 为最近历史记录的数目，设定这个参数的目的在于用最近的记录数代表访问者最近的一个访问趋势。与 α 类似，最近恶意容忍度可以定义为 $\beta=[t]_r/r$，$[t]_r$ 是最近 r 次访问中恶意请求的次数。

13.2.3　模糊化

1. 历史值

HP 计算历史值 $\tilde{H} = \{l_i, \mu_{\tilde{H}}(l_i) \mid l_i \in L\}$，其中 $\mu_{\tilde{H}}(l_i) = [l_i]_n/n$，$[l_i]_n/n$ 代表总共 n 次访问记录中出现 l_i 的次数。若历史记录为空，则令 $\tilde{H} = \varnothing$；若 $[t]_n/n \geqslant \alpha$，则令 $\tilde{H}$ 变为最小的安全等级作为惩罚。

2. 当前值

CP 根据当前访问的属性，收集访问的主体、环境和资源等信息作为当前值，格式与策略集 $\tilde{P}$ 保持一致。

3. 最近值

RP 根据最近历史记录计算最近值及 $\tilde{R} = \{l_i, \mu_{\tilde{R}}(l_i) \mid l_i \in L\}$，其中 $\mu_{\tilde{R}}(l_i) = [l_i]_r / r$，然后 RP 输出最近值 $\tilde{R}$。如果 $[t]_r / r \geqslant \beta$，则令 $\tilde{R}$ 变为最小的安全等级作为惩罚。$\tilde{R}$ 是一个根据历史记录得到的模糊集，它反映了访问请求者最近的操作情况。

13.2.4　访问评估

在收到 IP 发来的信息后，DP 先根据当前值，在 $\tilde{P}$ 中进行查找，如果存在满足当前值的情况，则设定 $\tilde{C}$ 为相应的值，如果 $\tilde{P}$ 中不存在满足当前值的情况，则设定 $\tilde{C}$ 为最小安全等级。

然后，DP 对该访问请求进行评估，常用的准则有权重准则和最小准则。

1. 权重准则

权重准则主要是针对普通的安全需求。为了合并历史值、当前值以及最近值，可以根据权重的方法进行计算：

$$\tilde{E}_{wr} = w_1 \tilde{H} + w_2 \tilde{C} + w_3 \tilde{R}$$

其中，$w = \{w_1, w_2, w_3\}$ 是一组权重值，$w_i \in \{0,1\}$ 并且 $\sum_i w_i = 1$。因此，管理员可以根据不同的系统环境和应用需求设置权重值，增强 SAP 方案的灵活性。

2. 最小准则

最小准则主要是针对最高的安全需求，为了能够最大限度地保障系统的安全性，可以根据最小权限的方法计算：

$$\tilde{E}_{lr} = \tilde{H} \cap \tilde{C} \cap \tilde{R}$$

因此，系统根据各个值取得最小的权限赋给访问者，这样就能在提供正常访问的同时，最大限度地保障系统的安全性，增强 SAP 方案的鲁棒性。

13.2.5　去模糊化

DP 对访问做出评估后，得到一个关于访问结果的模糊集，然后将该模糊集去模糊化，得到一个确定值，使 AS 能根据该值做出相应的访问控制行为。去模糊化的过程一般使用最大准则，即在所有可能的结果中，取一个隶属度最大的访问安全等级 l：

$$\prod \tilde{E} = \sup_{l \in E} \prod (\{l\})$$

其中，$\tilde{E}$ 是访问评估输出的结果集；sup 是取最大可能值的运算；l 是去模糊化的输出值。

13.3　性 能 分 析

13.3.1　存储开销

假设在某 SAP 方案中，属性的总个数为 n_a(包括主体、环境和资源的属性)，安全等级分为 n_l 级，则 SAP 访问模型和确定访问模型的存储开销如表 13.1 所示。

表 13.1　存储开销对比

访问模型	存储开销
确定访问模型	n_a
SAP 访问模型	$n_a n_l$

对于确定访问模型，属性集中的每个属性都需要保存一个对应的访问值，例如，1 代表允许访问，0 代表拒绝访问，所以确定访问模型的存储开销为 n_a。而 SAP 访问模型属性集中的每个属性都需要保存 n_l 个访问值，分别代表每个访问等级的隶属程度，所以 SAP 访问模型的存储开销为 $n_a n_l$。一般情况下，访问模型的安全等级不会分得太多，所以与确定访问模型相比，n_l 倍的存储开销对于云中心的策略服务器来说是可以接受的。

13.3.2　时间开销

同样，假设 SAP 访问模型属性的总个数为 n_a(包括主体、环境和资源的属性)，安全等级分为 n_l 级，则确定访问模型和 SAP 访问模型的时间开销如表 13.2 所示。

表 13.2　时间开销对比

访问模型	时间开销
确定访问模型	$O(n_a+2)$
SAP 访问模型	$O(n_a+n_l+4)$

对于确定访问模型，要对某个访问请求进行判断，就从 n_a 个属性集中查找到对应的主体、环境和资源访问值，然后做两次"逻辑与"运算得到访问结果，所以最多要进行 n_a+2 次运算。而 SAP 访问模型也要从 n_a 个属性集中查找到对应的主体、环境和资源访问值，做两次"模糊交"运算得到当前值，然后分别计算历

史值和最近值各一次，接着做一次评估运算得到模糊的访问结果，最后在 n_l 个等级中选择隶属度最大的那个，即通过 n_l-1 次运算得到去模糊化的确定值，所以最多要进行 n_a+n_l+4 次运算。一般情况下，访问模型的安全等级不会分得太多，特别是面对云计算复杂的服务需求，策略的属性是比较多的，当 n_a 很大时，n_l 几乎可以忽略，所以两者的时间开销差不多。

13.3.3　可访问性

SAP 可以在很多应用场景使用，下面以学校云存储系统为例进行分析，以更好地对 SAP 进行说明。

假设 $\alpha=0.1$、$\beta=0.5$、$r=5$、$w=\{0.3,0.3,0.4\}$、$L=\{l_1,l_2,l_3,l_4\}$ 分别代表"最高权限"、"次级权限"、"初级权限"、"拒绝权限"，以实现对存储资源细粒度的访问控制。至于访问属性的策略集，同样也能实现细粒度的控制，这里设置主体= {"老师"，"学生"}，环境={"内网"，"外网"}，资源={"公有"，"私有"}，如表 13.3 所示。

表 13.3　访问属性的策略集

属性	最高权限	次级权限	初级权限	拒绝权限	确定权限
老师	0.7	0.5	0.3	0.1	1
学生	0	0.7	0.5	0.3	0
内网	0.6	0.8	0.6	0.4	1
外网	0	0.6	0.8	0.6	0
公有	0.8	0.6	0.4	0.2	1
私有	0	0.2	0.5	0.8	0

为了方便对比，将确定访问模型所能做出的确定权限也列在表 13.3 的最后一列。从表 13.3 中可以看出，SAP 可以把权限的隶属度定义在 0 和 1 之间，而确定访问模型仅能定义确定的权限，1 代表允许，0 代表拒绝。

假设一个老师周末在家时，想访问校内的公共资源，但此时他的计算机处于学校的外网。对于传统的确定访问模型，可能就会因为访问属性的不符合而拒绝该老师的访问请求。然而，SAP 访问模型会如图 13.3 所示做出判断。

由图 13.3 可知，$\tilde{H} = \{(l_1,0.8),(l_2,0.1),(l_3,0.1),(l_4,0)\}$，$\tilde{C} = \{(l_1,0),(l_2,0.5),(l_3,0.3),(l_4,0.1)\}$，$\tilde{R} = \{(l_1,0.8),(l_2,0),(l_3,0.2),(l_4,0)\}$，计算可得 $\tilde{E}_{lr} = \{(l_1,0),(l_2,0),(l_3,0.1),(l_4,0)\}$，$\tilde{E}_{wr} = \{(l_1,0.56),(l_2,0.18),(l_3,0.2),(l_4,0.03)\}$，由此可知在 SAP 的最小准则下该老师可以获取 l_3 的权限，在权重准则下可以获取 l_1 的权限，而确定权限拒绝了该老师的访问。对比分析表明，虽然 SAP 会比确定访问模型多消耗一点点存储和时间开销，但是能更加准确地分配权限给用户，大大增强了系统的可访问性。

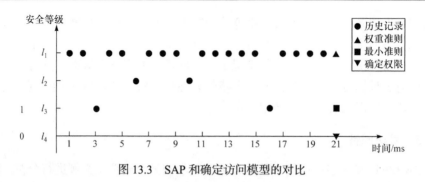

图 13.3　SAP 和确定访问模型的对比

13.4　安全性分析

针对 13.3 节的应用场景，下面分析 SAP 的安全性。

13.4.1　直接攻击

假设攻击者能冒充学生的身份，潜入校园网内部，直接开始扫描系统的漏洞，但是他的这些不正常行为被系统记录下来，SAP 会如图 13.4 所示做出判断。

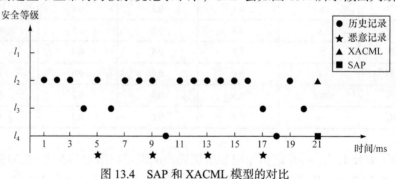

图 13.4　SAP 和 XACML 模型的对比

由图 13.4 可知，$[t]_n/n>0.1$，即 $\tilde{H}=\{(l_1,0),(l_2,0),(l_3,0),(l_4,1)\}$，$\tilde{C}=\{(l_1,0),(l_2,0.6),(l_3,0.4),(l_4,0.2)\}$，$\tilde{R}=\{(l_1,0),(l_2,0.4),(l_3,0.4),(l_4,0.2)\}$，计算可得 $\tilde{E}_{lr}=\{(l_1,0),(l_2,0),(l_3,0),(l_4,0.2)\}$，$\tilde{E}_{wr}=\{(l_1,0),(l_2,0.34),(l_3,0.28),(l_4,0.44)\}$，由此可知不管使用权重准则还是最小准则，SAP 都分配了 l_4 的拒绝权限给攻击者，阻止其进一步的恶意行为。相比之下，如果系统没有历史值的信息，例如，XACML 模型[15]就会分配 l_2 的权限给攻击者，这将给系统带来安全隐患。对比分析表明，SAP 可以根据历史记录，拒绝那些不诚实行为超过容忍限度的访问者，抵抗直接攻击。

13.4.2 间接攻击

假设攻击者发现直接扫描系统漏洞很容易因恶意历史记录过高而被拒，便改变成间接的攻击方式，先通过大量的正常访问，把历史记录变得很正常，这样再发起恶意扫描就不容易超过容忍限度。此时，SAP 会如图 13.5 所示做出判断。

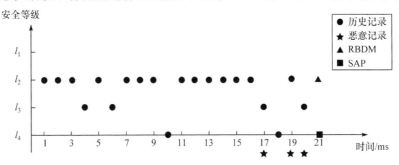

图 13.5 SAP 和 RBDM 模型的对比

由图 13.5 可知，$\tilde{H} = \{(l_1,0),(l_2,0.7),(l_3,0.2),(l_4,0.1)\}$，$\tilde{C} = \{(l_1,0),(l_2,0.6),(l_3,0.4),(l_4,0.2)\}$，因为 $[t]_r/r > 0.5$，即 $\tilde{R} = \{(l_1,0),(l_2,0),(l_3,0),(l_4,1)\}$，计算可得 $\tilde{E}_{lr} = \{(l_1,0),(l_2,0),(l_3,0),(l_4,0.1)\}$，$\tilde{E}_{wr} = \{(l_1,0),(l_2,0.39),(l_3,0.18),(l_4,0.49)\}$，由此可知不管使用权重准则还是最小准则，SAP 都分配了 l_4 的拒绝权限给攻击者。相比之下，如果系统没有最近值的信息，如 RBDM 模型[13,14]就会分配 l_2 的权限给攻击者，无法阻止其进一步扫描系统的漏洞。对比分析表明，SAP 可以根据最近的访问记录，及时拒绝那些最近不诚实行为超过容忍限度的访问者，抵抗间接攻击。

13.5 本 章 小 结

本章提出了一种云计算环境下的安全访问策略(SAP)，分析表明，该方案能有效加强云计算系统的可访问性、细粒度控制、动态性和安全性，为云用户提供安全的访问服务。

参 考 文 献

[1] Youman C E, Sandhu R S, Feinstein H L, et al. Role-based access control models[J]. IEEE Computer, 1996, 29(2): 38-47.

[2] Ferraiolo D F, Sandhu R, Gavrila S, et al. Proposed NIST standard for role-based access control[J]. ACM Transactions on Information and System Security, 2001, 4(3): 224-274.

[3] Ni Q, Bertino E, Lobo J, et al. Privacy-aware role-based access control[J]. ACM Transactions on

Information and System Security, 2010, 13(3): 1-31.

[4] Bertino E, Bonatti P A, Ferrari E. TRBAC: A temporal role-based access control model[J]. ACM Transactions on Information and System Security, 2001, 4(3): 191-233.

[5] Freudenthal E, Pesin T, Port L, et al. dRBAC: Distributed role-based access control for dynamic coalition environments[C]. The 22nd International Conference on Distributed Computing Systems, 2002: 411.

[6] Vivy S. A survey on access control deployment[C]. International Conference on Security Technology, 2011, 259: 11-20.

[7] Thomas R K, Sandhu R S. Conceptual foundations for a model of task-based authorizations[C]. Proceedings of the IEEE Computer Security Foundations Workshop, 1994: 66-79.

[8] Thomas R K, Sandhu R S. Task-based authorization controls (TBAC): A family of models for active and enterprise-oriented authorization management[C]. The 11th International Conference on Database Securty, 1997: 166-181.

[9] Wu Y, Wei Z, Deng R H. Attribute-based access to scalable media in cloud-assisted content sharing networks[J]. IEEE Transactions on Multimedia, 2013, 15(4): 778-788.

[10] Anderson R J. Security Engineering: A Guide to Building Dependable Distributed Systems[M]. Hoboken: Wiley, 2008.

[11] Cheng P C, Rohatgi P, Keser C, et al. Fuzzy multi-level security: An experiment on quantified risk-adaptive access control[C]. IEEE Symposium on Security and Privacy, 2007: 222-230.

[12] Ni Q, Bertino E, Lobo J. Risk-based access control systems built on fuzzy inferences[C]. Proceedings of the 5th ACM Symposium on Information, Computer and Communications Security, 2010: 250-260.

[13] Riaz A S, Kamel A, Luigi L, et al. Risk-based decision method for access control systems[C]. IEEE 3rd International Conference on Privacy, 2011: 189-192.

[14] Riaz A S, Kamel A, Luigi L. Dynamic risk-based decision methods for access control systems[J]. Computers & Security, 2012, 31(4): 447-464.

[15] OASIS. OASIS eXtensible Access Control Markup Language (XACML)[EB/OL]. https://www.oasis-open.org/committees/xacml.

第14章　无向无状态传递签名方案

传递签名是一种能够高效解决图状大数据认证问题的特殊数字签名。在传递签名方案中，已知相邻两条边 (i,j) 和 (j,k) 的签名，利用签名者的公开信息即可通过合成计算得到边 (i,k) 的签名。该性质减少了签名者的工作量，尤其适用于动态增长的图状大数据。但目前的传递签名方案存在一些不足和安全隐患。本章针对现有的无向无状态传递签名方案存在的不足，提出一个安全高效的无向无状态传递签名(SDHUTS)方案，该方案无需特殊的映射到点(MapToPoint)的散列函数，比现有方案高效，并且在 M2SDH 困难假设下是可证明安全的。

14.1　背景及相关工作

14.1.1　研究背景

随着大数据时代的到来,图状数据也进入大数据时代,在大数据的各个领域,安全是最重要的领域之一，一旦机密信息泄露，轻则造成企业经济损失，重则危及国家安全和社会稳定。因此，在各个大数据系统中，必须建立健全安全机制。图状结构中成员关系的安全认证是大数据安全的重要目标之一。目前，传递签名作为特殊的数字签名，能够高效认证动态增长的图状数据，签名者只需对传递简约图的边进行签名，其支持公开边签名合成计算，利用边 (i,j) 和 (j,k) 的签名，无须与签名者交互就可以利用合成算法计算得到边 (i,k) 的签名。假如有人询问边 (i,k) 的签名，数据管理者可以通过合成计算得到边 (i,k) 的签名，再将签名回复给询问者，从而起到保护路径间成员关系信息的作用，还降低了签名者的计算量，即使图的成员数量动态增长，也只需重新对新增的传递闭包图进行签名。

目前，国内外学者构造了许多具体的传递签名方案，这些方案大致可以分成无向传递签名方案[1-7]和有向传递签名方案[8,9]两类。而每类可再细分为有状态方案和无状态方案。

在无向传递签名方案设计中，有状态方案和无状态方案均较完善，具体介绍可参考文献[10]。2002 年，Micali 和 Rivest[1]首先提出了传递签名的概念以及两个具体的传递签名方案，其中一个方案是基于离散对数问题构造的，在自适应选择消息攻击下具有传递不可伪造性。另外一个方案是基于 RSA 困难猜想构造的，仅在非自适应选择消息攻击下具有传递不可伪造性。2005 年，Bellare 和 Neven[2]基于大数分解困难问题、one-more DL(discrete togarithm, 离散函数)困难问题和 one-more CDH(computing Diffie-Hellman, 计算 Diffie-Hellman)困难问题提出了一系列新的传递签名方案，并证明这些方案在自适应选择消息攻击下是不可伪造的。此外，Bellare 和 Neven 证明了如果 one-more RSA-inversion 问题是困难的，那么文献[1]中基于 RSA 困难构造的方案在自适应选择消息攻击下具有传递不可伪造性。文献[2]还基于散列函数对提出的几个方案进行改造，使得这些方案的实现无需节点证书，减少了计算复杂度，不足之处在于改造后的方案只在随机预言模型下是安全的。

Shahandashti 等[3]基于双线性对提出了新的传递签名方案，该方案降低了安全需求，只需方案中所用的标准签名方案在已知消息攻击下是安全的即可，而无需标准签名方案在自适应选择消息攻击下安全。他们证明了如果双线性对中 CDH 问题是困难的，那么其方案在自适应选择消息攻击下是不可伪造的。

Ma 等[4]介绍了一种新的方法，可以在不改变方案安全性的情况下，将有状态传递签名方案转换成无状态传递签名方案，其中"有状态"是指签名者需要保留图中各节点的状态信息。他们的方法与 Bellare 和 Neven[2]的方法有所不同，他们主要是基于大整数分解问题和 RSA 困难提出了在随机预言模型中自适应选择消息攻击下安全的无状态传递签名方案。Gong 等[5]利用线性反馈序列寄存器(LFSR)构造了传递签名方案，该方案的安全性在标准模型下可归约到离散对数困难问题猜想。此外，他们将 LFSR-TS 方案与其他签名方案比较，得到 LFSR-TS 在边签名算法和边合成算法中效率更高的结论。

正如文献[6]所说，在密码学中，探索原始事物新的实现方式是标准的做法，为实现该目标，Wang 等[7]提出了第一个基于辫群的传递签名方案，该方案在随机预言模型中自适应选择消息攻击下具有传递不可伪造性，与传统的传递签名方案相比，基于辫群构造的传递签名方案效率更高，并且能够抵抗目前的量子攻击。

无向无状态传递签名方案无需节点证书，签名者无须保留节点相关信息，一方面可以减少签名长度，另一方面可以减少签名者的工作量以及存储空间，即无须存储节点证书等相关信息。然而，现有的无向无状态传递签名方案都需要运算开销较高的映射到点的全域散列函数，因此实用性较低。

考虑到现有方案都需要运算开销较大的全域散列函数，本节设计方案的思路是构造一种只需 SHA 系列散列函数的无向无状态传递签名方案。本章利用 ZSS(文献[11]作者姓氏首字母)签名方案[11]构造了一种只需通用散列函数且高效安全的无向无状态传递签名方案。

14.1.2　Bellare 和 Neven 的方案

本节主要回顾 Bellare 和 Neven[2]提出的方案，他们提出的无状态签名方案与有状态签名方案相比，签名长度更短，但是文献[2]中的无状态签名方案都是基于全域散列函数构造的，这种全域散列函数运算开销较大。文中提出了 RSATS-2、FactTS-2 和 GapTS-2 三个无状态传递签名方案，本章以 RSATS-2 为例进行回顾，对其他方案感兴趣的读者可以参考文献[2]。

RSATS-2 方案无需节点证书，方案中边 (i,j) 的签名为 (h_i, h_j, δ_{ij})，其中 $h_i = H(i)$，$h_j = H(j)$（$H: N \to Z_N^*$ 是全域散列函数）；$\delta_{ij} = (h_i h_j^{-1})^d$，$(N, e, d) \leftarrow K_{\mathrm{rsa}}(1^k)$（$K_{\mathrm{rsa}}$ 是 RSA 密钥生成算法、k 是安全参数)。通过合成边 (i,j) 的签名 (h_i, h_j, δ_{ij}) 和边 (j,k) 的签名 (h_j, h_k, δ_{jk}) 可以得到边 (i,k) 的签名 $\delta_{ik} \leftarrow \delta_{ij} \delta_{jk}$，即 (h_i, h_k, δ_{ik}) 为边 (i,k) 的签名。而文献[2]中的 RSATS-1 方案需要节点证书，即边 (i,j) 的签名为 $(L_i, \sigma_i, L_j, \sigma_j, \delta_{ij})$，其中 L_i 和 L_j 分别是节点 i 和 j 的节点证书，由此可见 RSATS-2 方案比 RSATS-1 方案效率更高，签名长度更短。然而，目前的无向无状态传递签名方案都是基于全域散列函数构造的，运算开销大，所以本章提出一种只需 SHA 系列散列函数的无向无状态传递签名方案，14.2 节详细介绍具体方案设计。

14.2　模　型　定　义

本节主要介绍广义指定验证者传递签名方案的语义和安全模型。

14.2.1　传递签名语义

定义 14.1　传递签名方案主要包括 TS=(TKG,TSign,TVf,Comp) 四个算法。

(1) 密钥生成算法 (TKG)：算法输入安全参数 k，输出签名者的公私钥对 (tpk,tsk)，即 (tpk,tsk) $\leftarrow$ TKG(1^k)。

(2) 传递签名算法 (TSign)：算法输入签名者的私钥 tsk 和节点 $i, j \in V$，输出边 (i,j) 的签名 σ_{ij}，即 $\sigma_{ij} \leftarrow$ TSign(tsk,i,j)。在有状态传递签名方案中，签名者需要保留相关的节点信息。

(3) 签名验证算法 (TVf)：算法输入签名者的公钥信息 tpk，节点 i、j 以及待验证的签名 σ_{ij}，若 σ_{ij} 是边 (i,j) 的有效签名，则算法输出 1，否则输出 0，即 {1,0} $\leftarrow$ TVf(tpk,σ_{ij}, i, j)。

(4) 合成算法 (Comp)：算法输入公钥信息 tpk、$i, j, k \in V$、边 (i,j) 签名 σ_{ij} 和

边 (j,k) 签名 σ_{jk}，若签名 σ_{ij} 和 σ_{jk} 都是有效签名，则算法通过合成计算输出边 (i,k) 的签名 σ_{ik}，否则输出 $\bot$ 表示失败，即 $\{\sigma_{ik},\bot\} \leftarrow \text{Comp}(\text{tpk},\sigma_{ij},\sigma_{jk},i,j,k)$。

14.2.2 传递签名方案正确性要求

定义 14.2 (传递签名方案正确性要求)　传递签名方案 TS 需要满足下述一致性条件：

(1) TSign 算法生成的边签名必须能够通过 TVf 算法的验证，即 $\text{TVf}(\text{tpk},\text{TSign}(\text{tsk},i,j),i,j)=1$。

(2) Comp 算法合成的边签名必须能够通过 TVf 算法的验证，即 $\text{TVf}(\text{tpk},\text{Comp}(\text{tpk},\sigma_{ij},\sigma_{jk},i,j,k),i,k)=1$。

14.2.3 传递签名安全模型

定义 14.3 (传递不可伪造性)　假设多项式时间 (PPT) 算法中的伪造者 F 能够自适应选择消息的方式攻击传递签名方案 TS = (TKG,TSign,TVf,Comp)，记为 tu-cma 伪造者[1]。可以用挑战者 C 和伪造者 F 之间的游戏描述传递签名方案的不可伪造性。

(1) 初始化：挑战者 C 调用 TKG 算法得到公私钥对 (tpk,tsk)，并将 tpk 发送给伪造者 F。

(2) TSign 询问：伪造者 F 能够自适应请求边 (i,j) 的签名 σ_{ij}，挑战者 C 调用 TSign 算法得到边 (i,j) 的签名 σ_{ij}，并将 (i,j,σ_{ij}) 发送给 F。

最后，F 利用 C 提供的公钥 tpk 以及请求过的边签名信息来伪造边 (i^*,j^*) 的签名 σ^*，假设 E' 包含伪造者 F 询问 TSign 的所有边 (i,j)，V' 为 E' 中边的节点集合，如果下列条件成立，那么 F 赢得游戏。

(1) $\text{TVf}(\text{tpk},\sigma^*,i^*,j^*)=1$。

(2) $(i^*,j^*)\notin \tilde{E}'$，其中 $\tilde{G}'=(V',\tilde{E}')$ 是 $G'=(V',E')$ 的传递闭包图，有以下两种情况：

① 节点 $i^*,j^*\in V'$，但边 $(i^*,j^*)\notin \tilde{E}'$，如图 14.1 所示。

② 节点 i^* 和 j^* 至少有一个不属于 V'，如图 14.2(a) 和 (b) 所示。

设自适应选择消息攻击且拥有公钥信息的伪造者 F 赢得游戏的概率为 $\text{Adv}_{F,TS}^{\text{cma,tpk}}$，如果该概率对于所有 PPT 的伪造者 F 而言都是可忽略的，那么说明 TS 方案能够抵抗自适应选择消息攻击，即具有传递不可伪造性。

定义 14.4 (私密性)　设 PPT 算法中的区分者 D 能够自适应选择消息攻击传递签名方案 TS = (TKG,TSign,TVf,Comp)，可以用区分者 D 和挑战者 C 之间的游戏来描述传递签名方案的私密性。

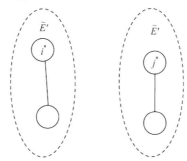

图 14.1　节点 $i^*, j^* \in V'$，但边 $(i^*, j^*) \notin \tilde{E}'$

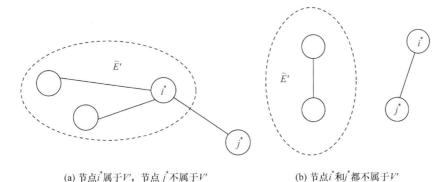

(a) 节点 i^* 属于 V'，节点 j^* 不属于 V'　　　　　(b) 节点 i^* 和 j^* 都不属于 V'

图 14.2　节点 i^* 和 j^* 至少有一个不属于 V'

　　游戏主要包括两个阶段：阶段 I，区分者 D 可以自适应请求 TSign 和 Comp 预言机，阶段 I 结束后，D 向 C 提出挑战 (i', j')；作为回应，挑战者 C 扔硬币得到随机数 $c \in \{0,1\}$，如果 $c = 1$，那么 C 运行 TSign 算法得到边 (i', j') 的签名 σ^1，并将 σ^1 发送给 D；如果 $c = 0$，那么 C 运行 Comp 算法，通过路径合成计算得到边 (i', j') 的签名 σ^0，并将 σ^0 发送给 D。阶段 II，区分者 D 仍可以自适应请求 TSign 和 Comp 预言机，但是 D 不能请求可以构成边 (i', j') 路径的边（如 (i', i_0)，$(i_0, i_1), \cdots, (i_m, j_0), (i_m, j_1), \cdots, (j_n, j')$）。最后 D 给出猜测值 c'。

　　(1) 初始化：C 运行密钥生成算法 TKG，输入 1^k，得到公私钥对 (tpk,tsk)，并将 tpk 发送给区分者 D。

　　(2) 阶段 I：区分者 D 能够自适应请求下列预言机。

　　① TSign 询问：D 能够自适应选择并请求边 (i, j) 的签名；挑战者 C 运行签名算法 TSign 得到边 (i, j) 的签名 σ_{ij}，然后将 σ_{ij} 回复给 D。

　　② Comp 询问：D 能够自适应选择合法边签名，利用合成算法 Comp 计算得

到合成边的签名。

(3) 挑战阶段:阶段 I 结束后,D 输出一条边 (i', j') 作为挑战,其中要求边 (i', j') 不属于阶段 I 中 D 请求序列的传递闭包图。作为回应,挑战者 C 利用硬币产生随机数 $c \in \{0,1\}$,如果 $c = 1$,那么 C 运行 TSign 算法得到边 (i', j') 的签名 σ^1,并将 σ^1 发送给 D;如果 $c = 0$,那么 C 运行 Comp 算法通过路径合成计算得到边 (i', j') 的签名 σ^0,并将 σ^0 发送给 D。

(4) 阶段 II:收到 C 回复的签名后,D 仍然可以询问 TSign 和 Comp 预言机,但 D 不能请求可以构成边 (i', j') 路径的边序列,如 (i', i_0),(i_0, i_1),$\cdots$,(i_m, j_0),(i_m, j_1),$\cdots$,(j_n, j')。

(5) 猜测值:区分者 D 给出猜测值 c',如果 $c' = c$,那么说明 D 赢得游戏。

设自适应选择消息攻击且拥有公钥信息的区分者 D 赢得游戏的优势为 $\mathrm{Adv}_{\mathrm{D,TS}}^{\mathrm{cma,tpk}}$,那么

$$\mathrm{Adv}_{\mathrm{D,TS}}^{\mathrm{cma,tpk}} = |\Pr[c' = c] - 1/2|$$

如果该优势对于所有 PPT 的伪造者 D 而言都是可忽略的,那么说明 TS 方案在自适应选择消息攻击下具有私密性。

14.3　无向无状态传递签名方案

本节主要介绍新的无向无状态传递签名方案具体的算法设计及其正确性分析、安全性分析和性能分析。

14.3.1　算法设计

本节提出一个新的无向无状态传递签名方案——SDHUTS 方案,该方案在 M2SDH 困难假设下是安全的,与现有的无向无状态传递签名方案相比,SDHUTS 方案的构造只需 MD6、SHA-512 等通用散列函数,无需全域散列函数。因为 MD6 和 SHA-512 散列函数比 MD5 和 SHA-1 散列函数更加安全实用,所以考虑利用 MD6 和 SHA-512 构造 SDHUTS 方案。

下面对方案进行描述,$\{G_1, G_2, e, p, g, H\}$ 为系统参数,其中 $H : \{0,1\}^* \to \{0,1\}^\lambda$ 是通用的散列函数(MD6 或者 SHA-512),g 是群 G_1 的生成元且 $|p| \geqslant \lambda \geqslant 160$。

(1) 签名者密钥生成算法(TKG)如下:

① $x \xleftarrow{R} Z_p^*$;

② $y = g^x \in G_1, Y = y^x \in G_1$;

③ Return $\mathrm{pk} = (g, y, Y), \mathrm{sk} = x$。

(2) 传递签名算法(TSign)：算法输入私钥 x 以及节点 $i, j \in \mathbf{N}$，签名计算过程如下：

① If $i > j$ then swap(i, j)；

② $h_i = H(i), h_j = H(j)$；

③ $\sigma_{ij} = g^{\frac{1}{h_i + x} - \frac{1}{h_j + x}}$；

④ Return σ_{ij}。

即算法输出边 (i, j) 的签名 σ_{ij}。

(3) 公开验证算法(TVf)：算法输入公钥信息 (g, y, Y)，节点 $i, j \in \mathbf{N}$ 以及待验证签名 σ_{ij}，验证过程如下：

① If $i > j$ then swap(i, j)；

② If $e(g^{h_i h_j} y^{h_i + h_j} Y, \sigma_{ij}) = e(g^{h_j - h_i}, g)$ then return 1; else return 0。

(4) 合成算法(Comp)：算法输入公钥信息 (g, y, Y)，节点 $i, j, k \in \mathbf{N}$ 以及边签名 σ_{ij}、σ_{jk}，合成签名计算过程如下：

① If $i > k$ then swap(i, k)；swap$(\sigma_{ij}, \sigma_{jk})$；

② If $i > j$ then $\sigma_{ij} \leftarrow \sigma_{ij}^{-1}$；

③ If $j > k$ then $\sigma_{jk} \leftarrow \sigma_{jk}^{-1}$；

④ $\sigma_{ik} \leftarrow \sigma_{ij} \sigma_{jk}$；

⑤ Return σ_{ik}。

即算法输出边 (i, k) 的签名 σ_{ik}。

14.3.2 正确性分析

本节分析SDHUTS方案满足正确性要求，包括两种一致性要求：

(1) 如果 $\sigma_{ij} = \text{TSign}(\text{tsk}, i, j) = g^{\frac{1}{h_i + x} - \frac{1}{h_j + x}}$，其中 $h_i = H(i), h_j = H(j)$，那么

$$
\begin{aligned}
e(g^{h_i h_j} y^{h_i + h_j} Y, \sigma_{ij}) &= e\left(g^{h_i h_j + x(h_i + h_j) + x^2}, g^{\frac{1}{h_i + x} - \frac{1}{h_j + x}}\right) \\
&= e\left(g^{(h_i + x)(h_j + x)}, g^{\frac{1}{h_i + x}}\right) e\left(g^{(h_i + x)(h_j + x)}, g^{\frac{1}{h_j + x}}\right)^{-1} \\
&= e\left(g^{(h_j + x)}, g\right) e\left(g^{-(h_i + x)}, g\right) = e\left(g^{h_j - h_i}, g\right)
\end{aligned}
$$

即 $\mathrm{TVf(tpk, TSign(tsk}, i, j), i, j) = 1$。

(2) 如果 $\sigma_{ik} = \sigma_{ij}\sigma_{jk} = g^{\frac{1}{h_i+x} - \frac{1}{h_j+x}} g^{\frac{1}{h_j+x} - \frac{1}{h_k+x}} = g^{\frac{1}{h_i+x} - \frac{1}{h_k+x}}$，其中 $h_i = H(i), h_j = H(j), h_k = H(k)$，那么

$$
e(g^{h_i h_k} y^{h_i + h_k} Y, \sigma_{ik}) = e\left(g^{h_i h_k + x(h_i + h_k) + x^2}, g^{\frac{1}{h_i+x} - \frac{1}{h_k+x}}\right)
$$

$$
= e\left(g^{(h_i+x)(h_k+x)}, g^{\frac{1}{h_i+x}}\right) e\left(g^{(h_i+x)(h_k+x)}, g^{\frac{1}{h_k+x}}\right)^{-1}
$$

$$
= e\left(g^{(h_k+x)}, g\right) e\left(g^{-(h_i+x)}, g\right) = e\left(g^{h_k - h_i}, g\right)
$$

即 $\mathrm{TVf(tpk, Comp(tpk}, \sigma_{ij}, \sigma_{jk}, i, j, k), i, k) = 1$。

14.3.3 安全性分析

本节主要分析 SDHUTS 方案的不可伪造性和传递签名私密性。

定理 14.1 (不可伪造性) 如果 t'-M2SDH 假设是困难的，那么 SDHUTS 方案在随机预言模型下能够抵抗 F 的攻击，其中 F 是一个具有 (t, q_H, q_S) 自适应选择消息攻击的伪造者。

证明 若存在一个 PPT 的伪造者 F 能够以不可忽略的概率 $\mathrm{Adv}_{\mathrm{F,SDHUTS}}^{\mathrm{tu\text{-}cma}}(k)$ 成功伪造 SDHUTS 方案的传递签名，则存在一个 PPT 的 M2SDH 攻击者 A 能够以不可忽略的概率 $\mathrm{Adv}_{\mathrm{A}}^{\mathrm{M2SDH}}(k)$ 成功解决 M2SDH 困难问题，其中 $\forall k \in \mathbf{N}$，有

$$
\mathrm{Adv}_{\mathrm{A}}^{\mathrm{M2SDH}}(k) \geqslant \mathrm{Adv}_{\mathrm{F,SDHUTS}}^{\mathrm{tu\text{-}cma}}(k)
$$

攻击者 A 拥有公钥信息 $(g, g^x, g^{x^2}) \in G_1$，并且可以请求修改的 q-SDH 逆转预言机 $O^{\mathrm{INV}}(\cdot, \cdot)$，其中 g 为 G_1 的生成元，x 是 Z_p^* 中随机选取的元素。攻击者 A 的目标是输出 $(a^*, b^*, \ g^{\frac{1}{x+a^*} - \frac{1}{x+b^*}})$ $(a^*, b^* \in Z_p^*)$，其中要求 A 未向修改的 q-SDH 逆转预言机请求过 (a^*, b^*) 序列、$\{(a^*, c), (c, b^*)\}$ 序列 $(c \in Z_p^*)$ 和 $\{(a^*, c_1), (c_1, c_2), \cdots, (c_i, c_{i+1}), (c_{i+1}, b^*)\}$ 序列 $(c_i \in Z_p^*, i = 1, 2, \cdots)$。假设 V' 为请求过的节点集合，$\Delta: V' \times V' \rightarrow G'$ 为存储边签名的集合。接着攻击者 A 与伪造者 F 进行以下交互。

(1) 初始化：攻击者 A 令 $y = g^x$、$Y = g^{x^2}$，并将 (g, y, Y) 发送给伪造者 F，对于伪造者 F，所获取的信息都与真实过程一致。

(2) 散列询问：攻击者 A 利用列表 H 来存储散列值，当伪造者 F 请求 $H(i)$ 时，

A 进行如下操作。

① 如果 i 不在集合 V' 中，那么 $V' \leftarrow V' \bigcup i$ ；　$H(i) \xleftarrow{R} Z_p^*$ ：　$\Delta(i,i) \leftarrow 1$ ；

② 返回 $H(i)$ 给 F。

(3) TSign 询问：假设 F 自适应请求边 (i,j) 的签名，如果边 (i,j) 的签名不能通过之前的签名进行合成，那么 A 调用修改的 q-SDH 逆转预言机 $O^{\text{INV}}(\cdot,\cdot)$ 计算相应的签名。具体操作如下：

① 如果 $i > j$ ，那么交换 (i,j) 。

② 如果 $i \notin V'$ ，那么 $V' \leftarrow V' \bigcup i$ ；　$H(i) \xleftarrow{R} Z_p^*$ ；　$\Delta(i,i) \leftarrow 1$ 。

③ 如果 $j \notin V'$ ，那么 $V' \leftarrow V' \bigcup j$ ；　$H(j) \xleftarrow{R} Z_p^*$ ；　$\Delta(j,j) \leftarrow 1$ 。

④ 如果 $\Delta(i,j)$ 未定义，那么：

⑤ $\Delta(i,j) \leftarrow O^{\text{INV}}(H(i),H(j))$ ；

⑥ $\Delta(j,i) \leftarrow \Delta(i,j)^{-1}$ 。

⑦ 对于所有的 $v \in V' \setminus \{i,j\}$ ，

⑧ 如果 $\Delta(v,i)$ 已经被定义，那么：

⑨ $\Delta(v,j) \leftarrow \Delta(v,i)\Delta(i,j)$ ；

⑩ $\Delta(j,v) \leftarrow \Delta(v,j)^{-1}$ 。

⑪ 如果 $\Delta(v,j)$ 已经被定义，那么：

⑫ $\Delta(v,i) \leftarrow \Delta(v,j)\Delta(j,i)$ ；

⑬ $\Delta(i,v) \leftarrow \Delta(v,i)^{-1}$ ；

⑭ $\sigma_{ij} \leftarrow \Delta(i,j)$ 。

⑮ 返回 σ_{ij} 给 F。

最后，F 输出边 (i^*,j^*) 的伪造签名 σ^* 。如果 $i^* > j^*$ ，那么交换 i^* 和 j^* 的位置。假设 $G' = (V',E')$ 为 F 请求的边序列和节点序列构成的图，$\tilde{G}' = (V',\tilde{E}')$ 为图 G' 的传递闭包图。并假设 F 请求过 i^* 和 j^* 的散列值，即 $i^*,j^* \in V'$ ，否则 A 可以在 F 输出伪造后，自己询问 i^* 和 j^* 的散列值。如果 F 输出的伪造 σ^* 满足以下条件，那么说明 σ^* 是一个有效的伪造。

① $\text{TVf}(\text{tpk},\sigma^*,i^*,j^*) = 1$ ，即 $\sigma^* = g^{\frac{1}{x+H(i^*)} - \frac{1}{x+H(j^*)}}$ ；

② $(i^*,j^*) \notin \tilde{G}'$ ，即不能通过 $\tilde{G}'$ 中的边签名进行简单合成计算得到 σ^* 。

因此，A 输出 $(H(i^*),H(j^*),\sigma^*)$ ，作为 A 解决 M2SDH 困难问题的输出值。证明过程中，散列函数模拟成随机预言模型，伪造者 F 无法区分是 A 的模拟回应，还是真实方案的回应。A 的运行时间 $t' = t$ ，接下来讨论 A 失败的概率，因为在散

列询问和 TSign 询问过程中，A 均不会终止，所以有

$$\mathrm{Adv}_A^{\mathrm{M2SDH}}(k) \geqslant \mathrm{Adv}_{F,\mathrm{SDHUTS}}^{\mathrm{tu\text{-}cma}}(k)$$

定理 14.1 证明完毕。

定理 14.2 (传递签名私密性)   如果 SDHUTS 方案中的合成算法调用的是有效签名，那么该算法输出的边签名与原始签名者生成该边的签名是一样的。

证明   假设不同的节点 $i, j, k(i < j < k)$，$\sigma_{ij} = g^{\frac{1}{h_i+x} - \frac{1}{h_j+x}}$ 是公钥为 (y, Y) 时边 (i, j) 的有效签名，其中 $h_i = H(i)$、$h_j = H(j)$、$y = g^x$、$Y = g^{x^2}$；σ_{jk} 是公钥为 (y, Y) 时边 (j, k) 的有效签名，其中 $h_j = H(j)$、$h_k = H(k)$。合成算法输入公钥 (y, Y)、节点 i、j、k、签名 σ_{ij} 和 σ_{jk}，算法输出

$$\sigma_{ik} = \sigma_{ij}\sigma_{jk} = g^{\frac{1}{h_i+x} - \frac{1}{h_j+x}} g^{\frac{1}{h_j+x} - \frac{1}{h_k+x}} = g^{\frac{1}{h_i+x} - \frac{1}{h_k+x}}$$

因此，在 SDHUTS 方案中，合成的签名与原始签名者对同一条边的签名是一样的，即 SDHUTS 方案满足传递签名的私密性。定理 14.2 证明完毕。

14.3.4   性能分析

本节首先比较 SDHUTS 方案和现有的无状态传递签名方案[2]各个算法的计算时间，假设 G 为素数阶 p 的群，N 为 RSA 密钥生成算法中的大整数，S_{ddh} 为 $\tilde{G}$ 中的 Diffie-Hellman 决策算法，其中 $\tilde{G}$ 为间隙 Diffie-Hellman 群。令 P_m 为 G 中的标量乘法运算，P_a 为 G 中的加法运算，P_{INV} 为 Z_p^* 中的逆运算，P_{MTP} 为全域散列函数操作。"Exp." 表示 G 中的模指数运算，"RSA Enc." 表示 RSA 加密运算，"RSA Dec." 表示 RSA 解密运算，"Sq.r." 表示模 N 平方根，"Ops." 表示位运算的数量。表 14.1 比较了几个方案的计算时间，其中通用散列函数的计算时间相对较小，可忽略不计。

表 14.1   SDHUTS 方案和现有的无状态传递签名方案[2]的计算时间比较

方案	签名算法	验证算法	合成算法	签名长度
RSATS-2	$2P_{\mathrm{MTP}} + 1P_{\mathrm{INV}} + 1P_m + 1\mathrm{RSA\ Dec.}$	$2P_{\mathrm{MTP}} + 1P_{\mathrm{INV}} + 1P_m + 1\mathrm{RSA\ Enc.}$	$O(|N|^2)$ Ops.	1 point in Z_N^*
FactTS-2	$2P_{\mathrm{MTP}} + 1P_{\mathrm{INV}} + 1P_m + 2\mathrm{Sq.r.\ in\ } Z_N^*$	$2P_{\mathrm{MTP}} + 1P_{\mathrm{INV}} + 1P_m + O(|N|^2)$ Ops.	$O(|N|^2)$ Ops.	1 point in Z_N^*
GapTS-2	$2P_{\mathrm{MTP}} + 1P_{\mathrm{INV}} + 1P_m + 1\mathrm{Exp.\ in\ } \tilde{G}$	$2P_{\mathrm{MTP}} + 1P_{\mathrm{INV}} + 1P_m + 1S_{\mathrm{ddh}}$	$O(|N|^2)$ Ops.	1 point in $\tilde{G}$
SDHUTS	$2P_{\mathrm{INV}} + 3P_a + 1\mathrm{Exp.\ in\ } \tilde{G}$	$3P_m + 2P_a + 1S_{\mathrm{ddh}}$	$O(|N|^2)$ Ops.	1 point in $\tilde{G}$

全域散列函数运算代价远大于 Z_q^* 中的求逆元操作[11]，由表 14.1 可见，SDHUTS 方案大大降低了签名和验证算法的运算代价，说明 SDHUTS 方案是一个更加高效安全的无向无状态的传递签名方案。

此外，本章通过测试 SDHUTS 方案中各个子算法的运行时间来分析它的性能，使用双线性对库函数(版本 0.5.12)①来完成线性对的计算。因为合成算法只是相对简单的标量乘法运算，所以这里没有测试合成算法的运行时间。表 14.2 列出了仿真环境的详细参数；表 14.3 列出了各个算法的运行时间。从表 14.1 和表 14.3 仿真结果可知，SDHUTS 方案比现有的无向无状态传递签名方案更加高效实用。

表 14.2　仿真环境详细参数

系统	Ubuntu 10.10
CPU	Pentium T4400
内存	2GB RAM
硬盘	250GB，5400r/min
程序语言	C

表 14.3　各个算法运行时间　　　　　　　(单位：s)

算法	最大时间	最小时间	平均时间
TKG	0.035832	0.012003	0.0252703
TSign	0.018031	0.00551	0.0104151
TVf	0.075022	0.056353	0.0639796

14.4　本　章　小　结

本章针对现有无状态传递签名方案均需要运算开销代价较大的全域散列函数运算，导致现有方案的实用性较低这一问题，基于 M2SDH 困难假设构造了新的无向无状态传递签名方案，SDHUTS 方案只需要 MD6 和 SHA-512 通用的散列函数即可实现，可见 SDHUTS 方案比现有的无向无状态传递签名方案更高效实用。此外，本章还在随机预言模型下证明了 SDHUTS 方案是安全的。

---

① http://crypto.stanford.edu/pbc。

参 考 文 献

[1] Micali S, Rivest R L. Transitive signature schemes[C]. The Cryptographer's Track at the RSA Conference on Topics in Cryptology, 2002: 236-243.

[2] Bellare M, Neven G. Transitive signatures: New schemes and proofs[J]. IEEE Transactions on Information Theory, 2005, 51(6): 2133-2151.

[3] Shahandashti S F, Salmasizadeh M, Mohajeri J. A provably secure short transitive signature scheme from bilinear group pairs[C]. International Conference on Security in Communication Networks, 2004: 60-76.

[4] Ma C, Wu P, Gu G. A new method for the design of stateless transitive signature schemes[C]. Proceeding of Advanced Web and Network Technologies, and Applications, 2006: 897-904.

[5] Gong Z, Huang Z, Qiu W, et al. Transitive signature scheme from LFSR[J]. Journal of Information Science & Engineering, 2010, 26(1): 131-143.

[6] Bellare M, Neven G. Transitive signatures based on factoring and RSA[C]. Proceeding of International Conference on the Theory and Application of Cryptology and Information Security: Advances in Cryptology, 2002: 397-414.

[7] Wang L, Cao Z, Zheng S, et al. Transitive signatures from braid groups[C]. Proceedings of Progress in Cryptology—INDOCRYPT, 2007: 183-196.

[8] Neven G. A simple transitive signature scheme for directed trees[J]. Theoretical Computer Science, 2008, 396(1-3): 277-282.

[9] Camacho P, Hevia A. Short transitive signatures for directed trees[C]. Proceedings of Topics in Cryptology—CT-RSA, 2012: 35-50.

[10] 张国印, 王玲玲, 马春光. 可传递签名研究综述[J]. 计算机科学, 2007, 34(1): 6-11.

[11] Zhang F, Safavi-Naini R, Susilo W. An efficient signature scheme from bilinear pairings and its applications[J]. Lecture Notes in Computer Science, 2004, 2947(39): 277-290.

第15章   云存储中图状大数据的安全认证

传递签名是一种具有特殊性质的数字签名，能够高效解决云存储中管理域、军事指挥系统、PKI 证书链以及电子政务等图状数据认证问题。然而，在利用传递签名认证上述系统时，一旦传递签名被验证者泄露，将威胁到系统中成员关系的隐私安全。为了解决该问题，本章结合传递签名和广义指定验证者签名提出广义指定验证者传递签名，并设计两个能够实现云存储中图状大数据的安全认证方案。

15.1   背景及相关工作

15.1.1   研究背景

21 世纪是数据信息大发展的时代，随着以博客、社交网络、基于位置的服务(LBS)为代表的新型信息发布方式的不断涌现，以及云计算、物联网等技术的兴起，各种数据正在迅速膨胀，标志着大数据时代的到来[1]。其中，像互联网网络结构图、公司职位关系结构图以及军事指挥链系统等图状数据也进入大数据时代，在此类图状大数据结构中，以具有传递性的图为例，如果是类似互联网网络结构的无向图，图中节点表示计算机，当且仅当边(i,j)存在说明节点 i 和 j 在同一管理域，由其传递性可知，若节点 i 和 j 在同一管理域，节点 j 和 k 在同一管理域，则节点 i 和 k 也在同一管理域；如果是类似军事指挥系统的有向图，图中节点表示部队成员，当且仅当边(i,j)存在时，说明成员 i 有权向 j 下达命令，同样，若成员 i 有权向 j 下达命令且成员 j 有权向 k 下达命令，则成员 i 也有权向 k 下达命令。总之，无论是等价关系的无向图，还是上下级关系的有向图，在网络布控、任务分配、数据处理等实际应用中，往往都考虑其传递性质。

在大数据的各个领域中，安全是最重要的领域之一，一旦机密信息泄露，轻则造成企业经济损失，重则危及国家安全和社会稳定。因此，在各个大数据系统中，必须建立健全安全机制。而在图状大数据中，往往考虑其真实性，即实现图状结构中成员关系的认证。目前，传递签名是一种具有特殊性质的数字签名，能够高效认证动态增长的图状数据，在传递签名中，签名者只需对传递简约图进行签名，主要是因为传递签名支持公开边签名合成计算，任意一个人拥有边(i,j)和

(j, k)的签名，无须与签名者交互就可以利用合成算法计算得到边(i, k)的签名，此时，若有人询问边(i, k)的签名，则签名管理者可以通过合成计算得到边(i, k)的签名，再回复签名给询问者，这样既可以保护路径间的成员信息，又可以降低签名计算复杂度，并且在图中成员数量动态增长的情况下，只需对新增的传递闭包图进行签名。

虽然传递签名方案能够高效认证动态增长的传递图，但是在实际应用中，一旦传递签名被验证者泄露,图中成员关系的隐私安全将受到威胁。考虑以下场景：已知 Alice 和 Bob 在同一个管理域，Bob 和 Cindy 在同一个管理域，管理者 AD 统一管理该域中各成员关系的证明(签名)，现有 David 向 AD 询问"Alice 和 Cindy 是否在同一个管理域"。此时管理者 AD 利用传递签名方案的合成算法，由已知的两个签名合成计算得到"Alice 和 Cindy 在同一个管理域"的签名，然后将该签名回复给 David。此时，David 可以利用签名者的公钥进行验证，从而相信 Alice 和 Cindy 在同一个管理域。对于 David，他可以将该传递签名发送给第三方，第三方同样可以利用签名者的公钥进行验证签名的合法性，从而相信 Alice 和 Cindy 在同一个管理域，相当于 David 将域中 Alice 和 Cindy 的关系信息泄露给第三方。本章针对该问题提出一种新的数字签名——广义指定验证者传递签名，该签名同时具备传递签名和广义指定验证者签名的性质，能够有效地解决上述问题，实现云存储中图状大数据的安全认证。

15.1.2 相关工作

1. 传递签名

传递签名方案大致可以分为无向传递签名方案[2-4]和有向传递签名方案[5-9]两类。无向传递签名方案可参阅第 14 章，有向传递签名方案简介如下。

Rivest 和 Hohenberger[5]提到，因为实现有向传递签名方案需要一种不可实现的阿贝尔门限群，这是一个特殊的数学群，它的构造至今还是未知的，所以要构造一个有向传递签名方案是非常困难的。

现有的有向传递签名方案都只是针对像有向树这种特殊的有向图进行设计的，2003 年，Kuwakado 和 Tanaka[6]首次针对有向树设计了一个称为 DTS-HK 的有向传递签名方案，该方案主要利用的是模数算法和整数算法，以及引入节点签名算法和边签名算法，然而 Kuwakado 和 Tanaka 并未给出 DTS-HK 方案详细的安全性证明过程，只是说明了在安全系数 t 足够大的情况下，可以忽略验证算法接受伪造签名的概率。Yi[7]指出了 DTS-HK 方案在某些特殊情况是可以被伪造签名的，随后，他提出的有向传递签名方案在标准模型下具有传递不可伪造性，但存在合成签名长度线性增加和边签名易被分解两个不足。Neven[8]提出了新的简单且通用的有向传递签名方案，该方案主要是利用标准签名方案构造的，如果所用的标准签名方案是安全的，那么该传递签名方案具有传递不可伪造性，此外，该传递签名方案与文献[7]提出的方案相比，效率更高，最坏情况下的签名长度更短。Camacho 和 Hevia[9]利用新的具有公共前缀证据(CRHwCPP)的抗碰撞散列函数，提出了更具有实际应用的有向树传递签名方案。

2. 指定验证者签名

2003 年，Steinfeld 等[10]介绍了指定验证者签名(UDVS)的概念。指定验证者签名方案中，签名拥有者可以指定验证者验证签名的有效性，并且保证该指定验证者不能让其他人相信该签名是签名者所签。该性质主要是因为指定验证者无需签名者的协助，即可利用自己的私钥伪造出有效的指定验证者签名。2004 年，Steinfeld 等[11]基于 BLS 短签名提出了第一个指定验证者签名方案，不久后又将经典的 Schnorr 和 RSA 签名方案扩展到 UDVS 方案中，扩展后的方案在随机预言机下是安全的。

Tang 等[12]提出了第一个基于身份(ID-based)的指定验证者签名方案，并利用双线性性对工具设计了两个基于身份的 UDVS 方案，这些方案被证明在随机预言模型下是安全的。2005 年，Zhang 等[13]根据 Boneh 和 Boyen[14]的短签名方案(BB短签名)设计了第一个非随机预言模型的 UDVS 方案。Laguillaumie 等[15]提出了第一个安全模型下的 UDVS 方案；Huang 等[16]也提出了安全模型下的 UDVS 方案，并且考虑在多用户情景下 UDVS 的不可转让性。Shahandashti 和 Safavi-Naini[17]根据一大类的数字签名方案提出了基于身份的指定验证者签名的通用构造，并证明该构造在自适应选择消息攻击和身份攻击下是安全的。Baek 等[18]采用了一种签名拥有者和验证者间进行交互的协议，该协议保留了高效性，并基于 BLS 短签名和 BB 短签名分别提出了两个指定验证者签名证明系统(UDVSP)。

此外，像多验证者 UDVS 方案、受限制 UDVS 方案以及指定验证者环签名等具有额外性质的 UDVS 方案陆续被提出。

15.2 模 型 定 义

本节主要介绍广义指定验证者传递签名方案的语义和安全模型。

15.2.1 广义指定验证者传递签名语义

1. 广义指定验证者传递签名方案多项式时间算法

(1) 公用参数生成算法(CPG)：算法输入安全参数1^k，输出所有用户共同享有的公用参数 cp，表示为 cp ← CPG(1^k)。

(2) 签名者密钥生成算法 (SKG)：算法输入公用参数 cp，输出传递签名方案中签名者的公私钥对 (pk_s, sk_s)，表示为 $(pk_s, sk_s) \leftarrow SKG(cp)$。

(3) 验证者密钥生成算法 (VKG)：算法输入公用参数 cp，输出指定验证者的公私钥对 (pk_v, sk_v)，表示为 $(pk_v, sk_v) \leftarrow VKG(cp)$。

(4) 传递签名算法 (TSign)：算法输入签名者的私钥 sk_s，节点 $i, j \in \mathbf{N}$，输出边 (i, j) 的源签名 σ_{ij}，表示为 $\sigma_{ij} \leftarrow TSign$。

(5) 公开验证算法 (TVf)：算法输入 pk_s、节点 $i, j \in \mathbf{N}$ 以及 σ_{ij}，输出 1 或 0。如果输出 1，说明 σ_{ij} 是有效的签名即通过验证，表示为 $\{0,1\} \leftarrow TVf(pk_s, i, j, \sigma_{ij})$。

(6) 合成算法 (Comp)：算法输入 pk_s、节点 $i, j, k \in \mathbf{N}$ 以及相应的边签名 σ_{ij} 和 σ_{jk}，输出边 (i, k) 的签名 σ_{ik} 或者 $\perp$ 表示合成失败，表示为 $\{\sigma_{ik}, \perp\} \leftarrow Comp(pk_s, i, j, k, \sigma_{ij}, \sigma_{jk})$。

(7) 签名者的指定签名算法 (DS)：算法输入签名者的公钥 pk_s、验证者的公钥 pk_v、节点 $i, j \in \mathbf{N}$ 以及边签名 σ_{ij}，输出边 (i, j) 的指定验证者签名 σ_{DV}，表示为 $\sigma_{DV} \leftarrow DS(pk_s, pk_v, i, j, \sigma_{ij})$。

(8) 指定验证者的指定签名算法 ($\widehat{DS}$)：算法输入签名者的公钥 pk_s、验证者的私钥 sk_v 以及节点 $i, j \in \mathbf{N}$，输出指定验证者签名 $\hat{\sigma}_{DV}$，表示为 $\hat{\sigma}_{DV} \leftarrow \widehat{DS}(pk_s, sk_v, i, j)$。

(9) 指定验证算法 (DV)：算法输入签名者的公钥 pk_s、验证者的私钥 sk_v、节点 $i, j \in \mathbf{N}$ 以及指定验证者签名 σ_{DV}，输出 1 或者 0。如果输出 1，说明 σ_{DV} 是有效的或者称其通过验证，表示为 $\{0,1\} \leftarrow DV(pk_s, sk_v, i, j, \sigma_{DV})$。

2. 算法一致性要求

算法一致性要求如下：
(1) TVf 与 TSign 一致，即 TSign 算法生成的传递签名能够通过 TVf 算法的验证。
(2) Comp 与 TVf 一致，即 Comp 算法合成的边签名能够通过 TVf 算法的验证。
(3) DV 与 DS 一致，即 DS 算法生成的指定验证者签名能够通过 DV 算法的验证。
(4) DV 与 $\widehat{DS}$ 一致，即 $\widehat{DS}$ 算法生成的指定验证者签名能够通过 DV 算法的验证。

15.2.2 广义指定验证者传递签名安全模型

1. 不可伪造性

正如文献[19]提到，UDVTS 方案具有传递签名不可伪造性(TVf 不可伪造性)和指定验证者签名不可伪造性(DV 不可伪造性)。很明显，具备 DV 不可伪造性意味着具备 TVf 不可伪造性，所以本章只考虑 DV 不可伪造性，DV 不可伪造性定义如下：

$$\text{UDVTS} = (\text{CPG}, \text{SKG}, \text{VKG}, \text{TSign}, \text{TVf}, \text{Comp}, \text{DS}, \widehat{\text{DS}}, \text{DV})$$

该方案中，假设拥有公钥且能够进行自适应选择消息攻击者 A，以及定义实验 $\text{Exp}_{A,\text{UDVTS}}^{\text{cma,cpka}}(k)$（其中 $k \in \mathbf{N}$ 为安全参数）当且仅当 A 攻击成功时，实验返回值为 1。实验依次运行 CPG 算法、SKG 算法以及 VKG 算法分别得到公用参数 cp、签名者的公私钥对 $(\text{pk}_s, \text{sk}_s)$ 以及验证者的密钥对 $(\text{pk}_{v_i}, \text{sk}_{v_i})(i = 1, 2, \cdots, n)$，接着将 cp、$\text{pk}_s$ 和 $\text{pk}_{v_i}(i = 1, 2, \cdots, n)$ 发送给攻击者 A，并提供攻击者 A 的公钥信息 pk_s 以及访问传递签名预言机 $\text{TSign}(\text{sk}_s, \cdot, \cdot)$（$q_s$ 次）、签名持有者的指定签名预言机 $\text{DS}(\text{pk}_s, \text{pk}_v, \cdot, \cdot, \cdot)$（$q_d$ 次）、指定验证者的验证预言机 $\text{DV}(\cdot, \text{sk}_v, \cdot, \cdot, \cdot)$（$q_v$ 次）和签名者的私钥预言机 $\text{SK}(\text{pk}_v)$（q_k 次）(输入验证者的公钥 pk_v 可得到对应的私钥 sk_v)的权限，这里定义 E 为请求过 TSign 预言机边 (i, j) 的集合，V 为 E 中涉及的节点集合。最后攻击者 A 根据自己选择的公钥 $\text{pk}_v \in \{\text{pk}_{v_1}, \text{pk}_{v_2}, \cdots, \text{pk}_{v_n}\}$ 输出边 (i', j') 的指定验证者签名 $\sigma_{\text{DV}_{i'j'}}$，如果 $\sigma_{\text{DV}_{i'j'}}$ 是边 (i', j') 有效的指定验证者签名，说明 (i', j') 不属于图 G 的传递闭包，$((i', j'), \text{pk}_v)$ 未请求过 DS 预言机并且 pk_v 未请求过 SK 预言机，那么 A 获胜。

实验中，若 A 获胜，则返回值为 1；否则返回值为 0。定义对于 $k \in \mathbf{N}$，攻击者 A 在 UDVTS 中攻击的成功的概率为 $\text{Adv}_{A,\text{UDVTS}}^{\text{cma,cpka}}(\cdot)$：

$$\text{Adv}_{A,\text{UDVTS}}^{\text{cma,cpka}}(k) = \Pr[\text{Exp}_{A,\text{UDVTS}}^{\text{cma,cpka}}(k) = 1]$$

上述概率由实验中所有随机选择值决定，如果对于 PPT 的攻击者 A，$\text{Adv}_{A,\text{UDVTS}}^{\text{cma,cpka}}(\cdot)$ 是可忽略的，那么 UDVTS 方案在自适应选择攻击和公钥攻击下是不可伪造的，其中攻击者 A 在多项式时间 t 内至多请求 q_s 次 TSign 预言机、q_d 次 DV 预言机、q_v 次 DV 预言机、q_k 次 SK 预言机。

2. 私密性

Hou 等[19]在 UDVTS 中介绍了传递签名私密性和指定验证者传递签名不可转移私密性两种私密性。前者是指传递签名方案中，有效的合成签名与源签名者对同一条边所签的签名是不可区分的；后者是指攻击者即使泄露指定验证者的私钥给第三方，也无法利用边 (i, j) 的指定验证者签名让第三方相信源签名者对边 (i, j) 进行过签名。

传递签名的私密性在文献[5]中的定义较为清楚，在此只回顾 UDVTS 不可转移私密性：$\text{UDVTS} = (\text{CPG}, \text{SKG}, \text{VKG}, \text{TSign}, \text{TVf}, \text{Comp}, \text{DS}, \widehat{\text{DS}}, \text{DV})$ 方案中，假

设自适应选择消息攻击和持有公钥信息的区分者 D 以及实验 $\mathrm{Exp}_{A,\mathrm{UDVTS}}^{\mathrm{cma,cpka}}(k)$ (其中 $k \in \mathbf{N}$ 为安全参数)当且仅当 D 伪造成功时, 实验返回值为 1。该实验由两个阶段组成, 首先依次运行 CPG 算法、SKG 算法和 VKG 算法分别得到公用参数 cp、签名者的公私钥对 $(\mathrm{pk}_s, \mathrm{sk}_s)$ 和验证者公私钥对 $(\mathrm{pk}_{v_i}, \mathrm{sk}_{v_i})(i = 1, 2, \cdots, n)$。接着将 pk_s、$(\mathrm{pk}_{v_i}, \mathrm{sk}_{v_i})(i = 1, 2, \cdots, n)$ 以及 cp 发送给区分者 D。

阶段 I, 提供区分者公钥信息 pk_s 以及访问传递签名预言机 $\mathrm{TSign}(\mathrm{sk}_s, \cdot, \cdot)$ (q_s 次)、签名持有者的指定签名预言机 $\mathrm{DS}(\mathrm{pk}_s, \mathrm{pk}_v, \cdot, \cdot, \cdot)$ (q_d 次)和指定验证者的验证预言机 $\mathrm{DV}(\cdot, \mathrm{sk}_v, \cdot, \cdot, \cdot)$ (q_v 次)的权限。

阶段 I 结束后, D 输出边 (i', j') 以及 $\mathrm{pk}_v \in \{\mathrm{pk}_{v_1}, \mathrm{pk}_{v_2}, \cdots, \mathrm{pk}_{v_n}\}$, 使得 $(i', j') \in \tilde{E}$ ($\tilde{E}$ 由 TSign 请求的边序列组成)且 $((i', j'), \mathrm{pk}_v)$ 未请求过 DS 预言机。然后实验产生随机数 $c \in \{0, 1\}$, 若 $c = 1$, 则运行 DS 算法并返回 σ_{DV} 给 D; 否则运行 $\widehat{\mathrm{DS}}$ 算法并返回 $\sigma_{\widehat{\mathrm{DV}}}$ 给 D。

阶段 II, 区分者收到签名后, 仍可以访问 $\mathrm{TSign}(\mathrm{sk}_s, \cdot, \cdot)$、$\mathrm{DS}(\mathrm{pk}_s, \mathrm{pk}_v, \cdot, \cdot, \cdot)$ 以及 $\mathrm{DV}(\cdot, \mathrm{sk}_v, \cdot, \cdot, \cdot)$, 但不能够通过请求 TSign 边的序列获得路径 (i', j') 的签名, 也不能够请求 DS 序列 $((i', j'), \mathrm{pk}_v)$。最后, 该实验产生猜测值 c。

对于 $k \in \mathbf{N}$, 区分者 D 在 UDVTS 中攻击成功的优势 $\mathrm{Adv}_{A,\mathrm{UDVTS}}^{\mathrm{cma,cpka}}(\cdot)$ 为

$$\mathrm{Adv}_{A,\mathrm{UDVTS}}^{\mathrm{cma,cpka}}(k) = \Pr[\mathrm{Exp}_{A,\mathrm{UDVTS}}^{\mathrm{cma,cpka}}(k) = 1]$$

上述概率由实验中所有随机选择值决定, 如果对于 PPT 的区分者 D, $\mathrm{Adv}_{A,\mathrm{UDVTS}}^{\mathrm{cma,cpka}}(\cdot)$ 是可忽略的, 那么 UDVTS 方案在自适应选择攻击和公钥攻击下是不可转移私密的, 其中区分者 D 在多项式时间 t 内至多请求 q_s 次 TSign 预言机、q_d 次 DS 预言机、q_v 次 DV 预言机。

15.3 基于 one-more BDH 的广义指定验证者传递签名方案

本节基于 one-more BDH 困难问题设计一个广义指定验证者传递签名 (BDHUDVTS) 方案, 并给出其安全性证明以及性能分析。

15.3.1 算法设计

BDHUDVTS 方案主要是结合 Bellare 和 Neven[3] 的 GapTS-2 传递签名方案和 Steinfeld 等[10] 的 DVSBM 广义指定验证者签名方案进行设计的。在 one-more

BDH 困难问题假设下,该方案在随机预言模型下是安全的,下面是该方案的具体算法。

(1) 公用参数生成算法 (CPG):G 和 G_T 为素数阶 p 的两个乘法循环群,g 是群 G 的一个生成元,$e:G \times G \to G_T$ 是一个双线性对,单向抗碰撞散列函数 $H:\mathbf{N} \to G$ 为随机预言机,算法输出所有用户共同享有的公用参数 $\mathrm{cp} = (G, G_T, e, p, g, H)$。

(2) 签名者密钥生成算法 (SKG):算法输入公用参数 cp,随机选择 $x_s \in Z_p^*$,计算 $y_s = g^{x_s}$,则签名者的公钥为 $\mathrm{pk}_s = (\mathrm{cp}, y_s)$,私钥为 $\mathrm{sk}_s = (\mathrm{cp}, x_s)$。

(3) 验证者密钥生成算法 (VKG):算法输入公用参数 cp,随机选择 $x_v \in Z_p^*$,计算 $y_v = g^{x_v}$,则验证者的公钥为 $\mathrm{pk}_v = (\mathrm{cp}, y_v)$,私钥为 $\mathrm{sk}_v = (\mathrm{cp}, x_v)$。

(4) 传递签名算法 (TSign):算法输入签名者的私 $\mathrm{sk}_s = (\mathrm{cp}, y_s)$,节点 $i, j \in \mathbf{N}$,计算签名 $\sigma_{ij} = (h_i h_j^{-1})^{x_s} \in G$,其中 $h_i = H(i)$,$h_j = H(j)$。这里假设 $i < j$,否则可交换 i 和 j。

(5) 公开验证算法 (TVf):算法输入 $\mathrm{pk}_s = (\mathrm{cp}, y_s)$,节点 $i, j \in \mathbf{N}$ 以及 σ_{ij},若 $e(g, \sigma_{ij}) = e(y_s, h_i h_j^{-1})$,则输出 1,否则输出 0。

(6) 合成算法 (Comp):算法输入 $\mathrm{pk}_s = (\mathrm{cp}, y_s)$、节点 $i, j, k \in \mathbf{N}$ 以及相应的边签名 σ_{ij} 和 σ_{jk},若 $\mathrm{TVf}(\mathrm{pk}_s, \sigma_{ij}, i, j) = 0$ 或者 $\mathrm{TVf}(\mathrm{pk}_s, \sigma_{jk}, j, k) = 0$,则输出 $\perp$ 表示失败,否则计算 $\sigma_{ik} \supset \sigma_{ij}\sigma_{jk}$ 作为边 (i, k) 的签名。这里假设 $i < j < k$,否则交换 i、j、k。

(7) 签名者的指定签名算法 (DS):算法输入签名者的公钥 $\mathrm{pk}_s = (\mathrm{cp}, y_s)$、验证者的公钥 $\mathrm{pk}_v = (\mathrm{cp}, y_v)$、节点 $i, j \in \mathbf{N}$ 以及边签名 σ_{ij},计算 $\sigma_{\mathrm{DV}} \leftarrow e(y_v, \sigma_{ij})$。

(8) 指定验证者的指定签名算法 ($\widehat{\mathrm{DS}}$):算法输入签名者的公钥 $\mathrm{pk}_s = (\mathrm{cp}, y_s)$,验证者的私钥 $\mathrm{sk}_v = (\mathrm{cp}, x_v)$ 以及节点 $i, j \in \mathbf{N}$,计算 $\sigma_{\widehat{\mathrm{DV}}} = e(y_s^{x_v}, h_i h_j^{-1})$,其中 $h_i = H(i)$,$h_j = H(j)$。

(9) 指定验证算法 (DV):算法输入签名者的公钥 $\mathrm{pk}_s = (\mathrm{cp}, y_s)$、验证者 (cp, x_s)、节点 $i, j \in \mathbf{N}$ 以及指定验证者签名 σ_{DV},若 $\sigma_{\mathrm{DV}} = e(y_s^{x_s}, h_i h_j^{-1})$,则输出 1,否则输出 0。

算法一致性要求如下:

$$e(g, \sigma_{ij}) = e(g, (h_i h_j^{-1})^{x_s}) = e(g, h_i h_j^{-1})^{x_s} = e(g^{x_s}, h_i h_j^{-1}) = e(y_s, h_i h_j^{-1})$$

$$\sigma_{ik} = \sigma_{ij}\sigma_{ik} = (h_i h_j^{-1})^{x_s}(h_j h_k^{-1})^{x_s} = (h_i h_k^{-1})^{x_s}$$

$$e(g, \sigma_{ik}) = e(g, (h_i h_k^{-1})^{x_s}) = e(g, h_i h_k^{-1})^{x_s} = e(g^{x_s}, h_i h_k^{-1}) = e(y_s, h_i h_k^{-1})$$

$$\sigma_{\mathrm{DV}} = e(y_v, \sigma_{ij}) = e(g^{x_v}, (h_i h_j^{-1})^{x_s}) = e(g^{x_v}, h_i h_j^{-1})^{x_s} = e(g^{x_s x_v}, h_i h_j^{-1}) = e(y_s^{x_v}, h_i h_j^{-1})$$

15.3.2　安全性证明

定理 15.1(不可伪造性)　如果 one-more BDH 问题是困难的，那么 BDHUDVTS 方案在随机预言模型下具有不可伪造性。

证明　假设存在一个概率多项式时间的攻击者 A 能够以概率 ε 成功伪造广义指定验证者传递签名，那么存在一个概率多项式时间的攻击者 F 能够利用 A 以至少 $\dfrac{\varepsilon}{n}\left(1-\dfrac{1}{n}\right)^{q_k}$ 的概率解决 one-more BDH 问题。攻击者 F 已知 $(G,G_T,e,p,g,g^{x_s},g^{x_v})$，利用 A 尝试解决 one-more BDH 问题，即调用挑战预言机 $O^{\mathrm{CDH}}(\cdot)$ 输出 n 个 $H(i)$ 值，并在询问小于 n 次的 CDH 预言机 $O^{\mathrm{CDH}}(\cdot)$ 情况下，成功计算出 n 个 $e(g,H(i))^{x_s x_v}\in G_T$ 的值。这里用 V 表示所有被询问的节点集，用 $\Delta:V\times V\to G$ 表示存储边签名的函数，F 与 A 的交互过程如下。

(1) 初始化：F 设置用户的公钥以及系统的公共参数。

① F 设置 $y_s=g^{x_s}$ 作为签名者的公钥，其中 g^{x_s} 是 one-more BDH 问题的输入。

② F 用一个列表 L 来记录所有验证者的公私钥对。假设系统中有 n 个验证者，F 随机选择一个数 $\mathrm{ran}\in[1,n]$。为了生成第 $i(i\neq \mathrm{ran})$ 个验证者的公私钥对，F 随机选择一个数 $x_v\in Z_p^*$，设置 $y_v=g^{x_v}$ 作为该验证者的公钥。当 $i=\mathrm{ran}$ 时，F 设置 $y_u=g^{x^u}$ 作为这个验证者的公钥，其中 g^{x^u} 是 one-more BDH 问题的输入。然后，F 将第 i 个验证者的公私钥对 (y_v,x_v) 加入列表 L，其中 $x_{u_{\mathrm{ran}}}=\perp$。

③ F 发送签名者的公钥 y_s、所有验证者的公钥 y_u 以及公共参数 $\mathrm{cp}=(G,G_T,e,p,g,H)$ 给 A。

(2) Hash 询问：F 用一个列表 T 来记录所有被询问过顶点的散列值。当 A 询问顶点 i 的散列值时，F 进行如下操作。

① 如果 $i\notin V$，那么 $V\leftarrow V\bigcup\{i\}$，$H(i)\overset{R}{\leftarrow}O^{\mathrm{CH}}(\cdot)$，$\Delta(i,i)\leftarrow 1$；

② 返回 $H(i)$ 给 A。

(3) TSign 询问：假设 A 选择边 (i,j) 进行传递签名询问。如果边 (i,j) 的签名不能通过之前的签名进行合成，则 F 调用 CDH 预言机 $O^{\mathrm{CDH}}(\cdot)$ 来计算相应的签名，具体操作如下。

① 如果 $i>j$，那么交换 (i,j)。

② 如果 $i\notin V$，那么 $V\leftarrow V\bigcup\{i\}$；$H(i)\overset{R}{\leftarrow}O^{\mathrm{CH}}(\cdot)$；$\Delta(i,i)\leftarrow 1$。如果 $j\notin V$，那么 $V\leftarrow V\bigcup\{j\}$；$H(j)\overset{R}{\leftarrow}O^{\mathrm{CH}}(\cdot)$；$\Delta(j,j)\leftarrow 1$。

③ 如果 $\Delta(i,j)$ 没有被定义，那么：

④　$\Delta(i,j) \leftarrow O^{\text{CDH}}(H(i)H(j)^{-1})$；

⑤　$\Delta(j,i) \leftarrow \Delta(i,j)^{-1}$。

⑥　对所有的 $v \in V \setminus \{i,j\}$，

⑦　如果 $\Delta(v,i)$ 已经被定义，那么：

⑧　$\Delta(v,j) \leftarrow \Delta(v,i)\Delta(i,j)$；

⑨　$\Delta(j,v) \leftarrow \Delta(v,j)^{-1}$。

⑩　如果 $\Delta(u,j)$ 已经被定义，那么：

⑪　$\Delta(v,i) \leftarrow \Delta(v,j)\Delta(j,i)$；

⑫　$\Delta(i,v) \leftarrow \Delta(v,i)^{-1}$；

⑬　$\sigma_{ij} \leftarrow \Delta(i,j)$。

⑭　返回 σ_{ij} 给 A。

(4) DS 询问：假设 A 选择一个验证者的公钥 $y_{v_i} \in \{y_{v_1}, y_{v_2}, \cdots, y_{v_n}\}$ 和 TSign 一条边 (i,j) 进行指定验证者签名询问。如果边 (i,j) 的传递签名不存在，那么 F 首先按照响应 TSign 询问的方式来获得传递签名 σ_{ij}。然后，F 计算指定验证者签名 $\sigma_{\text{DV}} = e(y_{v_i}, \sigma_{ij})$ 并且返回 σ_{DV} 给 A。

(5) DV 询问：假设 A 选择一个验证者的公钥 $y_{v_i} \in \{y_{v_1}, y_{v_2}, \cdots, y_{v_n}\}$ 和一个边签名对 $((i,j), \sigma_{\text{DV}})$ 进行指定验证结果询问。F 首先按照响应 DS 询问的方式来获得边 (i,j) 的指定验证者签名。用 $\sigma_{\widehat{\text{DV}}}$ 表示这个指定验证者签名。若 $\sigma_{\text{DV}} = \sigma_{\widehat{\text{DV}}}$，则 F 输出 1，否则输出 0。

(6) SK 询问：假设 A 选择一个验证者的公钥 $y_{v_i} \in \{y_{v_1}, y_{v_2}, \cdots, y_{v_n}\}$ 进行私钥询问，若 $i \neq \text{ran}$，则 F 检查列表 L 并且返回相应的私钥 x_u 给 A；若 $i = \text{ran}$，则 F 终止模拟。F 没有终止的概率是 $\left(1 - \dfrac{1}{n}\right)^{q_k}$。

以上执行结束后，A 选择一个验证者的公钥 $y_{v_i} \in \{y_{v_1}, y_{v_2}, \cdots, y_{v_n}\}$ 和一条边 (i', j') 来伪造一个指定验证者签名 $\sigma_{\text{DV}_{i'j'}}$。若 $y_u \neq y_{v_i}$，则 F 终止模拟。F 没有终止的概率是 $1/n$。这里假设 A 已经询问过点 i' 和 j' 的散列值，即 $i', j' \in V$。如果 A 没有询问过，则 F 可以自己询问。分析过程中，仍然假设 $i' < j'$。若不是这种情况，则交换 i' 与 j'。

用 $G = (V, E)$ 表示由 A 选择 TSign 询问的边形成的图。用 $\tilde{G} = (V, \tilde{E})$ 表示图 $G = (V, E)$ 的传递闭包。若 $\sigma_{\text{DV}_{i'j'}}$ 是一个有效的伪造，则意味着其满足以下条件：

(1)　$\sigma_{\text{DV}_{i'j'}} = e(y_s^{x_v}, H(i')H(j')^{-1})$；

(2) $(i',j')\notin \tilde{E}$；

(3) A 没有选择 $((i',j'),y_v)$ 进行 DS 询问；

(4) A 没有选择 y_v 进行 SK 询问。

然后，F 按照下面的方法计算图 $G=(V,E)$ 中所有顶点的 BDH 值。首先将传递闭包 $\tilde{G}$ 分割成 c 个不相连的顶点集 $V_k\subset V(k=1,2,\cdots,c)$。$V_{k'}$ 表示包含点 i' 但不包含点 j' 的顶点集。对所有的 $k=1,2,\cdots,c$，当 $k\neq k'$ 时，F 在 V_k 中选择一个参考点 $r_k\in V_k$ 并且计算 V_k 中所有顶点的 BDH 值：

(1) $\sigma_{r_k}\leftarrow O^{\mathrm{CDH}}(H(r_k))$；

(2) $\sigma_{\mathrm{DV}_{r_k}}\leftarrow e(y_v,\sigma_{r_k})$；

(3) 对所有的 $v\in V_k\setminus\{r_k\}$，计算：

(4) $\sigma_{\mathrm{DV}_{vr_k}}\leftarrow e(y_v,\sigma_{vr_k})$；

(5) $\sigma_{\mathrm{DV}_v}\leftarrow\sigma_{\mathrm{DV}_{vr_k}}\sigma_{\mathrm{DV}_{r_k}}$。

然而，对 $V_{k'}$ 中所有顶点的 BDH 值按照如下方法计算：

(1) $\sigma_{\mathrm{DV}_{i'}}\leftarrow\sigma_{\mathrm{DV}_{i'j'}}\sigma_{\mathrm{DV}_{j'}}$；

(2) 对所有的 $v\in V_{k'}\setminus\{i'\}$，计算：

(3) $\sigma_{\mathrm{DV}_{vi'}}\leftarrow e(y_v,\sigma_{vi'})$；

(4) $\sigma_{\mathrm{DV}_v}\leftarrow\sigma_{\mathrm{DV}_{vi'}}\sigma_{\mathrm{DV}_{i'}}$。

F 能够输出 V 中所有顶点的 BDH 值：对每一个 $i\in V$，通过询问 $O^{\mathrm{CH}}(\cdot)$ 来获得它的散列值 $H(i)$，则所有顶点的 BDH 值为 $\sigma_{\mathrm{DV}_i}=e(y_v,\sigma_i)=e(g^{x_v},H(i)^{x_s})=e(g,H(i))^{x_s x_v}$。

实际上，F 已经解决了 one-more BDH 问题。首先计算 F 询问 CDH 预言机的次数。对每个顶点集 V_k，$k\neq k'$，F 需要进行 $|V_k|-1$ 次 CDH 询问来计算 σ_{vr_k}（V_k 的最小生成树的边数是 $|V_k|-1$），再加上一个额外的 CDH 询问来计算 σ_{r_k}，总共需要 V_k 次 CDH 询问。对于顶点集 $V_{k'}$ 只需进行 $|V_{k'}|-1$ 次 CDH 询问，因为它不需要额外的 CDH 询问来计算 $\sigma_{i'}$。所以，F 计算 $|V|$ 个 BDH 值实际上只进行了 $\sum|V_k|+(|V_{k'}|-1)=|V|-1$ 次的 CDH 询问。因此，F 解决了 one-more BDH 问题。

下面分析 F 没有终止模拟的概率，必须同时满足：

(1) A 在进行 TSign 询问、DS 询问以及 DV 询问期间，F 没有终止。

(2) A 在进行 SK 询问期间，F 没有终止。

(3) A 选择验证者的公钥 y_v 来伪造指定验证者签名。

因此，F 解决 one-more BDH 问题的概率至少为 $\dfrac{\varepsilon}{n}\left(1-\dfrac{1}{n}\right)^{q_k}$，这样就完成了

证明。

定理 15.2(传递签名私密性) 如果 BDHUDVTS 方案中的合成算法调用的是合法签名,那么该算法输出的边签名与原始签名者对该边生成的签名是一样的。

证明 假设不同的节点 $i,j,k(i<j<k)$, $\sigma_{ij}=(h_ih_j^{-1})^d$ 是公钥为 $\mathrm{pk}_s=e$ (e 为一个大素数)时边 (i,j) 的有效签名,其中 $h_i=H(i,s)$, $h_j=H(j,s)$, $s\in R_s$; $\sigma_{jk}=(h_jh_k^{-1})^d$ 是公钥为 $\mathrm{pk}_s=e$ 时边 (j,k) 的有效签名,其中 $h_j=H(j,s)$, $h_k=H(k,s)$, $s\in R_s$。合成算法输入公钥 pk_s 为 e、i、j、k、σ_{ij}、σ_{jk},算法输出 $\sigma_{ik}=\sigma_{ij}\sigma_{jk}=(h_ih_j^{-1})^d(h_jh_k^{-1})^d=(h_jh_k^{-1})^d$。因此,在 BDHUDVTS 方案中,合成的签名与原始签名者对同一条边作的签名是一样的,即 BDHUDVTS 方案满足传递签名的私密性。上述完成了定理 15.2 的证明。

定理 15.3(不可转移私密性) 如果 one-more BDH 问题是困难的,那么 BDHUDVTS 方案在随机预言模型下具有不可转移私密性。

假设一个适应性选择消息和公钥的区分者 D 在时间 t 内,最多经过 q_s 次 TSign 询问、q_d 次 DS 询问、$q_{\hat d}$ 次 $\widehat{\mathrm{DS}}$ 询问、q_v 次 DV 询问和 q_k 次 SK 询问后,无法以不可忽略的优势攻破广义指定验证者传递签名方案的不可转移性。

证明 挑战者 C 按照如下方式响应 D 的询问。

(1) 初始化:C 设置用户的公钥和系统的公共参数。

① C 随机选择一个数 $x_s\in Z_p^*$,设置 $y_s=g^{x_s}$ 作为签名者的公钥。

② C 用一个列表 L 来记录所有验证者的公私钥对。为了生成第 i 个验证者的公私钥对,C 随机选择一个数 $x_{v_i}\in Z_p^*$,并设置 $y_{v_i}=g^{x_{v_i}}$ 作为验证者的公钥。然后,C 将第 i 个验证者的公私钥对 (y_{v_i},x_{v_i}) 加入列表 L。

③ C 发送签名者的公钥 y_s、所有验证者的公钥以及公共参数 $\mathrm{cp}=(G,G_T,e,p,g,H)$ 给 D。

(2) 阶段 I:D 可以适应性地选择输入值进行 TSign 询问、DS 询问、$\widehat{\mathrm{DS}}$ 询问、DV 询问以及 SK 询问。

① 由于 C 知道签名者和验证者的私钥,所以其能够运行 TSign 算法、DS 算法、$\widehat{\mathrm{DS}}$ 算法和 DV 算法来回答 D 的 TSign 询问、DS 询问、$\widehat{\mathrm{DS}}$ 询问和 DV 询问。

② SK 询问:假设 D 选择一个验证者的公钥 $y_{v_i}\in\{y_{v_1},y_{v_2},\cdots,y_{v_n}\}$ 进行私钥询问。C 检查列表 L 并返回相应的私钥 x_{v_i} 给 D。

(3) 挑战:阶段 I 执行结束后,D 输出一条边 (i',j') 和一个验证者的公钥 $y_v\in\{y_{v_1},y_{v_2},\cdots,y_{v_n}\}$ 给 C。D 的输出必须满足以下条件:

① 边 (i', j') 不在图 G 的传递闭包上，其中图 G 是由 D 选择 TSign 询问的边形成的。

② D 没有选择 $((i', j'), y_v)$ 进行 DS 询问或 $\widehat{DS}$ 询问。

然后，C 随机选择一位 $b \in \{0,1\}$。若 $b=1$，则 C 运行 DS 算法并返回指定验证者签名 σ_{DV} 给 D。若 $b=0$，则 C 运行 $\widehat{DS}$ 算法并返回指定验证者签名 $\sigma_{\widehat{DV}}$ 给 D。

(4) 阶段 II：收到签名后，D 仍然可以进行阶段 I 中的询问。但是 D 不能选择一系列的边形成一条从 i' 到 j' 的路径进行 TSign 询问。D 不能选择 $((i', j'), y_v)$ 进行 DS 询问或 $\widehat{DS}$ 询问。

(5) 猜测：最后，D 输出它的猜测 $b' \in \{0,1\}$。

下面证明 DS 算法生成的签名 $\widehat{DV}$ 与 DS算法生成的签名 σ_{DV} 是不可区分的。

$$
\begin{aligned}
\sigma_{\widehat{DV}} &= e(y_s^{x_v}, H(i')H(j')^{-1}) \\
&= e(g^{x_s x_v}, H(i')H(j')^{-1}) \\
&= e(g^{x_v}, [H(i')H(j')^{-1}]^{x_s}) \\
&= e(y_v, \sigma_{i'j'})
\end{aligned}
$$

由此可得，$\Pr[\sigma_{\widehat{DV}} = \sigma_{DV}] = 1$。上述完成了定理 15.3 的证明。

15.3.3　性能分析

本节通过测试广义指定验证者传递签名方案中各个子算法的运行时间来分析其性能。使用双线性对库函数(版本 0.5.12)来完成线性对的计算。因为合成算法只是相对简单的标量乘法运算，所以这里没有测试合成算法的运行时间。表 15.1 列出了仿真环境的详细参数，表 15.2 列出了各个算法的运行时间。从仿真结果可知，本书提出的广义指定验证者传递签名方案在现实生活中是可行的。

表 15.1　仿真环境详细参数

系统	Ubuntu 10.10
CPU	Pentium(R) G640
内存	3.33GB RAM
硬盘	500GB，5400r/min
程序语言	C

表 15.2　各个算法运行时间　　　　　　　　　　　（单位：ms）

算法	最多时间	最少时间	平均时间
SKG/VKG	5.192	4.884	5.003
TSign	46.407	40.363	42.788
TVf	32.495	15.003	21.267
DS	13.354	4.197	10.220
$\widehat{DS}$/DV	21.185	14.366	18.949

15.4　基于 RSA 的广义指定验证者传递签名方案

本节基于门限散列函数的抗碰撞性设计一个广义指定验证者传递签名方案 (SK)，并给出其安全性证明以及性能分析。

15.4.1　算法设计

F 方案主要是结合 Bellare 和 Neven[3] 的 RSATS-2 传递签名方案和 Steinfeld 等[11] 的 RSAUDVS 指定验证者签名方案进行设计的。在门限散列函数 TH 具有抗碰撞性的假设下，该方案在随机预言模型下是安全的，下面是该方案的具体算法。

(1) 公用参数生成算法 (CPG)：算法输入安全参数 k，输出公用参数 $\mathrm{cp} = k$。

(2) 签名者密钥生成算法 (SKG)：算法输入公用参数 cp，选择素数 $e > 2^{l_j/\alpha}$，随机选择素数 p 和 q，计算 $N = pq$（N 的位长度为 l_N）和 CSF（$e > 2^{l_j/\alpha}$），其中 $\varphi(N) = (p-1)(q-1)$。接着计算 $d = e^{-1}(\mathrm{mod}\,\varphi(N))$，最终算法输出签名者的公私钥对：公钥为 $\mathrm{pk}_s = (\mathrm{cp}, N, e)$，私钥为 $\mathrm{sk}_s = (\mathrm{cp}, d)$。

(3) 验证者密钥生成算法 (VKG)：算法输入公用参数 cp，调用 TH 的密钥生成算法得到 $(\mathrm{sk}, \mathrm{pk}) = \mathrm{GKF}(k)$。该算法输出验证者的公私钥对：公钥为 $\mathrm{pk}_v = (\mathrm{cp}, \mathrm{pk})$，私钥为 $\mathrm{sk}_v = (\mathrm{cp}, \mathrm{sk})$。

(4) 传递签名算法 (TSign)：算法输入签名者的私钥 $\mathrm{sk}_s = (\mathrm{cp}, d)$，节点 $i, j \in \mathbf{N}$，随机选择 $s \in R_s$ 并计算 $h_i = H(i, s)$、$h_j = H(j, s)$ 和 $\sigma_{ij} = (h_i h_j^{-1})^d (\mathrm{mod}\,N)$，这里假设 $i < j$，否则可交换 i 和 j。算法输出边 (i, j) 的签名 (s, σ_{ij})。

(5) 公开验证算法 (TVf)：算法输入 $\mathrm{pk}_s = (\mathrm{cp}, N, e)$、节点 $i, j \in \mathbf{N}$ 以及 (s, σ_{ij})，计算 $h_i = H(i, s)$，$h_j = H(j, s)$，如果 $R(i, h_i) = 1$、$R(j, h_j) = 1$，并且 $h_i h_j^{-1} = \sigma_{ij}^e (\mathrm{mod}\,N)$，

则输出 1，否则输出 0。

(6) 合成算法 (Comp)：算法输入 $\text{pk}_s = (\text{cp}, N, e)$、节点 $i, j, k \in \mathbf{N}$ 以及相应的边签名 σ_{ij} 和 σ_{jk}，若 $\text{TVf}(\text{pk}_s, \sigma_{ij}, i, j) = 0$ 或者 $\text{TVf}(\text{pk}_s, \sigma_{jk}, j, k) = 0$，则输出 $\perp$ 表示失败，否则计算 $\sigma_{ik} = \sigma_{ij}\sigma_{jk}$，并输出边 (i, j) 的签名 (s, σ_{ik})。这里假设 $i < j < k$，否则交换 i、j、k。

(7) 签名者的指定签名算法 (DS)：算法输入签名者的公钥 $\text{pk}_s = (\text{cp}, N, e)$、验证者的公钥 $\text{pk}_v = (\text{cp}, \text{pk})$、节点 $i, j \in \mathbf{N}$ 以及边签名 σ_{ij}，随机选取 α 个随机元素 $k_{\hat{i}} \leftarrow Z_N^*$ 并计算 $\hat{u} = (u_1, u_2, \cdots, u_\alpha)$，其中 $u_{\hat{i}} = k_{\hat{i}}^e (\text{mod } N)$ $(\hat{i} = 1, 2, \cdots, \alpha)$。随机选取 $r_F \in R_F$，并计算 $\hat{h} = F_{\text{pk}}(\hat{u}, r_F)$。接着 $\hat{r} = (r_1, r_2, \cdots, r_\alpha) = J(i, j, h, \hat{h})$，其中 $h = \sigma_{ij}^e (\text{mod } N)$、$r_{\hat{i}} \in Z_{2^{l/\alpha}}$ $(\hat{i} = 1, 2, \cdots, \alpha)$；$\hat{s} = (s_1, s_2, \cdots, s_\alpha)$，其中 $s_{\hat{i}} = k_{\hat{i}}\sigma_{ij}^{r_{\hat{i}}} (\text{mod } N)$ $(\hat{i} = 1, 2, \cdots, \alpha)$。算法输出边 (i, j) 的指定验证者签名 $\sigma_{\text{DV}} = (h, r_F, \hat{r}, \hat{s})$。

(8) 指定验证者的指定签名算法 $(\widehat{\text{DS}})$：算法输入签名者的公钥 $\text{pk}_s = (\text{cp}, N, e)$、验证者的私钥 $\text{sk}_v = (\text{cp}, \text{sk})$ 以及节点 $i, j \in \mathbf{N}$，随机选取 α 个随机元素 $k_{\hat{i}} \leftarrow Z_N^*$ 并计算 $\hat{u}' = (u_1', u_2', \cdots, u_\alpha')$，其中 $u_{\hat{i}}' = k_{\hat{i}}'^e (\text{mod } N)$ $(\hat{i} = 1, 2, \cdots, \alpha)$。调用 TH 的 CSF 算法计算 $r_F' = \text{CSF}(\hat{u}, r_F, \hat{u}')$，使得 $F_{\text{pk}}(\hat{u}, r_F) = F_{\text{pk}}(\hat{u}', r_F')$。并计算 $\hat{r} = (r_1, r_2, \cdots, r_\alpha) = J(i, j, h, \hat{h})$，其中 $h = \sigma_{ij}^e (\text{mod } N)$、$r_{\hat{i}} \in Z_{2^{l/\alpha}}$ $(\hat{i} = 1, 2, \cdots, \alpha)$；$\hat{s}' = (s_1', s_2', \cdots, s_\alpha')$，其中 $s_{\hat{i}}' = k_{\hat{i}}'\sigma_{ij}^{r_{\hat{i}}} (\text{mod } N)$ $(\hat{i} = 1, 2, \cdots, \alpha)$。算法输出边 (i, j) 的指定验证者签名 $\hat{\sigma}_{\text{DV}} = (h, r_F', \hat{r}, \hat{s}')$。

(9) 指定验证算法 (DV)：算法输入签名者的公钥 $\text{pk}_s = (\text{cp}, N, e)$、验证者的私钥 (cp, sk)、节点 $i, j \in \mathbf{N}$ 以及指定验证者签名 σ_{DV}，若 $R(i, h_i) = 1$，$R(j, h_j) = 1$，且 $J(i, j, h, \hat{h})\hat{r}$，其中 $\hat{h} = F_{\text{pk}}(\hat{u}, r_F)$，$\hat{u} = (u_1, u_2, \cdots, u_\alpha)$，$u_{\hat{i}}' = k_{\hat{i}}^e (\text{mod } N)$ $(\hat{i} = 1, 2, \cdots, \alpha)$，则输出 1，否则输出 0。

算法一致性要求如下：

(1) 如果 $\sigma_{ij} = \text{TSign}(\text{sk}_s, i, j) = (h_i h_j^{-1})^d$，其中 $h_i = H(i, s)$，$h_j = H(j, s)$，那么 $\sigma_{ij}^{\text{pk}_s} = [(h_i h_j^{-1})^e]^d = h_i h_j^{-1}$，即 $\text{TVf}(\text{pk}_s, i, j, \text{TSign}(\text{sk}_s, i, j)) = 1$。

(2) 如果 $\sigma_{ij} = \text{TSign}(\text{sk}_s, i, j) = (h_i h_j^{-1})^d$，$\sigma_{ij} = \text{TSign}(\text{sk}_s, j, k) = (h_i h_j^{-1})^d$，其中 $h_i = H(i, s)$，$h_j = H(j, s)$，$h_k = H(k, s)$，那么 $\sigma_{ik} = \sigma_{ij}\sigma_{jk} = (h_i h_j^{-1})^d (h_j h_k^{-1})^d = (h_i h_k^{-1})^d$，$\sigma_{ik}^{\text{pk}_s} = [(h_i h_k^{-1})^e]^d = h_i h_k^{-1}$，即 $\text{TVf}(\text{pk}_s, i, j, \text{Comp}(\text{pk}_s, i, j, k, \sigma_{ij}, \sigma_{jk})) = 1$。

(3) 如果 $\sigma_{\text{DV}} = (h, r_F, \hat{r}, \hat{s})$，其中 $h = \sigma_{ij}^e \text{mod } N$，$r_F \in R_F$，$\hat{r} = (r_1, r_2, \cdots, r_\alpha) = J(i, j, h, \hat{h})$，$\hat{h} = F_{\text{pk}}(\hat{u}, r_F)$，$\hat{u} = (u_1, u_2, \cdots, u_\alpha)$，$u_{\hat{i}} = k_{\hat{i}}^e (\text{mod } N)$，$k_{\hat{i}} \in Z_N^*$，$\hat{s} = (s_1,$

$s_2, \cdots, s_\alpha$）， $s_{\hat{i}} = k_{\hat{i}} \sigma_{ij}^{r_{\hat{i}}} (\mathrm{mod}\, N)$（$\hat{i} = 1, 2, \cdots, \alpha$），那么 $J(i, j, h, \hat{h}) = J(i, j, h_i h_j^{-1}, F_{\mathrm{pk}}$ $(\hat{u}, r_F)) = J(i, j, h_i h_j^{-1}, F_{\mathrm{pk}}(s_{\hat{i}}^e \cdot h^{-r_{\hat{i}}}, r_F)) = J(i, j, h_i h_j^{-1}, F_{\mathrm{pk}}(k_{\hat{i}}^e, r_F)) = \hat{r}$，即 $\mathrm{DV}(\mathrm{pk}_s, \mathrm{sk}_v,$ $i, j, \mathrm{DS}(\mathrm{pk}_s, \mathrm{sk}_v, i, j, \sigma_{ij})) = 1$。

（4）如果 $\sigma_{\widehat{\mathrm{DV}}} = (h, r_{F'}, \hat{r}, \hat{s}')$，其中 $h = \sigma_{ij}^e \,\mathrm{mod}\, N$， $r_{F'} \in R_F$， $\hat{r} = (r_1, r_2, \cdots, r_\alpha) =$ $J(i, j, h, \hat{h})$， $\hat{h} = F_{\mathrm{pk}}(\hat{u}', r_{F'})$， $\hat{u}' = (u_1', u_2', \cdots, u_\alpha')$， $u_{\hat{i}}' = k_{\hat{i}}'^e (\mathrm{mod}\, N)$， $k_{\hat{i}}' \in Z_N^*$， $\hat{s}' = (s_1',$ $s_2', \cdots, s_\alpha')$， $s_{\hat{i}}' = k_{\hat{i}}' \cdot \sigma_{ij}^{r_{\hat{i}}} (\mathrm{mod}\, N)$（$\hat{i} = 1, 2, \cdots, \alpha$），那么 $J(i, j, h, \hat{h}) = J(i, j, h_i h_j^{-1}, F_{\mathrm{pk}}$ $(\hat{u}', r_F)) = J(i, j, h_i h_j^{-1}, F_{\mathrm{pk}}(s_{\hat{i}}^e \cdot h^{-r_{\hat{i}}}, r_F)) = J(i, j, h_i h_j^{-1}, F_{\mathrm{pk}}(k_{\hat{i}}^e, r_F)) = \hat{r}$，即 $\mathrm{DV}(\mathrm{pk}_s, \mathrm{sk}_u,$ $i, j, \widehat{\mathrm{DS}}(\mathrm{pk}_s, \mathrm{pk}_u, i, j)) = 1$。

15.4.2　安全性证明

定理 15.4(不可伪造性)　如果 RSATS 方案是 TVf 不可伪造的，并且 TH 是抗碰撞的，那么 RSAUDVTS 方案在随机预言模型下具有不可伪造性。

证明　假设存在一个概率多项式时间的攻击者 A 能够以不可忽略的概率成功伪造广义指定验证者传递签名，则存在一个概率多项式时间的攻击者 A_{TS} 能够利用 A 以不可忽略的概率伪造 RSATS 传递签名，或者存在一个概率多项式时间的攻击者 A_{TH} 能够利用 A 以不可忽略的概率成功找到 TH 的碰撞对。

首先，定义 Â 使其具有以下性质：

（1）Â 的每个 J 序列都是新的，即每个新的 J 序列都不等于之前请求过的序列；

（2）Â 未请求过 DV 序列。

可以发现 Â 所能请求的序列资源与 A 相比如下： $\hat{q}_s = q_s$， $\hat{q}_v = 0$， $\hat{q}_H = q_H + q_v$， $\hat{q}_J = q_J + q_v$， $\hat{t} = t + O((q_J + q_v)\log_2(q_J + q_v)(l + l_G + l_F)) + O(l_a T_g q_v)$。

Â 可以请求 J 序列：令 $(i_{\hat{i}}, j_{\hat{i}}, h_{\hat{i}}, \hat{h}_{\hat{i}})$ 表示 Â 请求的第 $\hat{i}$ 个 J 序列，其中 $(h_{\hat{i}} = h_{i_{\hat{i}}} h_{j_{\hat{i}}}^{-1})$，得到 $\hat{r}_{\hat{i}} = (\hat{r}_{\hat{i}, 1}, \hat{r}_{\hat{i}, 2}, \cdots, \hat{r}_{\hat{i}, \alpha})$；令 $(i^*, j^*, h^*, \hat{r}_F^*, \hat{r}^*, \hat{s}^*)$ 表示 Â 输出的伪造(其中 $h^* = h_{i}^* h_{j}^{-1}$， $\hat{r}^* = (\hat{r}_1^*, \hat{r}_2^*, \cdots, \hat{r}_\alpha^*)$， $\hat{s}^* = (\hat{s}_1^*, \hat{s}_2^*, \cdots, \hat{s}_\alpha^*)$， $\hat{h}^* = F_{\mathrm{pk}}(\hat{u}^*, \alpha, \hat{r}_F^*)$， $\hat{u}^* = (\hat{u}_1^*, \hat{u}_2^*, \cdots, \hat{u}_\alpha^*)$， $\hat{u}_{\hat{i}}^* = (\hat{s}_{\hat{i}}^*)(h^*)^{-\hat{r}_{\hat{i}}}$， $\hat{i} = \{1, 2, \cdots, \alpha\}$)；令 $(i_{\hat{i}}, j_{\hat{i}})$ 表示 Â 请求的第 $\hat{i}$ 个 TS 签名序列。如果：

（1）存在 $\hat{i} \in W^J$ 使得 $(i^*, j^*, h^*, \hat{h}^*) = (i_{\hat{i}}, j_{\hat{i}}, h_{\hat{i}}, \hat{h}_{\hat{i}})$ 和 $F_{\mathrm{pk}}(\hat{u}_{\hat{i}, 1}, \hat{u}_{\hat{i}, 2}, \cdots, \hat{u}_{\hat{i}, \alpha}, \hat{r}_F^*) = \hat{h}_{\hat{i}}$ 成立，其中 $\hat{u}_{\hat{i}, \hat{l}} = (\hat{s}_{\hat{i}}^*)^e h_{\hat{i}}^{-\hat{r}_{\hat{i}, \hat{l}}} (\mathrm{mod}\, N)$， $\hat{l} = \{1, 2, \cdots, \alpha\}$；

(2) 对于任意的 $\hat{i} \in W^S$，都有 $(i^*, j^*) \neq (i_{\hat{i}}, j_{\hat{i}})$，$R(i^*, h_{i^*}) = 1$，$R(j^*, h_{j^*}) = 1$。

这里定义上述事件为 S_0'，并定义事件 S_0 为攻击者 A 获胜。由 $J(\cdot)$ 的随机性可知：

$$\Pr[S_{0'}] \geqslant \Pr[S_0] - \frac{1}{2^{l_J}}$$

定义上述事件为 $\hat{S}_0$，接着构造攻击者 A_{TS}，A_{TS} 将 (k, n, e) 作为攻击传递签名 TS 中的 TSign 算法的输入，具体过程如下。

(1) 初始化：A_{TS} 初始化随机向量 $\hat{r}[1] = (r_1[1], \cdots, r_{\hat{q}_J}[1])$ 和 $\hat{r}[2] = (r_1[2], \cdots, r_{\hat{q}_J}[2])$，其中 $\hat{r}_i[k] = (\hat{r}_{i,1}[k], \cdots, \hat{r}_{i,\alpha}[k])$（$k \in \{1, 2\}$）一律且独立地从 $Z_{2^{l_J/\alpha}}^\alpha$ 随机选取。

(2) 阶段 I：A_{TS} 已知门限散列函数 TH 的密钥对 (pk, sk)，并利用 pk 生成 RSA 公私钥对，将 (N, e, pk, τ) 发送给 $\hat{A}$，其中 τ 是一个随机比特串，并响应 $\hat{A}$ 两个序列请求：一个是 $J(\cdot)$ 序列，当 $\hat{A}$ 请求第 $\hat{i}$ 个 $J(\cdot)$ 序列 $(i_{\hat{i}}[1], j_{\hat{i}}[1], h_{\hat{i}}[1], \hat{h}_{\hat{i}}[1])$ 时，A_{TS} 回应 $\hat{r}_{\hat{i}}[1]$ 给 $\hat{A}$；另外一个是 TS 序列，当 $\hat{A}$ 请求第 $\hat{j}$ 个 TS 序列 $(i'_{\hat{j}}[1], j'_{\hat{j}}[1])$ 时，A_{TS} 直接请求 TS 预言机得到 $\sigma_{i'_{\hat{j}} j'_{\hat{j}}}[1]$，并将 $\sigma_{i'_{\hat{j}} j'_{\hat{j}}}[1]$ 回应给 $\hat{A}$。A_{TS} 用表 T 保存回应过的序列 $(i'_{\hat{j}}[1], j'_{\hat{j}}[1], \sigma_{i'_{\hat{j}} j'_{\hat{j}}}[1])$。设 $\hat{A}$ 输出伪造 $(i^*[1], j^*[1], h^*[1], \hat{r}_F^*[1], \hat{r}^*[1], \hat{s}^*[1])$，如果存在 $\hat{i}^* \in W^S$ 使得 $\hat{A}$ 的伪造满足事件 S_0'，那么说明 $\hat{A}$ 伪造成功。设 $\hat{A}$ 在请求第 $\hat{i}^*$ 个 $J(\cdot)$ 序列之前请求的 TS 序列个数为 $\hat{j}^* \in W^S$，A_{TS} 在时间 $O(\hat{q}_J(l_F + l_N))$ 内从表 T 中寻找 $(\hat{i}^*, \hat{j}^*)$，若不存在这样的 $\hat{i}^*$，说明 A_{TS} 失败。

(3) 阶段 II：A_{TS} 与阶段 I 一样，将 (N, e, pk, τ) 发送给 $\hat{A}$，但是以不同的方式响应 $\hat{A}$ 的序列请求：当 $\hat{A}$ 请求第 $\hat{i}$ 个 $J(\cdot)$ 序列 $(i_{\hat{i}}[2], j_{\hat{i}}[2], h_{\hat{i}}[2], \hat{h}_{\hat{i}}[2])$ 时，A_{TS} 回应 $\hat{r}_{\hat{i}}[1]$（$\hat{i} < \hat{j}^*$）和 $\hat{r}_{\hat{i}}[2]$（$\hat{i} \geqslant \hat{i}^*$）给 $\hat{A}$；对于 $\hat{A}$ 请求第 $\hat{j}$ 个 TS 序列 $(i'_{\hat{j}}[2], j'_{\hat{j}}[2])$，$A_{TS}$ 回应 $\sigma_{i'_{\hat{j}} j'_{\hat{j}}}[1]$（$\hat{j} \leqslant \hat{j}^*$）给 $\hat{A}$，若 $\hat{j} > \hat{j}^*$，则 A_{TS} 先请求 TS 预言机，再将 $\sigma_{i'_{\hat{j}} j'_{\hat{j}}}[2]$ 回应给 $\hat{A}$。阶段 II 结束后，$\hat{A}$ 输出伪造 $(i^*[2], j^*[2], h^*[2], \hat{r}_F^*[2], \hat{r}^*[2], \hat{s}^*[2])$。

(4) A_{TS} 的输出：A_{TS} 计算 $(i_0, j_0, \sigma_{i_0 j_0})$ 作为 RSATS 的传递签名伪造，具体过程如下：首先 A_{TS} 找到 $\hat{i}^* \in \{1, 2, \cdots, \alpha\}$ 使得 $\delta_r = \hat{r}_{\hat{i}^*, j^*}[1] - \hat{r}_{\hat{i}^*, j^*}[2]$ 是非零数(如果找不到，则 A_{TS} 失败，停止操作)。接着，因为 $\hat{r}_{\hat{i}^*, j^*}[1]$ 和 $\hat{r}_{\hat{i}^*, j^*}[2]$ 都在 $Z_{2^{l_J/\alpha}}$ 中，且 $|\delta_r| < 2^{l_J/\alpha} < e$（$e$ 是素数），所以 $\gcd(\delta_r, e) = 1$。故存在 $c_r < e$ 和 $c_e < e$ 使得 $c_r \delta_r + c_e e = 1$ 成立，意味着 A_{TS} 在时间 $O(l_\varepsilon^2)$ 内求得 c_r 和 c_e。最后 A_{TS} 计算得到边 $(i_0, j_0) = (i^*[1], j^*[1])$ 的签名为 $\sigma_{i_0 j_0} = (\hat{s}_{\hat{i}^*}^*[1] / \hat{s}_{\hat{i}^*}^*[2])^{c_r} (h^*[1])^{c_e} \pmod{N}$。

上述完成了 A_{TS} 整个模拟过程的描述，A_{TS} 的运行时间是 $\hat{A}$ 的 2 倍再加上最后计算边 (i_0, j_0) 签名 $\sigma_{i_0 j_0}$ 的时间，总计 $O(\hat{q}_J(l_F + l_N) + l_\varepsilon^2 + l_\varepsilon T_N)$。$A_{TS}$ 请求的 $J(\cdot)$ 序列和 TS 序列的数目和是 $\hat{A}$ 的 2 倍。

寻找 TH 碰撞对的 A_{TH} 同上述过程中 A_{TS} 一样，也是利用 $\hat{A}$ 两次，不过公钥是以散列函数的公钥 pk 作为输入，产生 $(N, e, d) = \text{SKG}(k)$，并利用它回应 $\hat{A}$ 的传递签名请求序列。最后 A_{TH} 计算碰撞对 $(\beta[1], \gamma[1])$、$(\beta[2], \gamma[2])$，其中 $\beta[\rho] = (\hat{u}_1^*[\rho], \cdots,$ $\hat{u}_\alpha^*[\rho])$，$\gamma[\rho] = \hat{\gamma}_F[\rho]$ $(\rho \in \{1, 2\})$，$\hat{u}_{\hat{l}}^*[\rho] = \hat{s}_{\hat{l}}^*[\rho]^\varepsilon \cdot (h_{\hat{i}}^*)^{-\hat{r}_{\hat{i},j}^*[\rho]}$ $(\hat{l} \in \{1, \cdots, \alpha\})$。

下面计算 A_{TS} 和 A_{TH} 成功的概率，对于每个 $(\hat{i}, \hat{j}) \in W_J \times W_S$，如果 $\hat{A}$ 的输出满足事件 S_0' 并且 $(\hat{i}^*, \hat{j}^*) = (\hat{i}, \hat{j})$，那么说明 $\hat{A}(\hat{i}, \hat{j})$ 伪造成功。设事件 S^* 表示 $\hat{A}(\hat{i}, \hat{j})$ 伪造成功并且 $\hat{r}_{\hat{i}}[1] \neq \hat{r}_{\hat{i}}[2]$，如果 S^* 发生，表示 $\sigma_{i_0 j_0} = (h_{i_{\hat{i}}[1]} h_{j_{\hat{i}}[1]}^{-1})^{\varepsilon^{-1}} (\text{mod } N)$，并且从事件 S_0' 中可知无论是在事件 S_1（利用 $\hat{A}$，并且 $R(i_{\hat{i}}[1], h_{i_{\hat{i}}[1]}) = 1$，$R(j_{\hat{i}}[1], h_{j_{\hat{i}}[1]}) = 1$）还是事件 S_2 $(F_{pk}(\hat{u}_{\hat{i},1}[1], \cdots, \hat{u}_{\hat{i},\alpha}[1], \hat{r}_F^*[1]) = F_{pk}(\hat{u}_{\hat{i},1}[2], \cdots, \hat{u}_{\hat{i},\alpha}[2], \hat{r}_F^*[2])$ $(\hat{u}_{\hat{i},j}[\rho] = (\hat{s}_{\hat{i}}^*[\rho] \cdot h_{\hat{i}}[\rho]^{-\hat{r}_{\hat{i},j}[\rho]} (\text{mod } N))$，$\rho \in \{1, 2\}$，$\hat{l} \in \{1, \cdots, \alpha\})$，$(i_0, j_0) = (i_{\hat{i}}[1], j_{\hat{i}}[1]) = (i_{\hat{i}}[2], j_{\hat{i}}[2])$ 均未请求过 TS 序列。因为达到第 $\hat{i}$ 个 $J(\cdot)$ 序列响应，所以 $(i_{\hat{i}}[1], j_{\hat{i}}[1], h_{\hat{i}}[1], \hat{h}_{\hat{i}}[1]) = (i_{\hat{i}}[2], j_{\hat{i}}[2], h_{\hat{i}}[2], \hat{h}_{\hat{i}}[2])$。接着根据事件 $S_3(\hat{u}_{\hat{i},\hat{l}}[1] = \hat{u}_{\hat{i},\hat{l}}[2]$，对于 $\hat{l} \in \{1, \cdots, \alpha\})$ 是否成立将事件 S^* 区分成 S_{TS}^* 和 S_T^*。如果事件 S_{TS}^* 发生，那么事件 S_3 为真，意味着存在 $\hat{l}^*$ 使得 $\hat{u}_{\hat{i},\hat{l}}[1] = \hat{u}_{\hat{i},\hat{l}}[2]$，但 $\hat{r}_{\hat{i},\hat{l}}[1] \neq \hat{r}_{\hat{i},\hat{l}}[2]$，有 $(\hat{s}_{l^*}^*[1] / \hat{s}_{l^*}^*[2]) \equiv (\sigma_{i_0 j_0}^*)^{\delta_r} (\text{mod } N)$ 成立，即 $R(i_{\hat{i}}[1], h_{\hat{i}}[1]) = 1$，$R(i_{\hat{i}}[1], h_{\hat{i}}[1]) = 1$ 且 $(i_{\hat{i}}[1], j_{\hat{i}}[1])$ 未请求过 TS 序列，所以当事件 S_{TS}^* 发生时，说明 A_{TS} 成功伪造 RSATS 传递签名。而如果事件 S_T^* 发生，事件 $\Pr[S^*]$ 成立但 S_3 未成立，那么说明 A_{TH} 的输出对于门限散列函数是有效碰撞。

总之，A_{TS} 和 A_{TH} 成功的概率之和等于事件 S^* 发生的概率，即对于某些 $(\hat{i}, \hat{j}) \in W^J \times W^S$，且 $\hat{r}_{\hat{i}}[1] \neq \hat{r}_{\hat{i}}[2]$，都有 $\hat{A}(\hat{i}, \hat{j})$ 成功。这里考虑 $\Pr[S^*]$ 的下界：

$$\Pr[S^*] \geqslant \frac{1}{\hat{q}_J q_s} (\Pr[S_0'] / 2 - \hat{q}_J q_s / 2^{l_J})^2$$

上述完成了定理 15.4 的证明。

定理 15.5(传递签名私密性)　如果 RSAUDVTS 方案中的合成算法调用的是合法签名，那么该算法输出的边签名与原始签名者对该边生成的签名是一样的。

证明　假设不同的节点 $i, j, k (i < j < k)$，$\sigma_{ij} = (h_i h_j^{-1})^d$ 是公钥为 $pk_s = e$ 时边 (i, j) 的有效签名，其中 $h_i = H(i, s)$，$h_j = H(j, s)$，$s \in R_s$；$\sigma_{jk} = (h_j h_k^{-1})^d$ 是公钥

为 $pk_s = e$ 时边 (j,k) 的有效签名，其中 $h_j = H(j,s)$ ， $h_k = H(k,s)$ ， $s \in R_s$ 。合成算法输入公钥 $pk_s = e, i, j, k, \sigma_{ij}, \sigma_{jk}$ ，算法输出 $\sigma_{ik} = \sigma_{ij}\sigma_{jk} = (h_i h_j^{-1})^d (h_j h_k^{-1})^d = (h_j h_k^{-1})^d$ 。因此，在 RSAUDVTS 方案中，合成的签名与原始签名者对同一条边作的签名是一样的，即 RSAUDVTS 方案满足传递签名的私密性。上述完成了定理15.5 的证明。

定理 15.6(不可转移性)   如果 TH 是完全门限散列函数，那么 RSAUDVTS 方案满足不可转移私密性。

证明   该证明分成两个阶段：首先挑战者 C 设置公共参数 $cp = k$ （k 为安全参数），调用 SKG 算法得到 (y_s, x_s) 作为签名者的公私钥对，其中 $y_s = (cp, N, e)$ ， $x_s = (cp, d)$ 。接着调用 VKG 算法，并用列表 L 记录所有的指定验证者的公私钥对：随机选取 $x_{v_i} \in Z_p^*$ ，并计算 $y_{v_i} = g^{x_{v_i}}$ ，则 (x_{v_i}, y_{v_i}) 作为第 i 个验证者的公私钥对。最后，将签名者的公钥 y_s 、列表 L 中的公私钥对 (x_{v_i}, y_{v_i}) 和公共参数 $cp = k$ 发送给区分者 D ，在 D 看来，所有的分配都与真实的构造一样。

(1) 阶段 I：挑战者 C 提供给 D 公钥 pk_s 、传递签名预言机 $TSign(sk_s, \cdot, \cdot)$ （q_s 次）、签名持有者的指定验证者签名预言机 $DS(pk_s, pk_v, \cdot, \cdot, \cdot)$ （q_d 次）以及指定验证者的验证预言机 $DV(\cdot, sk_v, \cdot, \cdot, \cdot)$ （q_v 次）。

阶段 I 结束后，区分者 D 输出边 (i', j') 和公钥 $pk_v \in \{pk_{v_1}, pk_{v_2}, \cdots, pk_{v_n}\}$ 使得 $(i', j') \notin \tilde{E}$ 并且 D 在 DS 和 $\widehat{DS}$ 序列中均未请求过 $((i', j'), pk_v)$ 。

(2) 阶段 II：区分者 D 收到签名后，挑战者 C 再提供给 D 请求 $TSign(sk_s, \cdot, \cdot)$ 预言机、$DS(pk_s, pk_v, \cdot, \cdot, \cdot)$ 预言机和 $DV(\cdot, sk_v, \cdot, \cdot, \cdot)$ 预言机，但是 D 不能请求可以构成 i' 到 j' 的路径的边的序列，也不能在 DS 预言机中请求 $((i', j'), pk_v)$ 。最后，区分者 D 生成猜测值 c 。

由于 TH 的完全门限性质，可以得到 $\widehat{DS}$ 产生的签名 $\sigma_{\widehat{DV}}$ 和 DS 产生的签名 σ_{DV} 是不可区分的。这里，可以利用 DS 算法和 $\widehat{DS}$ 算法分别计算边 (i', j') 的指定验证者签名得到 $\sigma_{DV_{i'j'}} = (h, r_F, \hat{r}, \hat{s})$ 和 $\sigma_{\widehat{DV}_{i'j'}} = (h, r_{F'}, \hat{r}, \hat{s}')$ ，根据 TH 的完全门限性，$(r_F, \hat{u})$ 和 $(r_{F'}, \hat{u}')$ 构成 F_{pk_v} 函数的碰撞对，即 $F_{pk_v}(r_F, \hat{u}) = F_{pk_v}(r_{F'}, \hat{u}')$ 。此外， $s_{\hat{i}} = k_{\hat{i}} \sigma_{ij}^{r_i}$ $(\bmod\ N)$ （$k_{\hat{i}} \in Z_N^*$ ， $r_F \in R_F$ ），$s_{\hat{i}}' = k_{\hat{i}}' \sigma_{ij}^{r_i} (\bmod N)$ （$k_{\hat{i}}' \in Z_N^*$ ， $r_{F'} \in R_F$ ），上述说明 $(r_F, \hat{s})$ 和 $(r_{F'}, \hat{s}')$ 是不可区分的。

因此，可以得到 $\widehat{DS}$ 产生的签名 $\sigma_{\widehat{DV}}$ 和 DS 产生的签名 σ_{DV} 是不可区分的，说明指定验证者即使将自己的私钥分享给第三方，第三方也无法相信该签名是指定验证者签的，还是签名持有者签的。上述完成了定理 15.6 的证明。

15.4.3　性能分析

本节通过测试 RSAUDVTS 方案中各算法的运行时间来分析该方案的性能。该测试实验主要是使用双线性对库函数(版本 0.5.12)和 GUN 多重精度运算库(版本 6.0.0a)来实现的。因为合成算法只是相对简单的标量乘法运算，所以这里没有测试合成算法的运行时间。表 15.3 列出了仿真环境的详细参数，表 15.4 列出了 RSAUDVTS 方案中各个算法的运行时间。与 15.3 节介绍的 BDHUDVTS 方案相比，RSAUDVTS 方案只需标准 RSA 签名，避免了双线性对的使用，并且在 RSAUDVTS 方案中，TVf 算法运行时间有显著的减少。

表 15.3　仿真环境详细参数

系统	Ubuntu 10.10
CPU	Pentium(R) T4400
内存	3.30GB RAM
硬盘	500GB, 5400r/min
程序语言	C

表 15.4　各个算法运行时间　　　　　(单位：ms)

算法	最多时间	最少时间	平均时间
SKG	0.2085	0.1563	0.1804
VKG	0.0071	0.0044	0.0051
TSign	0.0438	0.2945	0.0361
TVf	0.0133	0.0038	0.0082
DS	0.0571	0.0420	0.0479
$\widehat{DS}/DV$	0.0329	0.0211	0.0265

15.5　本章小结

本章主要针对传递签名容易被验证者泄露这一问题,结合传递签名和广义指定验证者签名的性质,提出一种新的数字签名,定义为广义指定验证者传递签名。

本章介绍了广义指定验证者传递签名的语义和安全模型，并且提出了两个具体的方案：BDHUDVTS 方案和 RSAUDVTS 方案。BDHUDVTS 方案在 one-more BDH 困难问题假设下具有不可伪造性和隐私性，RSAUDVTS 方案在 one-more RSA 困难问题假设下具有不可伪造性和隐私性。本章提出的两个广义指定验证者传递签名方案都仅在随机预言模型下是安全的，如何构造一个能够应用于实际生活的在标准模型下安全的方案将是未来的一个研究热点。

参 考 文 献

[1] 孟小峰, 慈祥. 大数据管理: 概念、技术与挑战[J]. 计算机研究与发展, 2013, 50(1): 146-169.

[2] Micali S, Rivest R L. Transitive signature schemes[C]. The Cryptographer's Track at the RSA Conference on Topics in Cryptology, 2002: 236-243.

[3] Bellare M, Neven G. Transitive signatures: New schemes and proofs[J]. IEEE Transactions on Information Theory, 2005, 51(6): 2133-2151.

[4] Gong Z, Huang Z, Qiu W, et al. Transitive signature scheme from LFSR[J]. Journal of Information Science & Engineering, 2010, 26(1): 131-143.

[5] Rivest R L, Hohenberger S R. The cryptographic impact of groups with infeasible inversion[D]. Cambridge: Massachusetts Institute of Technology, 2003.

[6] Kuwakado H, Tanaka H. Transitive signature scheme for directed trees[J]. IEICE Transactions on Fundamentals of Electronics Communications & Computer, 2003, 86(5): 1120-1126.

[7] Yi X. Directed transitive signature scheme[C]. The Cryptographers' Track at the RSA Conference, 2007: 129-144.

[8] Neven G. A simple transitive signature scheme for directed trees[J]. Theoretical Computer Science, 2008, 396(1-3): 277-282.

[9] Camacho P, Hevia A. Short transitive signatures for directed trees[C]. The Cryptographers' Track at the RSA Conference, 2012: 35-50.

[10] Steinfeld R, Bull L, Wang H, et al. Universal designated-verifier signatures[J]. Lecture Notes in Computer Science, 2003: 523-542.

[11] Steinfeld R, Wang H, Pieprzyk J. Efficient extension of standard Schnorr/RSA signatures into universal designated-verifier signatures[J]. Lecture Notes in Computer Science, 2004, 2947: 86-100.

[12] Tang F, Lin C, Li Y, et al. Identity-based strong designated verifier signature scheme with full non-delegatability[C]. International Conference on Trust, Security and Privacy in Computing and Communications, 2011: 800-805.

[13] Zhang R, Furukawa J, Imai H. Short signature and universal designated verifier signature without random oracles[C]. International Conference on Applied Cryptography and Network Security, 2005: 483-498.

[14] Boneh D, Boyen X. Short signatures without random oracles[C]. EUROCRYPT, 2004: 56-73.

[15] Laguillaumie F, Libert B, Quisquater J J. Universal designated verifier signatures without random oracles or non-black box assumptions[C]. International Conference on Security and

Cryptography for Networks, 2006: 63-77.

[16] Huang X, Susilo W, Mu Y, et al. Restricted universal designated verifier signature[C]. UIC, 2006: 874-882.

[17] Shahandashti S F, Safavi-Naini R. Generic constructions for universal designated-verifier signatures and identitybased signatures from standard signatures[J]. IET Information Security, 2009, 3(4): 152-176.

[18] Baek J, Safavi-Naini R, Susilo W. Universal designated verifier signature proof(or how to efficiently prove knowledge of a signature)[J]. Advances in Cryptology—ASIACRYPT, 2005, 3788: 644-661.

[19] Hou S, Huang X, Liu J K, et al. Universal designated verifier transitive signatures for graph-based big data[J]. Information Science, 2015, 318(C): 144-156.